이웃과 함께 짓는
흙부대 집

이웃과 함께 짓는 흙부대 집
ⓒ김성원 2009

초판 1쇄 발행일 2009년 2월 27일
초판 6쇄 발행일 2016년 2월 24일

지은이 김성원

출판책임 박성규
기　　획 안철환·김석기
편집책임 선우미정
편　　집 김상진·유예림·구소연
디 자 인 김지연·이수빈
마 케 팅 석철호·나다연
경영지원 김은주·이순복
제　　작 송세언
관　　리 구법모·엄철용

펴 낸 곳 도서출판 들녘
펴 낸 이 이정원
등록일자 1987년 12월 12일
등록번호 10-156
주　　소 경기도 파주시 회동길 198
전　　화 마케팅 031-955-7374　편집 031-955-7381
팩시밀리 031-955-7393
홈페이지 www.ddd21.co.kr

ISBN 978-89-7527-825-9(14540)
　　　 978-89-7527-160-9(세트)

값은 뒤표지에 있습니다. 잘못된 책은 구입하신 곳에서 바꿔드립니다.

농부가 세상을 바꾼다! 귀농총서 22

이웃과 함께 짓는
흙부대 집

김성원 지음

들녘

들어가는 말

솥뚜껑 마을에 집을 짓다

솥뚜껑 마을은 나와 아내가 작년 초 직장을 그만두고 도시를 떠나 정착한 농촌 마을이다. 행정상으로 전남 장흥군 관지리에 속하며 본래 이름은 정장(鼎藏)이다. 솥 정鼎, 감출 장藏. 정장鼎藏을 내 멋대로 풀이해보니 '솥뚜껑'이다. 마을 지형이 솥처럼 생긴 데서 유래한 이름인가 보다. 건너 마을은 밥주걱 모양이다. 이 동네 솥 안에 있는 밥을 건너 마을에서 퍼가지 못하도록 마을 앞에 소나무 동산을 만들었다는 이야기도 전해진다. 솥뚜껑을 덮어 내용물을 감추듯이 소나무 동산 아래 숨은 마을. 그 소나무 동산의 흔적이 아직도 마을 앞 논밭 한가운데 남아 있다.

우리 부부는 솥뚜껑 마을에 있는 조그만 밭을 사서 그 터에 집을 지었다. 이곳 사람들이 너도나도 좋은 집이라고 하는 벽돌 벽에 평평한 시멘트 지붕을 올린 슬래브Slab 집도 아니고, 한두 달 만에 짓고 들어갈 수 있다는 조립식 주택도 아니다. 귀농하면서 좀 더 생태적인 집을 짓고 싶었던 터라 그런 집들은 애초 고려 대상에서 제외했다. 나무 기둥 번듯한 전통 한옥은 건축비용이 너무 높아 포기했다. 볏짚단을 이용한 스트로베일 하우스를 짓고 싶었지만 초봄이라 압축 볏짚단을 구할 수가 없었다. 궁리 끝에 집짓기 공부를 하면서 알게 된 흙부대 건축법을 택하기로 결정했다. 우리 부부는 인터넷에 올라와 있는 몇 쪽의 기초적인 흙부대 건축 자료와 사진을 보면서 공부한 후 겁도 없이 작업을 시작했다. 먼저 쌀부대에 흙을 담아 벽을 쌓고 그 위에 지붕을 올렸다. 국내 최초의 흙부대 주택을 지은 것이다.

집짓기는 결코 쉬운 일이 아니다. 하물며 나의 경우에는 생소하기 그지없는 생태건축법을 이용한 터라 고충도 만만치 않았다. 흙부대로 지은 내 집이 제대로 지어진 걸까? 흙부대 건축이란 도대체 무엇인가? 한 채를 완성하고 나니 늦게나마 흙부대 건축법을 체계적으로 정리하고 싶은 마음이 생겼다. 또 생태적 대안주택의 하나인 흙부대 건축의 가능성을 보다 많은 사람들에게 알리고 싶었다. 그래서 집을 지으면서 공부하고 수집했던 자료와 경험을 정리해 온라인 동호회 카페에 올리기 시작했다. 많은 사람들이 그 자료에 관심을 보였고 직접 장흥을 다녀가기도 했다. 그들은 봉화, 강릉, 무안, 화순, 화천 간척, 강화, 인천 자월도, 경산 와촌, 제주 등 여러 곳에 다양한 형태의 흙부대 주택을 지었다. 나로서는 참으로 가슴 벅찬 경험이었다. 정보 공유의 차원에서 올렸던 많은 자료들이 다른 사람에게 흙부대 건축에 대한 용기를 불어넣은 셈이었으니까.

이 책은 우리 부부가 손수 흙부대 집을 지으면서 겪었던 짧은 경험의 총결산이다. 그래서 '육체적 체험'과 더불어 하루에도 몇 번씩 천국과 지옥을 왕래했던 '심리적 경험'까지 일일이 기록했다. 또 수많은 인터넷 사이트에서 수집한 정보를 갈무리한 '지적 기록', 전국의 흙부대 건축현장에서 만난 사람들, 그리고 그들의 집짓기 과정을 향한 '따뜻한 관찰'도 빼놓지 않았다.

여기서는 흙부대 집짓기를 시공 순서에 따라 소개한다. 그리고 흙부대 건축의 개요와 역사를 비롯해 흙부대 건축법의 적용과 발전 양상까지 다양한 사례를 통해 설명한다. 하지만 무엇보다 방점을 찍은 대목은 흙부대로 집을 지은 사람들의 생생한 이야기다. 물론 흙부대 건축에 대한 비판적 검토도 잊지 않았다.

그밖에 지역 내에서 쉽게 구할 수 있는 건축자재를 써서 지역 공동체와 더불어 집을 짓는 지역건축Local Construction에 대한 고민도 털어 놓았다. 이것은 경제적이고 생태적인 대안주택을 어떻게 일상생활에서 적용하고 대중화시킬 것인지에 대한 고민의 연장이다. 이 한 권의 책만 읽고서 집을 짓는 데는 한계가 있다. 이 책은 여느 건축서들처럼 '따라하기 식 매뉴얼'이 아니다. 오히려 흙부대 건축뿐만 아니라 집을 지을 때 반드시 알아야 할 기본적인 사항을 이해하는 데 초점을 두었다.

여로 모로 부족한 것을 알면서도 용감하게 책을 내는 데에는 몇 가지 이유가 있다. 인류 역사상 대부분의 집들은 '자기주도적'으로 지어졌거나 공동체와 함께 '더불어' 지은 것들이다. 사람을 제외한 모든 생명체들은 그렇게 집을 짓는다. 나는 이 책이 그들과 같은 방식으로 집을 짓기 원하는 사람들에게 도움이 되기를 바란다.

미적으로나 기능과 구조 차원에서 제대로 된 집을 짓기 위해서는 건축 전문가의 도움이 필요할 수도 있다. 오랜 세월 집짓기를 통해 경험과 지식을 쌓은 노련한 전문가들은 분명 초보자의 '자기주도적 집짓기'나 '더불어 집짓기'보다 월등히 나은 집을 지을 수 있다. 그들은 체계적인 건축 지식과 폭 넓은 정보를 갖고 있다. 눈썰미가 예리하며, 건축을 가늠하는 잣대 또한 일반인의 그것보다 세밀하다. 어쩌면 오랜 세월 수많은 건축현장에 참여하면서 축적해온 기술과 경험을 바탕으로 이 책의 내용을 호되게 비판하거나 질책할 수도 있을 것이다. 그러나 열린 마음을 가진 전문가들은 이 책이 부족함에도 불구하고 흙부대 건축의 가능성을 받아들여 더욱 발전시켜 나갈 것이다. 나는 그들이 흙부대 건축을 발전시켜주길 바란다. 초보자들의 '자기주도적 집짓기'와 '더불어 집짓기'는 '전문가적 집짓기'와 양립할 수 있다. 경험 많은 전문가들과 초보자들 사이에 소통이 원활하게 이루어지면 집을 짓는 일도 지금보다 훨씬 대중화 될 수 있다. 전문가의 사명은 정보나 지식, 경험을 독점하는 게 아니라 대중화하는 것이다.

재지역화Relocalization는 내가 붙들고 있는 운동적 화두이다. 재지역화란 음식Local Food, 대안 에너지, 상품 등을 지역에서 생산·유통하고 공동체 정치, 지역 문화와 교육, 의료를 자체적으로 해결할 수 있는 지역 공동체를 만드는 작업이다. 생태적인 지역건축 역시 재지역화 작업의 주된 관심사다. 이곳 장흥에서 내가 지금 할 수 있는 일은 흙부대 건축법을 보급하는 일이다. 나는 무엇보다도 내가 사는 지역 공동체에 생태적인 지역건축 운동을 벌이는 주체가 많아지기를 바란다. 이 책을 쓰는 동안 천주교 광주전남교구청이 장흥 관산공소를 흙부대 건축방식으로 짓기로 결정했다. 작은 노력의 결실인 셈이다. 흙부대 건축은 남쪽 끝 바닷가 장흥으로 귀농한 우리 부부가 지역 공동체에 희망을 불어넣고자 벌여 온 생태운동의 일환이다.

50년 전만 해도 내가 살고 있는 마을에서는 대개 집을 품앗이로 지었다고 한다. 마을 뒷산의 자연재료를 이용해서. 다른 농촌마을도 마찬가지였다. 우리의 집은 원래 돈만 있으면 쉽게 살 수 있는 상품이 아니었다. 하물며 건축업자에게 모두 맡긴 채 열쇠 하나 달랑 들고 입주하는 공간도 아니었다. 적어도 자본주의가 들어오기 전까지는 그랬다. 천박한 토건자본주의의 세례를 받은 권력자들이 우리 경제가 살 길은 이것뿐이라며 아름다운 국토를 파헤칠 때 '스스로, 그리고 더불어' 짓는 모든 생태건축은 혁명이 된다. 집은 상품이 아니고 건축은 투기 자본주의의 희생양이 될 수 없다. 이 책을 우리 삶을 옥죄는 '부동산'을 인간다운 삶을 담는 '집'으로 바꾸기 위한 유인물로 생각해도 좋다. 그럴듯한 진보의 탈을 쓴 부동산 정책이나 구호는 여기에 없다. 나는 다만 "스스로, 그리고 더불어 집을 짓는 것이 혁명이다"라고 힘주어 말할 수 있을 뿐이다.

귀농한 지 세 해가 지났다. 봄부터 시작해서 가을 끝 무렵까지 무려 6개월에 걸쳐 집을 짓고, 어설픈 텃밭 농사를 시작했다. 지역 사람들과 사귀면서 지역 활동에도 참여했다. 그러는 동안 크고 작은 집짓기 현장을 방문하여 일손을 거들었고, 마침내 흙부대 건축법에 대한 안내서를 마쳤다.

이제 지친 몸과 마음을 다스리며 돌아본다. 집은 땅 위에만 짓는 게 아니다. 집은 가슴 속에도 함께 지어야 한다. 집은 우리가 대가를 지불하고 산 땅 위에만 지어서는 안 된다. 마을 속에 지어야 한다. 이제 그런 마음으로 흙부대 집을 지었던 여러 사람들의 이야기를 두런두런 풀어놓으려고 한다. 건축에 관한 수다라 여겨도 좋다.
아무러면 어떤가.

이 책을 내는 데 많은 도움을 주신 귀농운동본부의 안철환 선배와 출간을 허락하신 들녘 출판사 이정원 대표, 책을 내도록 격려해주신 강대철 선생께 감사드린다.
부족한 부분을 자신들의 지식과 건축경험으로 채워준 흙부대 건축 네트워크의 회원들, 흙부대 건축자들(고흔표, 곽진영, 최낙훈, 이재열, 오영미, 이기종, 유설현, 오창협, 오영석, 서형진, 홍상래), 그리고 장흥 정장마을로 귀농해서 힘든 노동에도 불구하고 나와 함께 흙부대로 집을 지은 사랑하는 아내 김정옥에게 이 책을 바친다.

목 차

들어가는 말 – 솥뚜껑 마을에 집을 짓다 4

1장 또 하나의 가능성, 또 다른 대안건축

달나라에 집을 짓는 방법 14

그 모든 흙건축법보다 더 우월한 21

토끼와 새들이 집을 짓듯이 31

그물 또는 양파망으로 만든 집 37

뼈대 있는 집, 뼈대 없는 집 47

흙집이 잡종 교배를 하면 55

2장 세상에서 가장 간단한 집짓기

기초, 유혹이 시작되는 곳 64

좋은 장화를 신은 집 73

흙부대를 잘 다뤄야 집이 튼튼하다 76

흙부대도 엮어야 보배 82

참호처럼 견고한 벽체 쌓기 85

집밖 세상으로 넘나들다 95

지붕은 집의 모자이다 101

모자를 쓰는 방법들 108

좋은 지붕은 날씨를 겁내지 않는다 114

모든 것은 흘러간다 127

숨 쉬는 피부, 미장 135

집도 화장을 한다 152

그 방에 누워보면 안다 165

3장 아름다운 여유, 흙부대 돔과 아치
벽과 지붕이 하나로 **178**
빠르고 간단한 흙부대 돔 시공 **184**
흙부대 돔 건축 사례들 **195**
아치로 곡선의 여유를 만끽한다 **206**

4장 전 세계 흙부대 건축의 도전과 모험
가난한 이들을 위한 희망의 건축 **212**
건조하거나 무더운 지역의 흙부대 주택 **216**
악조건을 극복한 흙부대 건축자들 **221**
흙부대 건축의 또 다른 용도 **226**

5장 국내 흙부대 건축현장을 찾아서
무모한 도전 – 장흥 흙부대 집 **230**
슈퍼맨 토가 부부의 흙부대 카페 – 무안 물맞이골 **238**
깊은 산속 가족의 흙부대 건축일기 – 봉화 상운면 **246**
미술가를 꿈꾸던 건축사의 하얀 모래집 – 봉화 소천면 **267**
모진 추위도 견딜 따뜻한 집을 위하여 – 봉화 물야면 **276**
은퇴하지 않는 시인의 나무아래 집 – 강릉 사천면 **288**
작은 아름다움이 깃든 기도처 – 경북 경산 **297**

나가는 말 – 삐딱하고 맑은 눈으로 바라보기 **303**
용어 설명 **312**
참고 사이트 **319**

1장
또 하나의 가능성, 또 다른 대안건축

달나라에 집을 짓는 방법

쌀자루로 집을 짓다니, 정말 그럴 수 있을까? 그렇다. 우리 부부는 전남 장흥으로 귀농한 뒤 20킬로그램짜리 쌀자루에 흙을 담아 집을 지었다. 쌀자루에 흙을 담아 집을 짓겠다고 했더니 모두들 미친 사람 취급을 했다. 아무리 설명해도 쌀자루, 정확히 말하면 흙부대로 집을 지을 수 있다는 것을 믿으려 하지 않았다. 흙부대가 점점 쌓여 벽체가 되었을 무렵엔 "곧 무너질 텐데……"라며 혀를 찼다. 흙을 담은 허연 쌀부대 2,000여 개가 올라가고 지붕을 얹으니 "전쟁이라도 났어? 참호 같네"하고 비아냥거렸다. 그러나 막상 미장을 하고 집꼴이 나기 시작하자 마을 사람들의 태도도 바뀌었다.

수없이 쌓인 흙부대 벽체 앞에 선 필자

달에 기지를 건설하기 위해 고안된 건축법

흙부대로 집을 짓는다고 하면 대부분의 사람들이 "그렇게도 집을 짓나?"하며 생소해 한다. 그러나 흙부대 건축은 사실 달에 기지를 건설하려고 방법을 연구하다가 찾아낸 건축법이다. 1984년 NASA(미항공우주국)는 달에 건축물을 짓기 위한 방법을 모색 중이었다. 하지만 우주선만 쏘아 올리는 것도 쉽지 않은 터에 시멘트, 모래, 철근 등 무거운 건축자재와 장비까지 싣고 갈 수는 없었다. 미항공우주국은 세계 각국의 명망 있는 건축가들을 불러 모아 논의를 시작했다. 이때 이란 태생의 세계적인 건축가 네이더 카흐릴리Nader Khalili가 달에 있는 흙과 암석을 부대에 담아 건물을 짓는 획기적인 방식을 제안한다. 이후 그는 칼어스CalEarth 센터를 세우고 이 방법을 일반 건축물에 적용하기 위해 연구를 시작한다. 그리고 센터에 실험적인 흙부대Earthbag 건축물을 여러 채 세운다. 그가 슈퍼어도브Superadobe라 부르는 흙부대 공법은 이후 기술적인 면에서 많은 혁신을 거듭해왔다.

네이더 카흐릴리가 흙부대 건축을 개발한 후 독일 건축가 프라이 오토Frei Otto와 카셀 대학 교수이자 세계적인 흙건축 전문가인 거노트 밍케Gernot Minke, 오언 가이거Owen Geiger 박사가 흙자루와 흙튜브를 이용해서 본격적으로 건물을 짓기 시작했

칼어스 센터(CalEarth Center)의 흙부대 건축물들

다. 또 흙부대 건축 전문가인 카키 헌터Kaki Hunter와 도날드 키프메이어Donald Kiffmeyer 부부는 흙부대 건축의 대중화에 앞장섰다. 이밖에도 흙부대 건축은 세계 각지에서 변형과 발전을 거듭하며 다양하게 시도되는 중이다.

흙부대 건축은 1995년 ICBO(국제건축회의사무국)가 감독한 실험과 2006년 가이거 지속가능 건축물 조사연구소의 요청에 따라 실시된 웨스트포인트 미육군사관학교 기술부서의 모의실험에서 안정성과 경제성을 모두 입증받았다. 대안주택의 가능성을 인정받은 것이다. 최근 흙부대 건축은 전 세계 재해지역에서 구호시설과 임시 주거시설을 신속하고 경제적으로 세울 수 있는 생태적 대안건축기술로 주목받고 있다. 재해 현장 인근의 흙과 돌, 모래와 폴리프로필렌(Polypropylene 이하 PP로 표기) 재질의 부대와 철조망만으로 지을 수 있기 때문이다. 특별한 기술을 필요로 하지도 않고 배우기도 쉽다. 그 어떤 흙건축 공법에 비해 빠르게 지을 수 있다. 무엇보다 흙부대로 지은 집은 매우 견고하다. 일기변화에 영향을 적게 받으며, 지진·태풍·수해 등의 재해를 충분히 견디어낸다.

유연한 형태의 담틀공법

흙부대 건축은 곡물용 자루로 이용되는 PP부대에 흙이나 자갈, 마사, 모래 등을 담아 벽체를 만드는 집짓기 방식이다. 어스백Earth bag 건축, 샌드백Sand bag 건축, 슈퍼어도브라고 부르기도 한다. 흙부대 건축은 '유연한 형태의 담틀건축'이다. PP부대에 흙을 담은 후 다져서 사용하므로 벽을 유연한 곡선으로 구현할 수 있기 때문이다.

전통적인 담틀건축은 각재와 판재로 벽체 틀(담틀)을 만들어 놓고 그 안에 흙을 다져넣어 건물의 벽체를 만든다. 이렇게 다진 담틀 벽체 위에 골조 없이 그대로 지붕을 얹어 집을 짓는다. 다져서 쌓은 흙이 마르면 벽체 틀을 제거한다. 벽체의 틀은 주로 나무판재와 각재로 만들어지기 때문에 곡선 벽면을 구현하는 데 제약이 따른다.

반면 흙부대 건축은 목재 틀 대신에 PP부대를 사용하므로 곡선 구현이 상대적으로 자유롭다. 또한 흙부대 속의 흙이 굳은 후에 PP부대를 제거하지 않고 그대로 그 위에 미장하여 벽체를 완성하기 때문에 작업이 수월하고 특별한 기술도 필요 없다.

흙부대와 철조망을 이용한 벽 쌓기

건축방식은 주로 골조와 벽체를 쌓는 방식에 따라 분류된다. 골조가 있는가, 없는가? 골조가 있다면 목구조인가, 철구조인가? 벽체의 재료는 시멘트 콘크리트인가, 벽돌인가, 흙인가, 목재인가? 심벽치기, 담틀집, 토담집, 귀틀집 역시 벽체를 세우는 방식에 따라 구분한 것이다. 벽체를 세우는 방식과 골조가 건축방식을 규정하는 핵심인 셈이다.

흙부대 건축의 핵심도 벽체를 세우는 방식에 있다. 흙부대가 벽체를 세우는 재료가 되고, 흙부대로 세운 벽체 자체는 골조 없이 지붕을 받친다. 이른바 무골조 방식인 것이다. 흙부대로 벽체를 쌓는 방식을 알면 흙부대 건축 전부를 알게 되는 셈이다. 여기엔 특별한 기술이 필요 없다. 흙부대로 벽체 쌓는 방법을 요약하면 다음과 같다.

전 세계의 흙부대 건축 사례들

1. 부대자루에 흙을 담는다.
2. 흙이 담긴 부대를 벽돌처럼 한 단 쌓는다.
3. 공이로 흙부대를 단단하게 다진다.
4. 흙부대 위에 철조망을 두 줄씩 깐다.
5. 1~4를 반복하며 흙부대를 쌓는다.
6. 5~6단 쌓을 때마다 벽체 중간 중간에 수직으로 철근 쐐기를 박는다.
7. 흙부대 벽체 위에 흙이나 석회 등으로 미장한다.

철조망은 흙부대가 미끄러지지 않게 서로 잡아주는 역할을 하며 벽체를 하나로 묶어준다. 철조망은 벽체에 강력한 인장력과 결합력을 제공한다. 벽체에 간간히 수직으로 박아 넣는 철근은 벽체를 수직으로 견고하게 고정시키고 벽체에 수평으로 가해지는 힘을 견디게 한다.

얼마나 간단한 방법인가? 우리 부부는 이 단순하고 간단한 흙부대 건축에 매료되어 겁도 없이 집을 짓기 시작했다. 그러나 아무리 간단한 건축방식이라고 해도 집짓기가 말처럼 쉬울 리 만무하다. '집 짓다 10년은 더 늙는다'라는 말도 있다. 집을 짓는 게 오죽이나 힘들면 50세 이후엔 집 지을 꿈도 꾸지 말라고 했을까? 나 역시 흙부대로 집을 짓는 동안 우여곡절을 많이 겪었다. 하지만 지금 돌아보면 비교적 간단하고 단순한 집짓기 방식이었음에 틀림없다.

흙부대 건축이 확산되는 이유

우리 부부가 장흥에 흙부대 집을 지은 이듬해부터 봉화, 강릉, 무안, 청계, 화순, 제주, 강화, 인천 자월도, 화천 간척, 경산 와촌 등 전국에서 흙부대 집이 건축되기 시작했다. 흙부대 건축이 급격하게 확산되는 이유가 무엇일까를 두고 지인과 대화한 적이 있는데 결론은 이렇다.

첫째, 골조(구조)없이 지을 수 있어서 자재비가 적게 든다. 둘째, 시공이 단순하고 쉬워서 전문가의 손길이 덜 간다. 셋째, 주요 건축자재인 흙과 돌, 나무 등을 지역에서 손쉽게 구할 수 있다. 넷째, 초보자들이 함께 모여 지을 수 있기 때문에 인건비를 줄일 수 있다. 다섯째, 공사 기간 중 비가 내려도 영향을 덜 받는다. 여섯째, 자세한 시공 방법이 인터넷에 공개되어 있다(여러 가지 사례들이 온라인 동호회 흙부대 건축 네트워크 http://cafe.naver.com/earthbaghouse를 통해 지속적으로 소개되고 있다).

에너지 위기로 지역 간 건축자재의 이동이 어렵게 되거나 가격이 급등한다면 어떻게 집을 지어야 할까? 답은 '옛날 식으로'이다. 즉 각 지역에서 손쉽게 구할 수 있는 자연재료를 이용하고, 지역주민들의 힘을 모아 집을 지으면 된다. 흙부대 건축도 그러한 방법 중 하나이다.

사람 잡는 터

농촌으로 이사할 결심을 한 후 나는 바로 직장을 그만두었다. 아내는 이미 사직서를 제출한 터였다. 생각보다 빨리 전셋집이 나가는 바람에 우리는 부랴부랴 짐을 빼야 했다. 이사 갈 집을 찾을 시간은 겨우 한 달. '농촌에서는 빈 집을 쉽게 구할 수 있다'는 말만 믿고 덜컥 집부터 내놓은 게 문제였다. 집을 짓고 살 계획이 확고하지 않았던 터라 빌려 쓰든 아예 구매를 하든 어떻게든 한 달 안에 집을 구해야 했다.

농촌에 가면 마을 어디에나 빈 집이 한두 채 이상 있다. 장흥군 홈페이지에서 찾은 빈 집만 해도 무려 150여 채가 넘었다. 그러나 당장 사람이 들어가 살만한 집은 막상 그리 많지 않다. 거의 폐가 수준이거나 여기 저기 손봐야 할 집들이 대부분이다. 가장 큰 문제는 집주인을 만나기가 쉽지 않다는 점이다. 얼굴을 보기는커녕 연락하기조차 어렵다. 그런 집의 주인들은 대개 자식을 따라 도시로 가버렸기 일쑤다. 타지에 사는 아들딸이 부모에게 빈 집을 물려받은 경우도 많다. 그러니 주인을 만나기 어려울 수밖에.

우리도 마을 이장에게 몇 번이고 사정을 이야기했지만 쓸 만한 정보를 구하기가 어려웠다. 그나마 안면이 있는 사람을 앞세워 몇 군데 겨우 들어갈 수 있었다. 빈 집이라고는 해도 팔려고 내놓은 집인지, 빌려 줄 집인지조차 분명치 않았다. 막상 주인과 연락이 되어도 이렇다 할 대답이 없는 경우도 많았다. 빈 집 한 채를 두고 어떤 이는 내 놓은 집이라 하고 다른 이는 팔 집이 아니라고 말한다. 똑같은 집을 두고 이해관계에 따라 의견이 엇갈렸다.

우리 부부는 경기도 일산에서 전남 장흥까지 한 달 동안 네 번이나 집을 구하러 내려갔다. 가는 데만 다섯 시간이 넘었다. 오며 가며 쓰는 비용도 만만치 않았다. 점점 부담이 되기 시작했다. 갈 때마다 며칠씩 머물며 빈 집을 수소문했지만 쉽게 찾을 수가 없었다. 마음도 초조해졌다. 사람들은 이구동성으로 집터가 좋아야 한다고 강조했지만 우리에겐 좋은 집터를 고를 여유가 없었다. 애초에 집 지을 생각이 분명하지 않았던 데다가 설령 마음을 먹었다 해도 이삿짐 부려놓을 빈 집조차 구하지 못한 형편이었던 탓이다.

서서히 지쳐 가던 즈음 집 지을 만한 좋은 터가 있고, 집 짓는 사이 빈 집까지 빌려준다는 얘기가 들려왔다. 우리는 당장 땅과 집을 보러 갔다. 대지가 아닌 밭이었지만 예전엔 집터였다고 했다. 터 앞에 사백년 넘은 소나무 고목과 팽나무가 있고, 주위에는 대나무와 약으로 쓴다는 두충나무 수십 그루가 울타리처럼 빙 둘러 서 있었다. 감나무도 여러 그루였다. 2월이라 추운 기운이 채 물러가지 않았지만 집터는 볕이 잘 드는 양지라 훈훈하고 포근했다. 가까이 동남쪽과 멀리 북서쪽으로 병풍처럼 둘러선 산봉우리, 잘 정리된 전답들. 전망도 좋았다. 풍수지리를 볼 줄 안다는 이들은 "산 기운이 내려와 솟는 명당"이라고 입을 모았다. 터 앞에 있는 큰 소나무가 증거란다. 땅 주인은 "지금은 밭이지만 여기가 원래 사람 살던 집터였어"라고 했다. 호리호리한 몸매에 수염을 덥수룩이 기르고 꽁지머리를 늘어뜨린 귀농 10년 차 이웃마을 사람은 긴 말 없이 무조건 "땅이 좋다"고 했다. 건축업을 하는 처남도 좋다고 하고, 우리와 함께 빈집을 찾아다니던 사진작가 마동욱 선생도 "뭐 다른 데 보러 다닐 필요 있나? 여기가 좋은데, 그냥 여기 지어"라고 독려했다. 대안교육운동가 김창수 선생은 "자기 집터는 거기 살 사람이 땅에 가만히 누웠을 때 편안해야 해"라고 조언했다. 나는 그의 말대로 땅에 누워보았다. 볕이 좋아서 그런지 편안했다. 결국 우리 부부는 덜컥 그 땅을 사버렸다. 그리고 땅을 사는 조건으로 빌려준 집에 들어가 살기 시작했다.

얼마 후 전화 한 통이 걸려왔다. 장흥으로 내려올 때부터 줄곧 우리 부부를 도와주며 아내와 가까이 지내던 처자의 전화였다. 전화를 받는 아내의 얼굴이 하얗게 질렸다. 이곳 유래를 잘 아는 처자의 오빠가 "사람 잡는 터를 샀다"고 했다는 것이다. 원래 정장마을을 바라보는 우측으로 집들이 많았는데 모두들 큰 병이 들어 죽는 바람에 집들이 없어진 것이란다.

사람한테 영향을 끼치는 지기地氣란 게 뭐 특별한가. 볕 잘 들고 물 잘 빠지고, 바람 적당히 불고 그럼 됐지. 우리가 산 땅은 양지에 경사도 완만했고 뒷산과 거리도 적당했다. 근처에 냇가가 없으니 큰물이 날 일도 없다. 바람이 약간 있지만 걱정할 정도는 아니었다.

나와 아내는 잠시 흔들렸던 마음을 바로잡고 예정대로 그 말 많았던 '사람 잡는 터'에 집을 지었다. 이미 사버린 집터에 대해 이러쿵저러쿵 말이 들린다면 일단 귀부터 막고 볼 일이다.

그 모든 흙건축법보다 더 우월한

모든 건축공법엔 장단점이 있다. 생태적 대안주택 역시 수많은 장점을 갖고 있지만 단점도 적지 않다. 건축과정상의 대표적인 단점은 작업성이 낮다는 것이다. 인력을 많이 요구한다는 뜻이다. 흙부대 건축법에도 다른 생태건축과 마찬가지로 장단점이 있다. 그런데도 왜 하필 흙부대 건축을 고집하는 것일까? 이유는 간단하다. 다른 흙건축법보다 장점이 많기 때문이다.

흙부대 건축의 장점들

흙부대 건축은 많은 장점을 가지고 있다. 경제적이다. 구조적으로 안전할 뿐 아니라 건강하고 생태적인 건축방법이다. 주변에서 쉽게 구할 수 있는 자연자재를 이용할 수 있다. 무엇보다도 누구나 재미있게 자신감을 갖고 시작할 수 있다. 건축방법이 단순하기 때문이다. 이것이야말로 흙부대 건축의 가장 큰 장점이다.

▬ 건축자재를 구하기 쉽다

흙은 주변 어디서나 쉽게 구할 수 있는 건축자재다. 또 다른 건축자재에 비해 환경에 끼치는 영향이 적다. 흙부대 건축에 사용할 수 있는 흙의 종류는 매우 다양하다. 모래든, 진흙이든, 마사토이든, 자갈이든 상관없다. 일부러 황토를 구할 필요도 없다. 그러나 흙부대로 집을 지으려면 생각보다 많은 양의 흙이 필요하다. 만약 흙부대에 채울 흙을 현장에서 쉽게 구하지 못할 형편이라면 재고해야 한다.

PP부대와 철조망은 건재상이나 농자재 가게 어디서나 쉽게 구할 수 있다. 물론 PP부대와 철조망은 자연자재가 아니다. 그러나 흙부대로 집을 지으면 시멘트나 화학자재 등 기타 산업 건축자재의 사용을 최소화할 수 있다. 뒤에서 소개하겠지만 양파망과 같은 망사 주머니를 사용하면 철조망도 필요 없다.

▬ 에너지 효율을 높이고 배기가스를 줄일 수 있다

온실효과를 발생시키는 배기가스의 50퍼센트는 건축자재를 생산하고 건축관련 물품을 수송할 때, 그리고 시공과정에서 발생한다. 많은 건축자재들은 화석연료인 석유를 이용해 만들거나 생산과정에서 화석연료를 사용한다. 그러다보니 생산과정에서 상당한 양의 배기가스가 발생된다. 흙부대 주택은 자연자재인 흙을 주재료로 사용하므로 에너지 투여가 적은 데다 배기가스를 발생시키지도 않는다. 또 단열효과가 높아서 난방에 들어가는 에너지를 절감할 수 있다.

▬ 뛰어난 단열효과

흙부대로 집을 지으면 적당한 비용으로 월등한 단열효과를 누릴 수 있다. 고유가 시대 주요 이슈 중의 하나는 에너지 효율을 높여주는 소재를 선택하여 건축물을 설계하고 시공하는 것이다. 건축물의 에너지 효율성은 21세기 건축의 새로운 도전이다.

 흙은 축열기능과 단열기능이 뛰어나다. 엄청난 공극과 작은 돌들로 구성되어 있기 때문이다. 흙부대 벽체는 그 두께가 최소 45~50센티미터 내외이므로 단열성능이 높을 수밖에 없다. 태양열을 흙벽에 모아두는 축열기능 또한 우수하다. 흙은 낮 동안 모아두었던 열을 밤에 방출한다. 옛날 우리나라의 살림집도 낮에는 태양열을 저장했다가 밤 동안에 이를 방열했다. 그러나 토담집이나 담틀집을 제외한 대부분의 전통 살림집은 벽체가 얇았기 때문에 단열성능이 낮았다.

 이해를 돕기 위해 단열과 축열에 대해 알아보겠다. 모든 물질은 단열기능을 갖고 있다. 단열성능이 높으면 축열성능이 떨어진다. 서로 상반되는 특질인 탓이다. 흙의 경우, 축열기능은 높지만 단열성능은 떨어진다. 흙벽의 단열성능을 높이려면 두께가 적어도 40센티미터 이상 되어야 한다. 그래야만 써멀플라이휠 효과Thermal Flywheel Effect를 발휘할 수 있다.

 써멀플라이휠 효과란 어느 한곳에 모아진 열을 방사하는 시간이 12시간 정도 지연되는 것을 말한다. 여름에 집 밖의 태양열을 축열한 흙벽은 온도가 내려가는 밤이면 열을 집안으로 방사한다. 따라서 한낮에는 안이 시원해지고 밤에는 적당한 온도를 유지할 수 있다. 겨울철엔 이와 반대 현상이 일어난다. 밤에 난방을 통해 데워진 흙벽이 열을 저장해 두었다가 낮에 그 열을 내부로 방사하는 것이다. 이처럼 열 방사를 지연시키는 효과는 축열과 단열의 상관관계를 통해 만들어진다.

흙부대 건축에서 사용하는 PP부대의 두께는 흙을 담아 다졌을 때 최하 40센티미터 이상이다. 여기에 미장을 하면 벽체는 더 두꺼워진다. 그래서 흙부대로 집을 지으면 축열효과와 함께 높은 단열효과도 누릴 수 있다.

─ 경제적이다

문제는 흙집을 지을 때 비용이 만만치 않다는 점이다. 만약 황토흙을 쓴다면 15톤 차량 한대 당 운송비를 포함해서 10~15만 원 정도가 소요된다. 20평 규모의 흙집을 짓는다면 15톤 차량 10대분 이상의 흙이 필요하다. 흙값만 100만 원을 웃돈다. 그러나 흙부대 건축법을 선택한다면 이야기는 달라진다. 부대 속에 담는 흙은 어떤 흙이든 상관없기 때문이다. 진흙이든, 마사토이든, 자갈이든 모두 사용할 수 있다. 봉화의 고흔표 씨는 부대 속에 모래를 채웠다.

흙을 담는 PP부대는 장당 120~150원 정도다. 철조망은 100미터 한 타래가 19,000원 정도인데 지역에 따라 차이가 난다. 흙부대에 수직으로 박는 철근이나 쇠파이프는 폐자재를 재활용하면 된다. 굵은 대나무 쐐기를 사용하거나 쓰다 남은 아연도금 고춧대를 사용해도 이상 없다.

흙부대 건축은 처음부터 무골조 공법으로 시작되었다. 철구조든 목구조든 골조를 쓰지 않는다. 흙부대 벽체가 지붕을 떠받친다. 흙부대 벽은 건물의 하중을 지탱하는 내력벽이 된다. 따라서 골조자재 비용이 들지 않는다. 지붕을 제외하고 골조를 세우는 데 드는 전문비용도 들지 않는다. 골조를 세우는 데 들어가는 철구조물 전문가나 전문 목수가 필요치 않기 때문이다. 물론 지붕골조는 예외이다.

자재비가 상대적으로 적게 들고 인건비가 덜 들긴 하지만 흙부대 집이라고 해서 무조건 저렴하게 지을 수는 없다. 건축비에는 기초 시공비와 미장비, 지붕 시공, 창호 부착, 바닥 시공, 배관, 배선, 난방 시공, 인건비, 식사비, 운송비, 기타 잡비가 포함된다. 화장실, 부엌 등 내부 공사가 시작되면 본격적으로 돈이 들어간다. 흙부대 건축이 곧바로 경제성 있는 건축을 보장하지도 않는다. 각 공정마다 어떤 자재로 어떻게 누가 작업하느냐에 따라 변동이 있다. 무안의 서형진 씨는 50평 카페를 흙부대로 짓는 데 평당 80만 원 정도 들었다고 한다. 놀라울 정도로 특별한 경우다. 전체 공정을 서형진 씨 부부가 손수 작업한 덕분이다. 우리 부부나 봉화의 오영미 씨, 고흔표 씨, 이재열 씨, 강화의 유설현 씨 가족의 경우엔 부분적으로 사람들을 썼으므로 그 보다 건축비가 더 들어갔다. 많게는 두세 배 이상이다.

흙부대 건축을 포함한 생태건축은 대부분 작업성이 떨어진다. 시간과 인력이 많이 든다는 뜻이다. '건축비의 반 이상이 인건비'란 말이 있듯이 전문 인력 수요를 어떻게 해결하느냐가 집을 저렴하게 짓는 관건이다. 가족이 직접 지을 것인가? 친구와 이웃, 친지들과 함께 품앗이할 것인가? 저렴한 동네 일꾼을 쓸 것인가? 훈련된 전문 인력과 함께 지을 것인가? 어떤 선택이든지 장단점은 있게 마련이다. 흙부대 건축은 전문가의 참여를 최소화하여 인건비를 줄이면서 초보자의 참여를 끌어들일 수 있다. 이것이 바로 비교적 단순한 흙부대 건축의 장점이다.

─ 안전하고 견고한 벽체

흙부대 건축은 1995년 ICBO(International Conference of Building Officials)의 감독 아래 이루어진 칼어스 센터의 실험테스트 결과 국제 건축 기준보다 200퍼센트 이상 안전한 것으로 증명되었다. 앞에서 언급했듯이 타 기관의 실험에서도 그 안정성을 입증받았다.

흙부대 건축은 흙부대 자체만으로도 2층 구조의 하중을 충분히 견딜 수 있다. 흙부대 전문가인 카키 헌터Kaki Hunter는 흙부대 벽체 단독으로 3미터 이상 쌓지 말 것을 권고했다. 하지만 장흥 흙부대 집의 경우는 미장을 하지 않은 상태에서 3미터 이상 흙부대를 쌓고 그 위에 철조망을 깔고 공이로 다졌지만 미세한 흔들림만 있었을 뿐 안전했다. 카키 헌터가 3미터 이상 쌓지 말라고 한 것은 벽체의 안정성 때문이라기보다는 흙부대의 무게로 인해 발생할 수 있는 하중을 고려한 것으로 생각된다. 흙부대 건축의 원형인 담틀공법은 벽체 두께 등 몇 가지 점을 보완하여 높이가 수십 미터에 이르는 성곽을 세우기도 한다.

흙부대 벽은 철조망, 철근쐐기, 매시, 그리고 미장이 결합될 때 놀라울 만큼 구조적으로 견고해진다. 생태주택 전문가인 켈리 하트Kelly Hart는 흙부대 벽체 밑단을 제거하는 실험을 했다. 밑단을 제거했음에도 불구하고 벽체는 수직으로 박아 넣은 철근 몇 가닥만으로 버텼다. 이때 벽체 전체의 무게는 4톤이었다. 또 자동차로 흙부대 벽체를 들이받는 실험을 했더니 흙부대 벽의 미장부분이 떨어져 나가고 자동차의 앞부분은 크게 손상되었지만 벽체는 안전했다. 흙부대로 쌓은 벽의 안정성은 우리의 상상을 훨씬 뛰어 넘는다. 그만큼 안전하고 구조적으로 견고하다.

― 친환경적이다

흙은 현대인들이 즐겨 사용하는 일반 건축자재에 비해 친환경적이며 건강에 이롭다. 알레르기를 일으키지도 않는다. 흙에는 독성이 없기 때문이다. 흙집에 살면 깨끗한 집안 공기를 마실 수 있다. 시멘트 건축물에 갓 입주했을 때처럼 새집증후군을 앓을까 걱정할 필요도 없다. 포름알데히드를 사용하지 않은 덕분이다. 흙은 이른바 숨을 쉬는 건축자재다. 따라서 집안공기가 신선하게 유지된다. 또한 흙부대 집은 독성이 없는 친환경 마감 재료인 황토나 석회, 천연페인트 등을 사용하므로 훨씬 안전하다. 차음효과가 뛰어나고 실내공기도 쾌적하다. 또 아름다우면서도 친환경적인 집에 살고 있다는 인식은 우리의 심신을 건강하게 만든다.

― 집 짓는 재미를 누리고 자신감을 얻을 수 있다

흙부대 주택은 평범한 사람들에게 손수 집을 지을 수 있다는 자신감을 선물한다. 치솟는 집값, 땅값, 건축자재 가격에 제집 갖기를 포기한 사람들에게 희망을 준다. 넉넉하지 않은 형편에 귀농한 이들에게 따뜻한 내 집을 지을 수 있다는 희망을 준다. 흙부대 건축은 기쁨을 만끽할 수 있게 해준다. 건축과정의 특성상 참가하는 모든 사람의 창조성과 협동심을 끌어내고 즐거움을 불러일으킨다. 전문가가 아니더라도 건축과정에 손쉽게 접근할 수 있기 때문이다.

농촌지역의 초가를 없애고 개량주택을 많이 지었던 1970년대 이전만 해도 우리 농촌에서는 집짓기가 마을의 공동행사였다. 품앗이로 집을 짓고 지붕을 올리는 날이면 으레 마을 잔치가 벌어졌다. 그러나 젊은이들이 하나 둘 농촌을 떠나자 품앗이로 집을 짓던 풍습도 자취를 감췄다.

우리 부부가 장흥 정장마을로 귀농해서 집을 지을 때 이장님을 비롯한 마을 어르신들은 하루 품앗이로 집짓기를 도와주셨다. 그날은 곧 마을의 잔칫날이었다. 얼굴과 몸은 온통 흙투성이였지만 웃고 떠들고 춤추며 함께 즐겼다. 수십 년 만에 해보는 집짓기 품앗이라고들 하셨다. 장흥의 '문화공간 오래된 숲'의 노래모임 '피어라'의 회원들이 하루 품앗이를 자원했고, 광주대 신방과 사진클럽 학생들도 여러 날 동안 집짓기를 도왔다. 그뿐 아니다. 프랑스계 캐나다인 니껄라 룻소 Nicolas Roussseau 도 몇 주를 함께 지내며 일손을 보탰다. 어설픈 솜씨로 집짓기를 거든 탓에 품앗이 이후 여기저기 손볼 데도 많이 생기고 먹거리 비용도 만만찮게 들었지만 그래도 행복한 날들이었다. 이 책을 쓰는 동안에도 나는 종종 이웃의 집수리를 도왔다. 벌써 네 집이나 된다. 받은 것이 있으니 나 또한 그들에게 기꺼운 마음을 돌려줘야지.

> ＊ **품앗이**
> 농촌의 오랜 전통인 품앗이는 함께 힘을 합쳐 일하는 것을 말한다. 전남 장흥에선 품앗이를 '울력'이라고 부른다. 거의 부락 전체가 참가해서 전답을 함께 경작하는 두레는 없어졌지만 형편에 닿는 서너 사람이 품일을 품일로써 갚으며 함께 농사를 짓는 품앗이는 여전하다. 집성촌이 많은 농촌에서는 품앗이를 같은 땅에서 같은 농사일을 하고, 오랜 세월 한 솥밥을 같이 먹은 사람들을 전제로 한다. 그런데도 종종 몇몇 사람들은 인건비를 아끼려는 얄팍한 속셈으로 품앗이를 시도하다가 서로 마음을 다치기도 한다. 셈으로만 품앗이를 하려는 사람에겐 "밥 한 끼 같이 먹어보지도 않고 어떻게 품앗이를 한다냐? 이 소갈머리 없는 놈아!"라고 한소리 하는 게 상책이다. 품앗이는 품을 품으로 갚는다는 정확한 셈이 아니라 함께 먹는 밥힘이기 때문이다.

흙부대 건축과 다양한 흙건축 방법

흙부대 건축과 흙건축 방법을 비교해보면 장단점을 쉽게 알 수 있다. 흙집 건축은 주로 벽체를 쌓는 방식에 따라 구분한다. 담틀, 흙벽돌, 심벽(또는 맞벽)치기, 장작목(목천) 공법, 토담(서양에선 코브 Cob), 돌담집 등이 있다.

▬ 담틀 vs 흙부대

담틀공법은 나무 패널이나 철판으로 틀을 만들고 여기에 흙을 넣어 다진 뒤 틀을 제거하여 벽체를 만든다. 견고하며 별도의 미장이 필요 없다. 그러나 나무나 철판으로 틀을 만들고 제거하는 데에는 어느 정도의 기술과 숙련이 요구된다. 틀에 부을 진흙은 모래, 시멘트 혹은 석회를 적절한 비율로 잘 배합해서 쓴다. 흙을 배합하고 섞는 일은 어떤 방식에서든 상당히 힘이 든다. 더구나 벽체 전체를 채울 흙을 배합하는 일은 보통 일이 아니다. 벽체가 높이 올라갈수록 흙을 퍼 담아 올리기도 힘들다. 그래서 중장비를 동원하게 된다. 벽체를 쌓을 수 있는 높이는 흙의 배합비율이나 물기의 정도에 따라 다르겠지만 보통 하루에 약 50~70센티미터 정도다. 벽이 올라갈수록 하루에 쌓을 수 있는 높이는 점점 낮아진다. 벽체가 올라가면서 하중이 커지기 때문이다. 먼저 다져넣은 흙이 어느 정도 굳어야만 그 위에 다시 흙을 다져 쌓을 수 있다.

흙부대 공법은 부대자루를 벽체 틀로 사용한다. 틀을 따로 만들거나 해체할 필요가 없다. PP부대에 흙을 담아 쌓고 그 위에 미장을 해서 덮어버리면 그만이다. 따라서 틀로 사용된 PP부대를 떼어낼 필요도 없다. 다른 흙건축 공법과 달리 흙을 배합하거나 반죽하지 않아도 된다. 흙부대 건축에서는 현장에서 구할 수 있는 흙을 그대로 사용한다. 반죽하거나 배합하지 않고 마른 흙을 사용한다. 흙부대로 벽체를 쌓으면 하루에 쌓을 수 있는 높이의 제한도 없다. 또 부대 속에 들어 있는 흙이 굳을 때까지 기다릴 필요도 없다.

전통적인 담틀공법으로는 곡선을 구현하기가 어렵다. 하지만 흙부대 공법은 다양한 형태로 곡선을 구현할 수 있다. 단점이 있다면 깔끔한 수직면을 만들기가 쉽지 않다는 것이다. 흙부대를 공이로 다지면 흙부대가 옆으로 퍼진다. 흙을 담는 양이나 흙부대가 놓이는 위치에 따라 조금씩 옆으로 튀어나오기 때문이다. 물론 미장 작업으로 어느 정도 반듯하게 다듬을 수는 있다.

▬ 흙벽돌 vs 흙부대

흙벽돌은 전 세계 곳곳에서 옛날부터 사용한 건축재료다. 주로 건조 지역이나 반건조 지역에서 이용되었다. 볏짚과 모래를 잘 섞은 진흙을 물과 섞어 반죽한 뒤 벽돌 모양의 틀에 넣어 다진 후 그늘에서 천천히 말려 굳히면 흙벽돌이 된다. 굳이 모래를 섞지 않아도 좋다. 흙벽돌을 만들려면 흙을 반죽하고 틀에 넣어 누르고 다져야 한다. 그만큼 손이 많이 간다. 또 흙벽돌을 비에 젖지 않게 건조시키려면 충분한 공간을 확보해야 한다. 요즘은 흙을 물에 반죽하지 않고 자연적인 상태의 흙을 유압으로 눌러 벽돌을 찍어내는 기계가 활용된다. 이것을 이용하면 반죽이나 건조과정을 거치지 않고도 바로 벽체를 쌓을 수 있다. 하지만 이렇게 만든 흙벽돌은 습기에 매우 취약하다.

흙부대 공법에서는 흙을 반죽해서 사용하지 않는다. 흙의 성분이나 배합비율을 걱정하지 않아도 된다. 흙이 젖을까봐 비닐로 덮어두지 않아도 되고, 따로 건조시킬 필요도 없다. 젖었거나 바싹 말랐거나 상관없이 현장에 있는 흙을 부대자루에 담아 쌓으면 그만이다. 또 흙부대로 쌓은 벽이 비에 맞아 허물어질까 걱정하지 않아도 된다. 웬만큼 비를 맞아도 허물어지지 않기 때문이다. 게다가 흙벽돌처럼 벽돌 사이에 진흙 몰타르를 바를 필요도 없다. 간단하게 철조망으로 흙부대를 고정시키면 된다.

목조 골조 사이에 흙벽돌을 쌓아 벽체를 만드는 경우도 종종 있다. 하지만 흙벽돌이나 흙부대 둘 다 벽체 그대로 지붕을 받칠 수 있는 내력벽이므로 무골조 건축이 가능하다. 따라서 골조 시공에 필요한 자재비와 전문 인건비를 줄일 수 있다.

▬ 심벽치기 vs 흙부대

심벽(맞벽)치기는 흙벽돌, 담틀과 달리 목구조가 있어야 한다. 심벽치기는 기둥과 상인방, 중인방, 하인방, 도리 등을 목구조로 세우고 그 위에 보와 서까래, 용마루 등을 걸치고 지붕을 얹는다. 일단 목구조가 세워지면 기둥과 기둥 사이, 인방과 인방 사이에 대나무나 잔가지로 이른바 심을 걸치고, 심 안팎으로 흙과 볏짚을 반죽하여 맞붙인다. 그리고 회반죽 미장이나 흙반죽 미장으로 마감한다. 대부분의 한옥 살림집은 심벽치기로 짓는다. 이 방법은 다른 공법에 비해 벽체를 만드는 데 상대적으로 흙이 적게 든다. 하지만 목재가 상당량 필요하므로 목재 비용이 추가된다. 또 전문 목수가 필요하기 때문에 인건비 부담도 고려해야 한다.

심벽치기는 흙벽돌, 담틀, 흙자루, 장작 목공법, 흙담(돌담) 등에 비해 벽체 두께가 가장 얇다. 평균 15센티미터 정도다. 단열효과 또한 가장 낮다. 목재와 흙의 수축률이 달라 목구조와 흙벽 사이에 금이 생기고 결국 열손실로 이어지기 때문이다. 이런 단점을 보완하기 위해 요즘은 이중심벽을 사용한다. 이중심벽은 대나무나 잔가지 심벽을 안팎에서 이중으로 만들고 안팎 심벽 사이에 담틀공법처럼 볏짚이나 버무린 흙, 왕겨숯을 채워 넣은 다음 양쪽에서 흙으로 미장한다. 이렇게 해서 벽의 두께를 30센티미터 이상 두껍게 만든다. 흙을 채우고 1차 미장 후 기둥이나 인방

등과 같은 목재와 흙벽체 사이에 액자틀처럼 나무 졸대를 둘러친 후 마감미장을 해서 나무와 흙 수축률 차이로 생기는 틈을 막는다. 그러면 심벽치기의 가장 큰 단점인 낮은 단열효과와 수축률 차이로 생기는 틈새 문제를 해결할 수 있다.

흙부대 건축은 앞서 언급했듯이 무골조 공법으로 시작되었다. 따라서 골조와 흙벽체의 수축률 차이로 인한 균열도 일어나지 않는다. 물론 문 인방, 창 인방 주위에서 수축 차이로 틈이 생기긴 하지만 흙부대 건축은 젖은 흙을 사용하는 게 아니어서 영향도 미미하다. 흙부대의 벽체는 심벽치기에 비해 훨씬 두껍다. 최소한 45~50센티미터 이상이기 때문에 단열과 축열효과도 월등하다.

▬ 장작목(목천), 돌담, 토담(코브) vs 흙부대

장작목 건축은 벽체를 쌓을 때 흙반죽과 벽체 두께(40센티미터) 정도 길이의 통나무를 함께 쌓는 방식이다. 목천공법이라고 부르기도 한다. 진흙과 모래, 수분 배합을 충분히 고려하지 않으면 감당하지 못할 정도로 금이 간다. 장작목을 충분히 건조시키지 않으면 함께 쌓은 장작목과 흙 사이에 수축률 차이가 심해져서 아무리 메워도 지속적으로 틈이 생긴다. 이렇게 되면 거의 1년 이상 벽체에 금이 간 곳을 다시 메워야 한다. 일명 맥질이 필요한 것이다. 장작목 건축 역시 담틀처럼 흙을 쌓아 올릴 수 있는 높이에 한계가 있다. 하루에 70센티미터 이상 쌓기 어렵다. 아랫부분이 충분히 굳은 후 쌓아올려야 한다. 또 벽체가 높아질수록 하루에 쌓을 수 있는 높이는 점점 낮아진다.

돌담 건축은 흙반죽과 돌로 벽체를 쌓는 방식이다. 장작목 정도는 아니지만 돌담 역시 건조할 때 균열이 생긴다. 서양에서는 토담집을 코브Cob 하우스라 하는데, 주로 볏짚과 섞은 흙반죽으로 벽체를 쌓는다. 벽체의 두께나 하루에 쌓을 수 있는 높이 등 발생 가능한 문제들은 다른 경우와 비슷하다. 돌담이나 토담의 균열 문제는 흙에 볏짚, 모래, 석회 등을 적절이 배합하여 보완할 수 있다.

흙부대 공법은 하루에 쌓아올릴 수 있는 높이에 제한이 없다. 벽체 자체에 금이 가지도 않는다. 젖은 흙반죽을 사용하지 않기 때문이다. 다만 창이나 문 인방과 틀 주위 미장에 경미한 틈이 생길 수는 있다. 미장할 때 자루와 자루 사이에 골이 있으면 이를 채우기 위해 미장을 두껍게 해야 한다.

오언 가이거Owen Geiger 박사의 흙건축 방법 비교

지금까지 흙부대 건축과 다양한 흙건축방법을 비교해보았다. 모든 건축 방법엔 장단점이 있다. 기준이 무엇인가에 따라 비교 내용도 달라진다. 하지만 흙건축 방법의 우열을 따지거나 다른 건축 방법을 폄하할 생각은 없다. 각각의 특징과 차이를 이해하는 데 도움이 되기를 바랄 뿐이다. 나의 관심사는 흙부대 건축뿐만이 아니라 지역 공동체가 어떻게 하면 생태적이고 경제적으로 집을 지을 수 있는가 하는 것이다. 참고로 오언 가이거 박사가 제시한 다양한 흙건축 방법들을 비교해보기 바란다.

	흙부대	흙벽돌	담틀	코브(Cob)
양생기간	X	O	O	O
특별한 흙 배합비율	X	O	O	O
상대적 신속성	O	X (벽돌 양생 포함)	X	X
양생 틀	X	X	O	X
비싼 장비와 도구	X	X	O	X
물 필요	X (미장만 필요)	O	O	O
우雨중 작업 가능성	O	X	X	X
과도한 반죽	X (미장만 필요)	O (벽돌 제작 시)	O	O
자가 건축 용이성	O	O	X	X
곡선벽면 구현	O	X	X	O
돔	O	X	X	X
단열/축열효과	O	△	O	O
별도 기초	X	O	O	O
지진/홍수 방제	매우 우수	약함	우수	중간
미장	O	X	X	△

오언 가이거 박사의 흙건축 방법 비교

토끼와 새들이 집을 짓듯이

토끼나 새들은 자기가 살 집을 스스로 짓는다. 재료를 사는 법도 없다. 제 집을 남에게 맡겨 짓거나 건축자재를 사서 쓰는 생명체는 사람밖에 없다. 남에게 맡겨 집을 지은 역사는 그리 길지 않다. 서구의 경우는 산업자본주의가 들어서기 전까지, 우리나라의 경우는 구한말까지만 해도 귀족이나 부유한 양반을 제외한 일반 서민들은 직접 집을 지었다. 우리 부부가 살고 있는 마을의 집들도 마찬가지다. 대부분 50~60여 년 전 것으로 집 주인과 마을 사람들, 그리고 솜씨 좋은 동네 목수의 합작품이다. 흙이며 돌, 댓가지, 목재는 마을 뒷산에서 가져왔다고 한다. 거의가 집성촌이었고 문중마다 산이 있었던 탓이다. 부잣집은 또 부잣집 나름대로 산을 소유했다. 가장 큰 목적은 땔감을 구하거나 가구 혹은 집에 쓸 목재를 구하는 것이었다. 아마도 기와 정도만 사서 썼을 것이다. 이후 입식 부엌과 목욕탕을 만들고 구들을 없애고 보일러를 들이는 등 현대적으로 집을 증개축 하면서 산업자재를 사용하게 되었다.

지역에서 쉽게 구할 수 있는 건축자재들

흙부대 건축에 사용되는 주요 건축자재는 PP부대자루와 4핀 철조망, 그리고 흙이다. 건축 공구도 나무공이, 철조망을 끊을 때 사용하는 커터와 펜치, 망치 등 간단한 도구들이다. 하지만 오해하지 말아야 한다. 집 전체를 짓는 데 부대자루와 철조망, 흙만 필요하다면 얼마나 좋을까. 여기서 말하는 것은 흙부대 벽체를 쌓는 데 필요한 자재와 도구일 뿐, 창과 문, 지붕을 만드는 데에는 반드시 목재가 필요하다. 화장실 바닥에 깔 타일, 각종 전선, 냉온방 배관자재, 다양한 보온재 등도 필요하다. 또 집을 짓는 동안에도 산업자재를 쓸 것인가 자연자재를 사용할 것인가 끊임없이 숙고하고 결정해야 한다. 토끼와 새들처럼 친환경적인 생태주택을 지었으면 좋겠지만, 우리는 아직 산업자재로부터 완전히 자유롭지 못하다.

흙부대 건축에 사용되는 주요 도구와 재료들

─ 부대자루

부대, 포대, 푸대, 마대, 자루, 부대자루, 마대자루 등 다양하게 부르지만 부대가 표준어다. 흙부대 건축에서는 주로 10~20킬로그램짜리 곡물용 PP부대를 사용한다. 낱부대로 재단하기 전 두루마리 상태의 PP튜브Tube도 자주 사용한다. 흙부대 건축에서 벽체의 두께는 미장했을 때 대략 40~50센티미터 정도다. 따라서 PP부대는 흙을 담아 다졌을 때 35~40센티미터 정도 되어야 한다. 흙을 담지 않고 펼쳤을 때의 폭은 40~45센티미터가 적당하다. 두루마리 상태의 긴 PP튜브 너비는 낱부대와 같다.

낱부대는 공장에서 주문하거나 농촌지역인 경우 천막상회, 농자재상 등에서 쉽게 구할 수 있다. PP튜브는 공장에서 두루마리 상태로 구입할 수 있는데 길이가 대략 1,500~2,000미터이다. 가격은 미터 당 120~200원 정도다. 낱장 PP부대 역시 120~200원 사이로 중국산은 싸고 국산은 비싸다. 중국산은 국산보다 질이 좀 떨어지지만 흙부대 집을 짓는 데에는 별 문제가 없다. PP부대를 살 때는 두 가지 점을 주의해야 한다. 첫째, 절대 코팅된 부대를 사용하면 안 된다. 흙에 포함된 습기가 빠져나가지 못해 건조가 되지 않기 때문이다. 또 흙부대 벽체의 통기성이 현저하게 떨어진다. 둘째, 반드시 끈이 달린 것을 구입해야 한다. 두루마리 상태의 PP튜브는 국내 공장에서 살 수 있기 때문에 평균 가격보다 조금 비싼 편이다. 재생부대는 조금 더 싸게 구입할 수 있다. PP부대는 햇빛에 노출되면 쉽게 부식된다. 따라서 공사 기간 중 가능하면 햇빛에 노출되지 않도록 덮어둔다. PP부대로 쌓은 벽체는 미장을 해서 햇빛을 막아주는 게 좋다. 미장만 제대로 하면 그 안의 PP부대는 반영구적으로 보존된다.

환경문제로 PP부대 사용을 기피하는 경우라면 천연 마사부대를 사용하도록 한다. 마사부대는 습기에 약해서 쉽게 썩으므로 공사를 오래 해야 하는 경우나 장마철에는 사용하지 않는 게 좋다. PP부대와 견주어볼 때 가격차는 그리 크지 않다. 마사부대나 긴 흙부대 튜브는 농자재상이나 천막상회에서 쉽게 구할 수 없다. 대규모 도매점이나 공장에 직접 주문해야 한다. 인근의 공장이나 도매점을 찾으려면 인터넷에서 '부대' 또는 '마대'를 검색해보면 된다. 마대 대신 망사튜브나 양파망, 마늘망을 사용해도 좋다.

▬ 부대에 담는 흙

어떤 흙이든 충진재로 사용할 수 있다. 자갈, 모래, 황토, 마사토, 진흙, 잡흙, 연탄재(탄소, 칼륨염, 규산질)도 가능하다. 10~15퍼센트 정도의 수분이 포함된 촉촉한 흙이라면 더욱 좋다. 하지만 일부러 물과 섞어 반죽할 필요는 없다. 손에 흙을 쥐고 뭉쳤을 때 형태가 유지되는 정도면 적당하다. 너무 건조하다면 흙더미 위에 물을 뿌려주는 정도로 족하다. 흙부대에 넣고 다지면 황토벽돌처럼 단단해지기 때문이다. 그러므로 습기 없이 건조하다고 해서 걱정할 필요가 없다.

흙부대 건축의 장점은 현장에서 쉽게 구할 수 있는 흙을 사용할 수 있다는 것이다. 부대 속을 채우는 흙이 반드시 진흙일 필요는 없다. 또 흙에 볏짚을 섞을 필요도 없다. 다만 기초부에 쌓는 흙부대에 한해 종종 흙과 석회 또는 모래를 섞는다. 습기에 강하면서 더욱 견고하게 만들기 위해서다. 이렇게 만든 흙부대를 '강화 흙부대'라고 부른다. 현장이나 인근에서 쉽게 흙을 구하지 못해 부득이 흙을 사와야 하는 경우라면 흙부대 건축을 재고하는 게 좋다. 흙부대 건축에는 생각보다 흙이 많이 필요하기 때문이다.

내 마음대로 골라 채우는 흙부대

경북 봉화의 고흔표 씨는 흙부대 집을 지으면서 인근에서 쉽게 구할 수 있는 모래로 부대 속을 채웠다. 한편 제주도에 목천공법으로 펜션을 지은 오영덕 씨는 화산석 자갈로 흙부대를 만들면 좋겠다고 했다. 제주도는 흙이 아주 귀한 곳이다. 찰기가 아예 없는 흙이거나 진기가 너무 많은 흙, 둘 중 하나다. 이에 비해 화산석 자갈은 아주 흔하다. 그는 자갈을 이용한 흙부대 건축이야말로 제주도에 꼭 필요한 건축방식이라고 역설한다. 제주 대흘 초등학교 인근에 양파망 흙부대로 집을 지은 오창협 씨 역시 이 방법을 적극 추천했다.

— **가시철조망**

마지막으로 중요한 자재는 가시철조망이다. 철조망은 흙부대가 미끄러지지 않게 서로 묶어주는 역할을 한다. 또 벽 전체에 하중을 골고루 분산시키고 인장력을 제공한다. 철조망의 가격은 100미터 한 롤 당 1만5천 원~1만9천 원 정도로 흙부대 건축에서는 가시가 네 개 달린 것을 사용한다. 그러나 양파망, 마늘망, 곡식망튜브 등을 사용하는 경우에는 굳이 철조망을 사용할 필요가 없다. 망 틈으로 삐져나온 흙이 접착 몰타르 역할을 해주기 때문이다.

─ 기본 도구들

흙부대 건축에서 벽체를 쌓는 데 필요한 도구는 삽, 자루에 흙을 담을 때 사용하는 받침대, 부대자루를 벌리고 흙을 넣을 때 쓰는 PVC관, 손으로 직접 흙을 채워 넣을 때 필요한 양철깡통, 흙부대를 다질 때 사용할 나무공이나 철판공이 등이다. 튜브 형태일 경우엔 긴 흙튜브에 효과적으로 흙을 채워 넣는 장치를 만들어 사용할 수 있다. 농촌에서는 벼나락 수거용 장치(벼나락을 건조기에 옮겨 담을 때 사용하는 것)를 이용해 긴 흙튜브에 신속하게 흙을 담을 수 있다. 철조망을 자를 때 사용하는 와이어 커터Wire cutter와 펜치, 가시철조망 거치대 등도 대부분 주변에서 쉽게 구할 수 있으며, 집에서도 간단히 만들 수 있다. 이밖에도 수평자, 망치, 아연못 등이 필요하다. 물론 집 전체를 짓는 데는 그 외에도 많은 도구가 필요하다. '공구가 절반 몫을 한다'는 말이 있다. 적합한 공구를 준비하는 일 역시 집짓기의 일부이다.

뜨거운 감자, 건축자재비

집을 짓다보면 끝없이 들어가는 건축자재비 때문에 가슴이 내려앉는 경우가 종종 있다. 흔하디흔한 돌이나 흙조차 사와야 할 때도 있다. 강이나 근해의 바닷모래 채취도 금지되거나 어려운 형편이다. 북한산 해주 모래나 중국 모래를 수입하는 실정이니 모래 값도 무시 못한다. 물류비 증가는 목재 가격에도 영향을 미쳤고, 철근이나 파이프 등의 가격 역시 하루가 다르게 상승하고 있다. 에너지 위기가 본격화되면 다른 건축자재의 가격도 급등할 것이다. 그러므로 지역에서 쉽게 구할 수 있는 자연 건축자재에 눈을 돌려야 한다.

콜롬비아는 국가적 차원에서 대나무 이용을 대중화시키기 위해 다양한 가공법 및 이용 안내서를 만들어 배포하고 있다. 남아프리카공화국의 경우는 갈대 싱글Shingle을 만들어 지붕자재로 제작하여 판매한다.

필자가 사는 전남 장흥엔 대나무와 삼나무, 볏짚, 갈대, 황토, 돌이 많다. 그러나 자연 건축자재를 집짓는 데 이용하는 일도 만만치 않다. 간단히 돈을 주고 살 수 있는 산업 건축자재에 비해 일손이 너무 많이 가기 때문이다. 남의 손을 빌릴 경우엔 인건비가 높아진다. 결국 인건비라도 줄이려면 천천히 오랜 시간을 두고 제 손으로 할 수밖에 없다.

나는 손수 집을 짓겠다는 사람들에게 이렇게 충고한다. "반드시 자재수급 계획을 세우세요. 자재비를 30퍼센트 이상 줄일 수 있습니다." 농촌지역의 건축자재비는 도시에 비해 50퍼센트, 심지어 두세 배 이상 비싸다. 원하는 자재를 쉽게 구하기도 어렵다. 운송비와 자재비용을 줄이려면 공정별로 필요한 자재목록과 물량을 뽑아 인근 대도시에서 한꺼번에 구매하는 게 좋다. 자재별 판매처와 시장가격도 미리 파악해둔다. 건축 공정분기(공정을 세부적으로 나누는 작업)와 자재수급 계획을 세우지 않은 채 집짓기를 시작하면 안 된다. 공정분기와 함께 정확한 자재를 뽑을 수 있다는 건 세밀한 설계가 나왔다는 것이고 건축과정을 나름대로 이해했다는 뜻이다. 그러므로 삽을 들기 전에 자재 문제를 먼저 처리해야 한다.

프로젝트의 3대 요소는 시간, 자원, 규모이다. 규모를 줄이면 자원(돈, 인력을 포함)을 줄일 수 있다. 시간을 길게 잡으면 투여되는 자원 확보에 그만큼 비용을 적게 들일 수 있다. 집짓기도 하나의 프로젝트다. 그러므로 규모를 줄이고, 건축 기간을 길게 잡고, 천천히, 거저 또는 값싸게 자재를 구하는 대로 집을 짓는 게 최선의 방법이다. 집이 좁다면 살면서 점차 규모를 늘려보자. 건축비의 반은 인건비라고 하는 만큼 품앗이로 더불어 짓거나 손수 짓는다면 그만큼 경비를 아낄 수 있지 않을까.

그물 또는 양파망으로 만든 집

흙부대 건축법도 나날이 발전하고 있다. 처음에는 PP재질의 낱부대를 사용했지만 얼마 되지 않아 긴 튜브 형태의 PP부대를 이용하기 시작했다. 그 다음으로 망사튜브를 썼다. 우리나라에서는 급기야 곡식 건조망과 양파망도 활용한다. 앞으로 어떻게 발전할지 귀추가 주목된다.

귀찮은 공정 두 가지

집을 짓다보면 몸이 고되어 못 하나 들기조차 귀찮아진다. 직접 집을 지어본 사람은 공정하나 늘고 주는 일이 얼마나 큰 부담인지 잘 알 것이다. 공정이 하나 줄면 그만큼 일도 준다. 인건비와 자재비도 함께 준다. 흙부대로 집을 지을 때 가장 성가신 일은 부대 위에 철조망을 까는 것이다. 여차하면 꼬이고, 가시가 신발이나 손에 박히기 일쑤다. 게다가 가격도 꽤 올라 부담이 된다.

만만치 않은 공정이 또 하나 있다. PP부대이든 마대부대이든 흙미장은 생각과 달리 꽤 잘 붙는다. 그러나 흙미장을 더욱 잘 붙게 하고 균열을 방지하려면 파이버 매시Fiber mesh나 조경마대, 철망매시, 그물망 등 다양한 망을 덮고 미장해야 한다. 하지만 망 값도 꽤 들고 이것을 부착하는 데에 시간이 적지 않게 걸린다.

브라질 환경단체 에코오카EcoOca의 발명품

철조망과 망 부착은 손이 많이 가고 작업도 만만하지 않은 공정이다. 브라질 환경단체인 에코오카가 제시한 대안을 보자. 에코오카는 칼어스 센터에서 개발한 긴 흙튜브(일명 Superadobe) 대신 긴 망사튜브(Net Tube)를 사용했다. 에코오카는 그들이 개발한 망사 흙튜브를 하이퍼어도브Hiperadobe라고 부른다. 쉽게 망사튜브나 긴 망사 부대로 불러도 좋다. 긴 망사튜브는 주로 농촌에서 곡물 건조용으로 사용하는 것이다. PE재질로 되어 있어 단단하며 벼 낱알이 빠져 나가지 않을 만큼 촘촘하고 햇빛에도 잘 부식되지 않는다.

긴 망사튜브에 약간 수분이 있는 찰진 흙을 반죽하지 않은 채로 넣고 공이로 다지면 흙이 망사 사이로 빠져 나와 서로 붙는다. 흙이 접착제 역할을 하는 셈이다. 그래서 PP부대를 사용할 때처럼 흙부대를 고정하기 위해 철조망을 따로 사용할 필요가 없다. 미장할 때에도 망사튜브 자체가 매시나 그물망 역할을 한다. 두 가지 이상의 자재를 줄일 수 있으므로 경제적이고, 공정이 줄어 빠르고 쉽게 작업할 수 있다. 필요에 따라 군데군데 철조망이나 대나무 쐐기를 박아주면 된다. 물론 이 공정도 상태에 따라 생략할 수 있다.

PP부대나 마대부대에는 자갈, 모래, 연탄재, 화산석 등 찰기가 없는 충진재도 담을 수 있지만 망사튜브 속에는 어느 정도의 찰진 흙만 사용할 수 있다. 따라서 흙 사용에 제약이 있다. 수분 함유량은 손에 꽉 쥐었을 때 살짝 뭉쳤다 풀어지는 정도면 충분하다. 대부분의 흙은 자연 상태에서 어느 정도 수분을 머금고 있어 상관없지만, 너무 마른 경우라면 물호스로 적당히 물을 뿌린 후 사용한다.

곡물건조용 망사튜브, 일명 곡식망은 농자재상이나 천막상회에서 쉽게 구할 수 있다. 곡물건조용 망사원단은 강도에 따라 1미터 폭에 35미터 정도 길이의 원단이 2만~3만 원 가격으로 판매된다. 하지만 긴 튜브 형태로 된 것은 구할 수 없으므로 주문 제작해야 한다.

곡식망을 이용한 흙부대 건축

강화도 선원사 인근에서 흙부대 집을 짓는 유설현 씨는 망사튜브를 직접 만들어 사용했다. 곡물건조용 망사 원단을 사서 재단한 다음 공업용 재봉틀로 일일이 박아 튜브를 만들었다. 유설현 씨의 집은 국내에서 망사 흙튜브를 사용한 첫 번째 사례로 꼽힌다. 그는 우선 막돌을 시멘트 몰타르로 고정시킨 기초 위에 습기

브라질 환경단체 에코오카의
긴 망사튜브 흙부대 건축 워크숍

방지용 방수포를 깔았다. 그리고 긴 망사튜브 속에 건축현장의 흙을 반죽하지 않은 채 넣은 다음 공이로 다져가며 벽체를 쌓았다. 긴 망사튜브에 흙을 효과적으로 담기 위해서 플라스틱 통에 긴 함석 관을 연결한 흙 담는 도구도 만들었다. 이 관에 긴 망사튜브를 주름지게 끼워 넣은 후 슬슬 풀어가며 흙을 담는 것이다. 브라질 환경단체인 에코오카는 함석으로 깔때기를 만들어 사용했다.

유설현 씨의 집은 2층 건물이다. 철골빔 골조를 사용한 아래층에는 창고 겸 작업장이 있고, 위층엔 주방 겸 거실과 커다란 원형 방 두 개, 그리고 화장실과 테라스가 있다. 그는 자신이 직접 지은 원형 흙집을 자랑하면서 망사를 이용한 흙튜브 건축법을 극찬했다.

1. 강화도 유설현 씨의 긴 곡식망 흙부대 건축현장
2. 곡식망 흙튜브 위에 서까래를 얹고 있다.
3. 완공된 이후 유설현 씨의 곡식망 흙튜브 원형 집
4. 미장이 끝난 곡식망 흙튜브 집의 거실

유설현 씨의 망사 흙튜브 집

"깡통에 흙을 담아 올려 튜브에 넣으니 힘도 적게 들고 시간도 단축됐습니다. 철조망이나 철근도 필요 없습니다. 벽체가 완전히 마른 후 벽난로 시공을 하려고 벽체 일부를 뜯어냈는데 전동파쇄기를 써야 했을 만큼 단단했습니다.

망사 흙튜브로 집을 지을 때는 무엇보다 흙이 중요합니다. 나는 현장에서 나온 흙을 그대로 사용했습니다. 아주 찰진 데다가 굳고 나니 돌덩어리처럼 단단하더군요. 자갈이 들어 있는 진흙을 망사튜브에 담았습니다. 흙만 좋다면 얼마든지 높게 지을 수 있습니다. 우리 집 거실의 제일 높은 곳이 6미터 정도입니다. 물론 원형으로 지었기 때문에 가능한 일이었습니다.

집을 지으면서 내게 이런 소질이 있나 스스로 놀랐습니다. 벽 쌓는 거랑 미장뿐 아니라 지붕도 직접 올리고 문과 창문, 싱크대까지 제가 직접 달았습니다. 바닥은 흙반죽 위에 아마인유를 코팅했고요. 평생 농장을 경영하며 살았지만 집짓기는 이번이 처음입니다. 목공방 한 군데가 문을 닫는다고 해서 장비 대부분을 아주 싸게 샀습니다. 그것들을 써서 저와 아내가 모든 걸 다 해낸 거죠."

망사 흙튜브 건축의 또 다른 사례는 인천 자월도에 있는 레드문 펜션이다. 레드문 펜션의 주인 오영석 씨는 인터넷 네트워크 구축과 시스템 관리를 맡고 있다. 평소 바다낚시를 좋아하던 그는 인천항에서 1시간 거리인 자월도를 자주 찾았다. 깊고 맑은 바다와 포말처럼 부드러운 모래사장, 서해 중부인데도 기후가 따뜻하여 남쪽에서나 자란다는 수목들로 우거진 숲이 그를 섬으로 불러들였다. 그는 은퇴 후 이곳에 펜션을 짓고 살아야겠다고 결심했고, 자월도 해안가 숲속에 땅이 나오자 두말없이 그곳을 매입했다. 그리고 지금 경량목구조와 망사 흙튜브를 이용해서 펜션을 짓고 있는 중이다.

그가 짓는 집은 150여 평 규모의 펜션이다. 오영석 씨는 강화도에서 망사 흙튜브로 원형 흙집을 지은 유설현 씨에게 많은 도움을 받았다. 오영석 씨는 자월도의 흙에 찰기가 적어 2층으로 쌓을 수 없기 때문에 흙부대 공법과 경량목구조 방식을 결합했다고 설명한다. 그는 건물 전체를 흙튜브로 짓지 못하는 데 아쉬움이 많았다.

인천 자월도 오영석 씨의 레드문 펜션 현장

경량목구조를 결합한 오영석 씨의 흙튜브 집

"흙튜브에 흙을 담아 벽체를 쌓는 일은 그리 어렵지 않습니다. 일단 숙달되면 속도가 무척 빠릅니다. 흙튜브 집에는 경량목구조 같은 별도의 구조나 단열재, 마감재 등이 필요 없습니다. 흙으로 미장하면 끝이지요. 지붕이나 바닥은 어떤 방식을 선택하든 마찬가지입니다. 반면에 경량목구조 방식은 스터드(Stud, 간벽기둥) 등 골조를 먼저 세우고 OSB판재를 붙인 후에 외부를 타이백Tyvek으로 방습처리 합니

오영석씨와 필자

다. 내부는 석고보드 마감판을 붙여 도색을 하거나 벽지를 붙입니다. 필요한 자재의 종류만 해도 엄청나고, 양이나 비용도 어마어마합니다.

현재까지 봤을 때 망사 흙튜브를 사용한 부분의 건축비는 경량목구조 방식으로 시공한 부분에 비해 1/3 정도밖에 들지 않았습니다. 이곳 자월도의 흙에 찰기가 없다는 게 너무 아쉽습니다. 건물 전체에 흙튜브를 사용할 수 있었다면 훨씬 적은 비용으로 펜션을 지을 수 있었을 텐데 말입니다."

1. 망사튜브와 석회풀을 바른 망사튜브 벽
2. 지하와 1층은 철제빔과 망사튜브로 2층은 경량목구조 방식을 결합했다.
3. 레드문 펜션 객실동의 석회풀을 바른 망사튜브 벽체

양파망은 양파만 담는 게 아니다

해남 화산면 고정희 시인의 생가 근처 목신마을에 가면 재미난 현장을 목격할 수 있다. 대안대학인 녹색대학을 나오고 해남 YMCA에서 근무하던 건축주가 귀향해서 집을 짓는 곳인데, 가히 실험적이라 할 만하다. 각재로 만든 귀틀에 양파망 흙부대로 외벽을 쌓은 후 지붕을 올리는 방식이다. 그는 흙부대를 가볍게 하고 방충 및 단열효과를 높이기 위해 양파망 속에 흙과 석회, 왕겨를 함께 섞어 넣었지만 쌓을 때 다지지는 않았다. 석회와 흙이 섞이면서 양파망 흙부대가 매우 단단하게 굳기 때문이다.

귀틀골조는 전통적인 방식의 통나무 귀틀이 아니라 경량 각재를 이용해서 촘촘

해남 화산면 양파망 흙부대 귀틀집

하게 만든 개량식 귀틀골조다. 약 12평 규모에 방 한 칸, 거실 한 칸, 주방, 다락방이 있고 거실 위쪽에 반쪽짜리 다락이 있는 구조다. 벽체 하단부와 기초부는 인근에서 주워온 돌로 쌓았고, 지붕판재는 폐교에서 가져온 마루를 사용했다.

양파망 속에 흙과 석회, 왕겨를 섞어 넣는 방법은 흙부대의 무게를 줄일 수 있는 좋은 아이디어다. 사실 흙부대 벽체를 쌓을 때 어려운 것은 부대자루의 무게다. 양파망 흙부대를 사용하면 미장 때 별도로 그물망이나 매시를 붙이거나 철조망을 사용할 필요도 없다. 해남 화산면 현장은 흙부대의 무게와 그물망 매시 사용 문제를 해결할 수 있는 좋은 단서를 제공해준다.

해남 송지면 치소마을의 정인숙 씨는 볏짚단 건축과 흙미장의 전문가다. 그녀는 귀농하면서 압축 볏짚단을 경량목구조 틀 안에 채운 후 흙미장을 하는 방식으로 스트로베일 하우스를 지었다. 물을 많이 사용하는 욕실과 식료품을 보관하는 다용도실 벽은 흙부대로 쌓기로 했다. 나도 나흘 정도 일손을 거들고 왔다. 간벽기둥과 각재 틀 안에 두 겹으로 된 양파망 흙자루를 채워 넣었다. 정인숙 씨의 제안대로 크기가 각각 다른 세 종류의 두 겹 양파망 속에 흙과 석회를 섞어 담은 후 다져서 쌓았다. 철조망을 별도로 사용하지는 않았다. 하지만 흙을 석회와 섞으니 먼지가 많이 났다. 물이 많이 닿는 가장 아랫부분 1미터까지만 석회를 섞고, 그 이상은 찰진 흙만 넣는 게 좋을 듯싶었다. 석회와 흙을 섞어 담은 양파망 흙부대는 몇 번 비와 이슬을 맞고 나니 망치로 두들겨도 부서지지 않을 만큼 단단해졌다.

해남 송지면 치소마을, 간벽기둥에 양파망 흙부대를 쌓고 있다.   제주도 양파망 흙부대 건축현장

내벽에 쌓은 폭이 좁은 양파망은 틀 양쪽에서 못으로 고정시켰다. 때론 틀 중간 중간 가로대에 못이나 베일 묶는 끈을 이용해서 고정시켰다. 이밖에도 위 아래로 철망매시를 덧대어 보강했다. 그러나 폭이 넓은 양파망은 별도로 고정할 필요가 없다. 내벽을 좁게 쌓으려면 볏짚단 건축이나 흙부대 건축 공정에서 좁은 양파망 흙부대를 사용하면 된다.

제주도에선 오창협 씨가 양파망을 이용해서 흙부대 집을 지었다. 우리는 온라인 동호회 카페에 올라온 사진을 보고 깜짝 놀랐다. 흙이 담긴 수천 개의 빨간 양파망이 집 모양을 갖추고 서 있었다! 대단하다못해 기가 막힐 정도였다. 오창협 씨는 생각을 바로 실행에 옮기는 성격의 쾌활하고 자신감에 넘치는 사람이다. 그는 양파망 흙부대 집을 짓는 와중에 생태건축에서 종종 적용하는 서양식 바닥 난방 방식인 로켓스토브Rocket Stove를 실험했다. 거실에 로켓스토브를 들일 생각이었다.

제주도에서는 집을 짓기가 쉽지 않다. 지하수맥 접촉, 임목조사에 의한 건축 제한 등 제약사항이 한두 가지가 아니다. 모두 자연생태를 보존하기 위한 조치들이다. 오창협 씨도 처음에는 애써 구입한 390여 평 땅에다 가족이 살 집을 지을 요량이었다. 하지만 조건이 까다로워 190평만 대지로 형질 변경한 후 나중에 확장할 생각으로 우선 29평만 건축신고를 했다.

1. 1차 미장 작업 중인 양파망 흙부대 집
2. 양파망 흙부대 집 안의 내부 서까래를 올리다.
3. 흙미장 위에 석회페인트로 미장 마감을 하다.

오창협 씨의 양파망 흙부대 집

그가 짓고 있는 29평 규모의 양파망 흙부대 집은 제주도 느낌을 물씬 풍긴다. 육지에 지은 집과는 무엇인가 다르다. 토속적이면서도 원시적인 힘이 느껴진다. 완벽한 원형이 아닌 자연스러운 곡선으로 이루어진 벽면 때문인 듯하다. 어쩌면 양파망 흙부대 집을 2008년 내내 혼자서 지었기 때문인지도 모른다. 그는 이 집을 2009년 봄, 두 딸과 아내에게 선물할 계획이다. 오직 자신의 힘으로 만든 집을. 사실 집을 짓는다는 건 아무리 방법이 단순하다고 해도 고통스럽게 마련이다. 육체적으로는 물론 정신적으로도 힘들다. 그처럼 힘든 일을 혼자해내고 있는 걸 보면 오창협 씨의 가족사랑 역시 흙부대처럼 강한 것 같다.

제주도에 양파망 흙부대로 집을 짓고 있는 오창협 씨

뼈대 있는 집, 뼈대 없는 집

흙부대 건축은 기본적으로 무골조 공법을 지향한다. 뼈대 없는 집인 셈이다. 그러나 상황에 따라 유연성을 발휘할 수도 있다. 이를 테면 벽체를 보다 안정적으로 쌓고 싶다거나, 건물을 복층으로 짓고자 할 때, 또는 지역의 건축법령을 따라야 할 때 등등 여러 가지 조건에 따라 골조와 결합된 흙부대 건축법을 응용할 수 있다. 즉 뼈대를 세우고 흙부대를 쌓을 수 있다는 뜻이다. 골조결합 방식의 흙부대 건축방법을 몇 가지 살펴보자.

수평연결판과 경량각재 기둥 결합방식

기둥을 지반 위에 세우지 않고 기초부 흙부대 위에 세우는 방식이다. 아래 그림과 같이 판재로 만든 수평연결판을 대고 경량각재를 기둥 삼아 세운다. 이 방식은 골조를 요구하는 건축법령을 충족시키기 위해 사용되는 편법이다. 수평연결판은 흙부대 건축에서 감초 노릇을 톡톡히 한다. 합판 또는 판재로 만들며 주로 흙부대 모서리를 연결하거나 창호를 부착할 때, 인방, 서까래의 하중을 분산시키고자 할 때 사용한다. 방법은 다음과 같다.

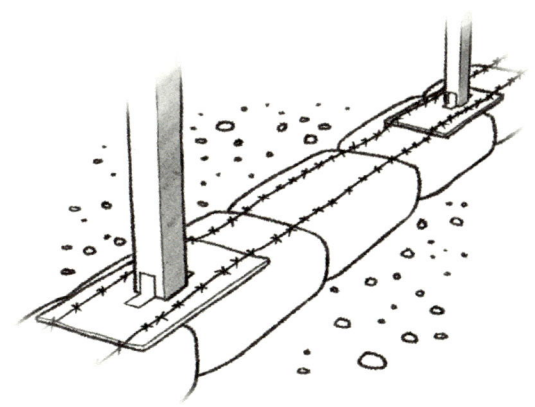

| 수평연결판과 경량각재 기둥을 이용한 골조 세우기 |

1. 4×4각재 기둥 양쪽에 'L'자 철물을 대고 수평연결판을 부착하여 고정시킨다.
2. 수평연결판을 부착한 4×4각재 기둥을 기초부 흙부대 위에 올려 놓고 아연도금한 대못이나 나사못으로 고정시킨다.
3. 기둥과 기둥 사이에 철조망을 깔고 흙부대를 쌓아 기둥과 기둥을 견고하게 잡아준다. 이때 기둥 사이의 간격은 2미터 이상으로 하고 창이나 문이 들어설 공간을 확보한다.
4. 경량각재 기둥과 흙부대를 결합하는 방식에서는 흙부대 벽체를 다 쌓은 뒤 기둥 위에 도리를 얹고 지붕 구조를 앉힌다.

트러스Truss 사다리 기둥 – 흙부대 채움 방식

남아프리카 공화국 카와줄루 나탈Kwa-zulu Natal 지역의 음툰지니Mtunzini에는 흙부대로 지은 환경교육센터가 있다. 이 센터는 각재와 대나무로 만든 트러스 사다리를 기둥 골조로 세우고, 그 사이를 흙부대로 채우는 방식으로 지었다. 이 방식 역시 흙부대 벽체를 다 쌓은 후 최종 단계에서 도리목과 지붕을 연결한다. 벽체를 다 쌓기 전에는 부분적으로 가결속만 해둔다.

트러스 사다리 골조에 흙부대를 채워 지은 음툰지니 환경교육센터

움툰지니 센터는 콘크리트와 벽돌로 줄기초를 만들고 그 위에 기초연결 사다리를 놓은 다음 앵커볼트Anchor bolt와 콘크리트 못으로 이를 고정시켰다. 이때 기초연결 사다리 밑에는 방수포나 두터운 비닐을 깐다. 트러스 사다리 골조–흙부대 채움 시공 방법은 다음과 같다.

1. 기초연결 사다리에 트러스 사다리 형태로 만든 기둥을 고정시켜 세우고, 트러스 사다리 기둥 사이에 흙부대나 모래부대를 채운다.

2. 줄기초 위에 놓은 기초연결 사다리 가운데를 자갈과 모래로 채우거나 스티로폼을 채워 흙부대 위로 올라가는 습기나 냉기를 차단한다.
3. 트러스 사다리 기둥과 기둥 사이에 흙부대를 쌓은 후 도리목을 사다리 기둥에 고정시킨다(흙부대 벽체를 다 쌓기 전에는 도리목과 사다리 기둥을 가결속 시킨다).
4. 가결속한 도리목을 부분적으로 떼어놓고 흙부대 벽체를 위에서 공이로 다진 후 최종 결속한다. 이때 굵은 철사나 원형 조임철물 등으로 도리목과 사다리 기둥을 고정시킨다.
5. 흙부대 벽체를 다 쌓아 다진 후 도리목에 서까래를 연결해서 지붕을 얹는다. 창이나 문틀의 상인방과 하인방 등 창호 지지물은 트러스 사다리 기둥에 고정시킨다. 따라서 창이나 문 위의 상인방은 상대적으로 얇은 목재를 사용할 수 있다. 단, 상인방 위에 2~3단 이상의 흙부대가 쌓이지 않도록 한다. 하중이 지나치면 창호가 변형될 수 있다.

에코빔Eco-Beam 모래자루 채움 방식

에코빔 모래자루 채움 방식은 트러스 사다리 기둥 방식과 비슷하다. 6년 전 남아프리카의 마이크 트레미어Mike Tremeer라는 엔지니어가 개발한 것이다. 현재 남아프

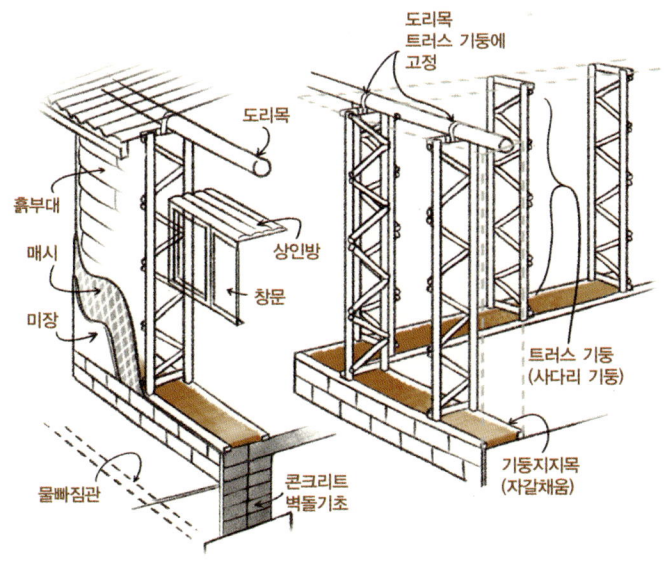

| 트러스 사다리 골조-흙부대 채움 시공 방법 |

리카 교외 곳곳에는 그가 개발한 방식을 적용한 에코빔-모래자루(Eco-Beam Sandbag) 건축물들이 눈에 띈다. 이 방식은 매우 경제적이고 간단하기 때문에 매우 빠르게 보급되고 있다.

에코빔-모래자루 채움 방식은 전문 목수나 기술자가 필요 없을 정도로 단순한 건축방법이다. 따라서 자가 건축자도 쉽게 시공할 수 있다. 에코빔을 이용한 건축방식의 핵심 요소는 세 가지이다.

첫째, 모래주머니를 감싸는 틀과 골조 역할을 하는 에코빔. 이것은 경량각재와 금속졸대(고물상에 가면 버려진 새시 졸대를 쉽게 구할 수 있다)를 나사못으로 고정시켜 만든 트러스다.

둘째, 에코빔 넓이에 맞춰 특별히 고안된 소형 모래주머니.

셋째, 미장이 잘 붙도록 부착하는 와이어 매시Wire mesh나 그물망. 이 세 가지가 에코빔-모래부대 건축의 핵심 자재다. 소형 모래주머니는 군사용 참호를 쌓을 때 사용하는 정도의 크기면 된다. 필요에 따라 이중으로 쌓을 수도 있다. 또 이중으로 쌓은 흙부대 사이에 단열재를 넣어 단열성능을 높일 수도 있다. 모래 대신 흙을 채워 넣거나 자갈을 채워 넣어도 좋다. 창이나 문틀 등의 창호지지물은 에코빔에 고정시킨다.

에코빔-모래자루 시공의 장점은 공사 기간을 획기적으로 줄일 수 있다는 것이다. 에코빔은 현장에서 특별한 장비 없이도 만들 수 있다. 금속졸대를 구부려 각재에 나사못으로 고정시키면 된다. 또한 소형 모래자루와 작은 흙부대를 사용할 수 있기 때문에 벽체를 쌓는 데 힘이 덜 든다. 미장 전에 그물망이나 매시를 모래주머니와 에코빔을 감싼 후 흙이나 석회, 시멘트미장을 하면 간단하게 벽체가 완성된다. 또 미장을 하지 않고 목재 슬라이딩만으로 벽체를 마감할 수도 있다. 빠른 기간 안에 전문 시공자 없이도 벽체와 지붕을 올릴 수 있을 만큼 간단하며 구조적으로도 안전하다. 지붕 역시 에코빔을 이용하여 쉽게 만들 수 있다.

남아프리카의 에코빔 샌드백 채움 시공 사례

골조는 간단한 철물이나 나사못을 사용하여 연결한다. 에코빔의 전체적인 시공법은 경량목구조 시공법과 유사하다.

경량철골조 흙마대 채움 방식

전남 화순에 사는 홍상래 씨는 경량철골조에 흙부대를 채워 집을 지었다. 홍상래 씨의 흙부대 집은 화순 남면 가수리 만수마을에 있다. 그는 광주에 살면서 주말마다 그곳으로 내려가 부친과 함께 집을 지었다.

홍상래 씨는 PP부대 대신 마부대, 일명 마대에 흙을 채워 쌓았다. 마대의 인장력은 PP부대에 비해 떨어지는 편이다. 그래서 두 단마다 폐합판을 받치고 철조망과 황토 몰타르를 함께 사용했다. 내가 현장을 방문해보니 마대는 장마 기간이라 비를 많이 맞았음에도 불구하고 허물어지기는커녕 매우 단단하게 굳어 있었다.

홍상래 씨는 경사지를 긁어내고 복토한 곳에 콘크리트로 통기초를 하고, 그 위에 자갈을 채운 두 겹 PP부대로 벽체 하단부를 쌓았다. 두 겹 PP부대 속에 자갈을 채우면 충분한 공극 때문에 흙부대 벽체로 습기가 올라가지 않는다. 흙부대 벽체를 먼

경량철골조에 마대 흙부대를 채운 화순 홍상래 씨 건축현장

저 쌓은 후 경량철골조 트러스로 지붕과 기둥을 세웠다. 벽면은 황토로 미장해서 마감했다. 경량철골조 지붕 위에 샌드위치 패널을 덮고 아스팔트 싱글 Asphalt shingle로 마감했다. 내부엔 중천장을 두었다.

시멘트 블록 골조와 흙부대 결합 방식

엘리슨 케네디 Alison Kennedy는 얼마 안 되는 예산을 가지고 미국 유타 Utah주 모압 Moab에 흙부대 집을 지었다. 디자인이 멋들어진 이 집은 유타 주에서 건축허가를 받은 최초의 흙부대 주택이다. 유타 주 건축부서는 포스트앤빔 Post and Beam 골조에 흙부대를 채워 넣는 방식으로 건축하는 것을 허락했다.

건축상의 제약 때문에 그는 기초를 콘크리트로 깔고 시멘트 블록을 쌓아 기둥을 세웠다. 벽체 위에 얹는 도리 대신 시멘트 블록을 도리 삼아 흙부대 벽체 위에 올리고 시멘트 몰타르를 부어 전체 벽체가 연결되도록 했다. 문 주위에는 버팀벽(Buttress)을 만들어 구조적 안정성을 강화했다. 흙부대는 22킬로그램짜리 PP부대를 사용했고, 근처 자갈밭에 버려진 모래로 속을 채웠다.

시멘트 블록으로 만든 도리에 미리 앵커볼트를 박아 지붕 서까래 등 지붕골조를 연결할 수 있게 했다. 지붕골조

시멘트 블록 골조와 흙부대를 결합한
엘리슨 케네디 하우스

위에는 OSB 합판을 얹어 타르 방수종이를 덮은 후 그 위에 다시 아스팔트 싱글을 붙여 지붕을 마무리했다. 색이 다양한 아스팔트 싱글의 디자인 패턴은 나바호 Navajo족의 담요 문양에서 영감을 얻었다고 한다. 엘리슨 케네디의 흙부대 집은 흙미장 후 석회미장을 했는데, 외부는 석회에 안료와 아마인유를 섞은 석회페인트를 이용하여 프레스코 Fresco 기법으로 마감했다.

거노트 밍케 박사의 수직 흙부대 건축방식

흙건축으로 유명한 독일 카셀 대학의 거노트 밍케 박사는 나무골조와 대나무 그리고 지름이 짧은 광목 흙튜브를 결합시킨 방식과 수직으로 세운 흙자루로 벽을 만드는 새로운 흙부대 건축법을 제안했다. 1978년 과테말라에서는 밍케 교수의 주도 하에 이런 방법들을 결합해 지은 시범적인 건물이 탄생했다. 약 50 평방미터의 작은 건물이다.

거노트 밍케 박사가 제안한 새로운 흙부대 건축법

밍케 박사가 제안한 방법을 자세히 살펴보자. 여기에는 PP튜브가 아닌 광목으로 된 섬유튜브가 사용된다. 이것은 직경 10센티미터 내외의 튜브로 흙을 담기 편하고 가벼워서 쌓기도 쉽다. 첫 번째 방법은 광목 튜브를 'U'자 형으로 구부려 쌓은 후 벽체 위 도리에 고정시키는 것이다. 너비는 좁지만 안전성을 강화하는 데 안성맞춤이다. 두 번째 방법은 나무기둥과 대나무로 만든 지지대 사이에 좁은 광목 튜브를 끼워 쌓는 것이다. 세 번째 방법은 흙을 담는 광목 흙자루를 수직으로 세워서 벽을 만드는 것이다. 흙자루는 안정성을 높이기 위해 바닥을 넓게 하고 위쪽을 좁게 만든다. 흙자루 한 개마다 네 개의 나무지지대가 흙자루를 받치고, 나무지지대 윗부분에 도리를 얹는다. 이때 흙자루 위에는 도리에 걸 수 있는 네 개의 광목 끈이 달려 있다.

  미장 방식은 일반적인 흙건축방법과 유사하다. 밍케 박사는 과테말라의 실험에서 석회미장법을 활용했다. 밍케 박사가 제안한 새로운 흙부대 건축방법 가운데 두 번째, 세 번째 것은 흙부대가 내력벽 역할을 하지 않는다. 그러므로 지붕구조를 받쳐주는 나무기둥이나 대나무 지지대가 따로 필요하다. 밍케 박사의 제안처럼 크기가 작고 가벼운 흙튜브를 사용하면 수직으로 흙을 담을 수 있기 때문에 벽을 쌓기에도 편리하다. 두 번째 방법을 따르면 내외벽 이중 시공을 할 때 벽 사이에 볏짚 등 단열재를 넣을 수 있다.

> ✻ **흙부대 건축은 골조미를 포기해야 할까?**
>
> 흙부대 건축은 위에 설명한 사례들처럼 다양한 방식으로 골조와 결합할 수 있다. 그러나 골조 결합 방법은 자칫 무골조 건축을 지향하는 흙부대 건축만의 장점을 떨어뜨릴 수 있다. 우리는 기둥과 보, 처마 등이 보여주는 골조미를 쉽게 포기하지 못한다. 물론 골조를 세우는 가장 큰 목적은 구조적인 안정성을 높이는 것이다. 겉으로 드러나는 아름다움이 주목적이 아니라는 뜻이다. 하지만 구조물들이 표현해주는 절묘한 조형성과 질서, 균형미를 간과할 수 있을까? 흙부대 건축이 한옥이나 로그Log 하우스, 팀버Timber 하우스처럼 육중한 골조미를 구현할 수는 없다. 그러나 단순하고 절제된 골조미를 드러내면서도 흙벽체와 어울리는 건축법을 개발할 수는 있지 않을까?

흙집이 잡종 교배를 하면

오랫동안 익혀온 기술로 유무형의 이익을 얻는 사람들은 그것을 절대화하게 마련이다. 자기 것을 최상의 것으로 여기는 경향도 있다. 건축분야도 마찬가지다. 흔히 자신이 알고 익혀온 공법만을 최고로 여긴다. 그러나 나는 흙부대 건축을 하는 동안 마음이 열린 건축가들을 많이 만났다. 원불교 교무이면서 한옥 대목인 안성원 교무, 목조주택 분야에서 수십 년간 일해 온 장인, 건축과 교수, 건축 사업가로서 현대적인 대형 건물을 많이 지은 윤덕중 사장. 그들은 모두 자기 분야에서 일가를 이룬 사람들이다. 뿐만 아니라 건축을 바라보는 시각과 견해도 뚜렷하다. 하지만 그 분들은 틈나는 대로 새로운 건축방식을 받아들이고 지식을 얻기 위해 학생이 되기를 주저하지 않았다. 또 그렇게 얻은 새로운 지식을 자신의 오랜 경험과 기술에 접목시켜 응용하고 있다. 건축이 발전하는 것은 그런 분들의 열린 마음 덕분이다.

물론 흙부대 집짓기가 최상의 건축법은 아니다. 장점도 있고 단점도 있다. 흙부대 건축이 갖지 못한 장점을 지닌 생태적인 건축법도 많다. 볏짚단 건축은 단열성능이 높고, 벽체에 벽감을 만드는 등 조형이 수월하다. 토담 건축도 조형성이 뛰어나다. 또 장작목 공법은 목재를 쉽게 구할 수 있는 지역에 유리한 방식이다. 담틀공법은 화학적인 자재를 거의 사용하지 않는 가장 자연적인 건축방식이다. 뿐만 아니라 미려하고 반듯한 벽체를 구현할 수 있고, 미장에도 손이 덜 간다.

흙부대 건축의 가장 큰 장점은 단순성이다. 다른 건축방식에서도 흙부대를 기초로 사용할 수도 있다. 하지만 모든 집을 흙부대로만 짓는다면 얼마나 재미없을까? 다양한 방식, 다양한 형태, 다양한 재료를 사용하여 보다 생태적인 집들을 짓는다면 훨씬 좋지 않을까? 요즘 흥미로운 잡종 흙집들이 속속 등장하는 중이다. 여러 가지 이유에서, 때로는 호기심과 탐구심에서 비롯된 재치 있는 아이디어에 힘입어서. 이제 흙부대와 또 다른 생태건축방식들을 결합한 생태적 대안주택을 살필 차례다.

볏짚단과 흙부대의 만남

가장 먼저 소개할 사례는 흙부대와 볏짚단을 결합한 건축방식이다. 브라질의 환경단체 에코센트로Ecocentro는 생태건축 워크숍을 통해서 아주 간단하면서도 경제적인 건물을 선보였다. 흙부대와 볏짚단 건축을 혼합시킨 획기적인 방식이다. 지붕과 벽체를 한번에 만들 수 있어서 지붕시공에 드는 비용을 절감해주기 때문이다. 사실 흙부대로 집을 짓든 볏짚단으로 집을 짓든 지붕시공에 드는 비용을 줄이는 데는 한계가 있다.

에코센트로가 개발한 방식의 시공과정을 보자.

에코센트로의 흙부대-볏짚단 건축 워크숍

1. 긴 흙튜브를 7단 정도 쌓아 기초를 만들고, 그 안쪽에 탄성 있는 두터운 졸대들을 끼워 세운다.
2. 양쪽 벽체의 졸대들을 서로 잡아매어 벽체와 지붕의 구조물을 만든다. 이 졸대들은 기둥, 서까래 등 골조 역할을 대신한다.
3. 흙부대 위부터 시작해 졸대 위로 볏짚단을 쌓아간다. 볏짚단을 쌓을 때 볏짚단과 졸대를 굵은 노끈과 바늘을 이용해서 단단하게 꿰맨다.
4. 양쪽 졸대를 맨 위에서 잡아맬 때 중앙에 긴 각재를 사이에 넣고 졸대가 서로 엇갈리게 한 다음 굵은 철사나 노끈으로 묶는다.
5. 졸대의 탄성이 기초부 흙부대를 밀지 않도록 기초 양쪽으로 흙부대 버팀벽을 네 개 정도 쌓는다.
6. 흙부대와 볏짚단 사이에 황토와 볏짚을 섞은 반죽을 넣어 접착시킨다. 볏짚단과 볏짚단 틈새 역시 황토와 볏짚을 섞은 반죽으로 메운다.
7. 볏짚단 안팎에 금속망 매시를 부착한 뒤 황토와 볏짚을 섞어 미장한다. 이때 석회를 함께 섞어도 좋다. 마감은 아마인유나 붕사 등 발수 보강재를 섞어 발라도 된다.
8. 개방된 앞뒤 쪽에 흙과 볏짚을 반죽하여 토담을 만들어 쌓고 여기에 유리창을 끼워 채광창을 만든다. 물론 창틀이나 문틀을 넣어 개폐할 수 있는 창호도 같은 방법으로 세울 수 있다.
9. 문틀이나 창틀의 보강을 위해 제한적으로 각재를 사용해도 좋다. 창호틀 주변에 볏짚단을 채워 쌓는다.

졸대에 볏짚단을 꿰매어 고정한 후 미장하는 모습

흙부대와 담틀의 교배

틀을 만들어 그 안에 배합된 흙을 다져 넣고 벽체를 만드는 담틀방식(Rammed Earth)과 흙부대 역시 궁합이 잘 맞는다. 이 둘을 교배시키면 새로운 생태건축이 탄생한다. 이때 사용되는 담틀은 새롭게 개선된 담틀공법이다. 간략하게 기존 담틀공법의 문제점을 살펴보자.

첫째, 담틀을 부착하고 해체하는 작업은 결코 쉽지 않다. 손이 많이 가며, 틀을 제작하는 데 드는 비용도 만만치 않다. 따라서 보다 간편하고 단순하게 개선될 필요가 있다. 기둥부착식 담틀공법은 이 문제를 해결하기 위해 고안된 것으로 받침목을 세우고 여기에 틀을 고정시켜 흙을 다져 넣는 방식이다. 이것은 이미 오래 전부터 이용되어 왔다. 전통 담틀공법이 기둥을 필요로 하지 않는 무골조인데 비해 기둥부착식 담틀공법은 받침목이 그대로 기둥 역할을 한다.

둘째, 담틀에 다져 넣은 흙이 마를 때 균열이 생기지 않도록 흙을 고르게 부수어야 한다. 또 흙, 작은 자갈, 모래 혹은 강화제로 사용하는 시멘트나 석회 등을 잘 배합해야 한다. 잘못하면 건조되는 동안 수축이 일어나 벽체 전체에 심각한 균열이 생길 수 있다. 모래와 자갈은 구조재의 역할을 하고 석회나 시멘트는 강화재 또는 접착재의 역할을 한다. 보통 구조재와 접착재의 비율은 3:1 정도가 적당하다. 물론 진흙 속에 있는 흙의 성분을 사전에 분석해야 하는데 그 결과에 따라 배합비율도 달라진다. 현대적인 담틀공법에서는 대부분 순수한 흙만 사용하지 않고 석회나 시멘트 등 다양한 강화재를 첨가해서 사용한다.

셋째, 기존 담틀건축의 담틀벽은 흙 배합성분에 따라 차이가 나긴 하지만 하루에 40~70센티미터 이상 쌓을 수 없다. 흙이 어느 정도 건조되기 전에 너무 높이 흙을 다져 넣으면 벽체하부로 하중이 집중되어 벽체가 변형될 수 있다. 흙이 굳는 시간 때문에 작업도 지연된다. 두꺼운 벽이 완전히 마르는 데는 기후에 따라 2년 이상 걸리기도 한다.

넷째, 흙벽은 최소 40센티미터 이상 두꺼워야 단열효과를 발휘한다. 흙은 기본적으로 축열에 우수하고 단열에는 취약하다. 벽체 두께를 얇게 하면서 단열효과를 높일 수 있는 대안이 필요하다.

브라질 환경단체 에코센트로는 흙부대와 담틀을 결합시키고, 전통 담틀건축의 문제를 개선한 새로운 방식을 제시한다. 우선 간벽기둥을 받침목으로 세우고, 볏짚을 황토·석회와 함께 버무리듯 반죽해서 만든 짚버무리(Light Cob, Light Clay)를 흙 대신 틀 안에 다져 넣는 방식이다. 단, 짚버무리는 아무리 다진다 해도 내력벽이 될 수 없다. 그 자체로 지붕을 받칠 수 없다는 뜻이다. 그러나 단열성은 뛰어나다. 간벽기둥은 짚버무리를 다질 때 틀을 고정하는 받침목 역할을 하고 지붕 구조도 받쳐준다.

진흙반죽 대신 담틀 안에 채워 넣는 짚버무리는 단열성능이 우수하다. 얇은 벽체로도 단열기능을 충분히 발휘한다. 건조될 때 균열이 발생하지도 않는다. 그러나 습기에 취약해서 건조한 봄가을 시공이 아니면 쉽게 부패한다. 습기가 많은 우리나라에서는 황토석회를 반죽한 물에 붕사를 함께 넣어 볏짚을 버무리면 방충도 하고 습기도 막을 수 있다. 지면에 닿는 기초부는 습기에 약한 짚버무리를 사용하지 말고

브라질의 흙부대 기초와 간벽기둥 부착식 짚버무리 담틀시공

PP부대에 흙을 담은 흙부대를 사용한다. 이 흙부대 위에 짚버무리 담틀벽을 세운다.

간벽기둥에 부착하는 이동식 담틀은 아주 쉽게 만들 수 있다. 두 개의 패널에 네 개의 긴 각재를 양쪽 패널의 위아래에 부착한다. 담틀을 잡고 있는 네 개의 각재를 간벽기둥 양쪽에 붙이고 네 개의 바이스Vice로 고정시킨다. 이렇게 부착한 틀 안에 짚버무리를 다져 벽체를 만들면 된다. 다진 짚버무리가 건조되면 담틀을 물고 있던 바이스를 풀었다 죄었다하면서 담틀을 점차 위로 올려가며 작업한다. 습기가 많이 차는 쪽이나 축열이 필요한 쪽은 긴흙튜브나 흙부대를 이용해서 벽체를 쌓는다. 이 경우에는 간벽기둥이 필요 없다. 흙부대 벽체가 내력벽 역할을 하기 때문이다. 브라질 에코센트로 워크숍의 경우, 담틀 벽체의 두께는 15~17센티미터 정도였다. 겨울철 추위가 심한 우리나라는 외벽에 짚버무리 담틀을 사용할 경우 최소 25~30센티미터 이상 되도록 만든다. 이 정도 두께로 벽체를 세우려면 폭이 넓은 목재기둥보다 경량각재와 금속졸대로 만든 트러스 형태의 에코빔을 간벽 기둥으로 사용하는 게 훨씬 경제적이다.

간벽기둥에 못을 줄줄이 박아서 다져 넣는 짚버무리가 단단히 고정되도록 한다. 다질 때는 주로 나무공이를 사용한다. 이렇게 세운 담틀벽은 흙부대 건축물의 내벽에도 적용할 수 있다. 이 방법을 사용하면 흙부대 벽체가 너무 두꺼워서 생기는 내부 공간 손실을 줄일 수 있다. 단열이 필요한 북서쪽 벽은 담틀방식으로, 축열이 필요한 동남쪽 벽은 흙부대 방식으로 벽체를 쌓는 것도 시도해볼 만하다.

흙부대와 통나무, 볏짚단(Strawbale), 토담 혼성 건축

'평화를 짜는 사람들(Peaceweavers)'은 세계의 조화와 비폭력 소통을 위해 헌신하는 치료자들과 교육자들이 만든 국제적인 모임이다. 이 모임은 2004년부터 시작되었고, 뉴욕 바스(Bath, New York)에 있는 휴양소에서 자연건축 워크숍을 개최했다. 이들은 행사를 통해 통나무와 볏짚, 흙부대, 토담을 이용한 기념건물을 지었다. 유타에서 온 도니 키프메이어Doni Kiffemeyer는 흙부대 건축 전문가로서 이 건물을 지을 때 총지휘를 맡았다. 또 유명한 생태건축 운동가인 썬레이 켈리SunRay Kelley도 작업에 참가했다.

센터 부지의 한가운데 있는 이 건물의 통나무 골조는 생태건축 운동가인 썬레이

볏짚단과 흙부대, 나무로 만드는
'평화를 짜는 사람들' 기념센터

켈리가 세웠다. 줄자와 체인 톱을 가지고 팔각형 건물의 골조를 세운 것이다. 지붕은 팔각 연결물을 2단으로 만든 후 여기에 서까래를 걸쳐 완성했다. 이 통나무 골조는 기둥과 벽체 도리, 대형 연결물, 겹지붕 소형 도리, 소형 연결물이 서까래로 연결되는 구조로 되어 있다. 지붕 중앙에는 겹지붕을 만들어 통기성과 채광성을 높였다.

기념 건물의 기초는 콘크리트이다. 통나무 골조를 사용했으며 벽체는 볏짚단과 토담(진흙볏짚반죽), 흙부대로 쌓았다. 아치문 주위는 흙부대로 쌓았으며 문 양쪽에 두터운 버팀벽을 만들었다.

1차로 흙미장을 한 뒤 손가락으로 꾹꾹 눌러 요철을 만들고, 2차 미장을 할 때 석회모래 반죽을 사용했다. 2차 마감은 석회반죽에 도료를 섞어 초록색, 진갈색 두 가지로 마감했다. 방바닥은 흙을 부어 다지고 아마인유를 발라 마감했다. 지붕은 서까래 위에 송판으로 개판을 얹고 단열재를 넣은 후 다시 합판을 붙이고, 여기에 타르 종이를 붙인 다음 나무 껍데기인 굴피를 덮어 마감했다.

베레아Berea 대학의 하이브리드 생태주택

베레아 대학의 생태건축 연구실에서는 다양한 생태건축 방식을 결합한 하이브리드Hybrid 생태건축을 시도했다. 흙부대, 슬립스트로(Slip Straw, 짚버무리를 담틀식으로 쌓는 방식의 또 다른 이름), 목천공법(Cordwood), 진흙과 볏짚을 섞어 반죽한 토담 벽체를 혼합한 것이다. 지붕은 녹화지붕(Living Roof, Green Roof)으로 올렸다.

베레아 대학은 각 벽면을 기둥으로 나눈 다음 벽면마다 다른 방식을 적용해 건물을 지었다. 이와 약간 다른 방식으로 흙부대와 장작목토담(Cordwood, 목천공법이라고도 한다)을 결합한 오두막 건축 사례도 있다. 원형 줄도랑을 파고 여기에 자갈을 채운 뒤 흙부대로 1미터 이상 벽체를 쌓아올렸다. 그리고 흙부대 벽체 위부터 일부를 제외하고는 대부분의 원형 벽체를 장작목토담 방식을 이용하여 진흙반죽과 장작목을 섞어 쌓았다. 지붕은 레시프로컬Reciprocal(상호지지) 방식을 차용, 서까래를 서로 엮어 골조를 만들었다.

베레아 대학 생태건축 연구실에서 만든 하이브리드 생태건축물

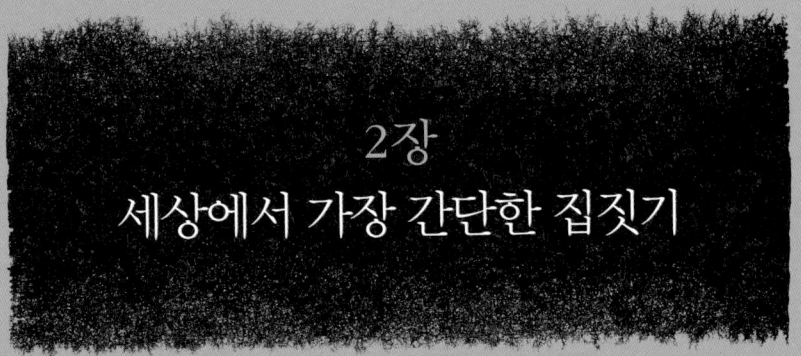

2장
세상에서 가장 간단한 집짓기

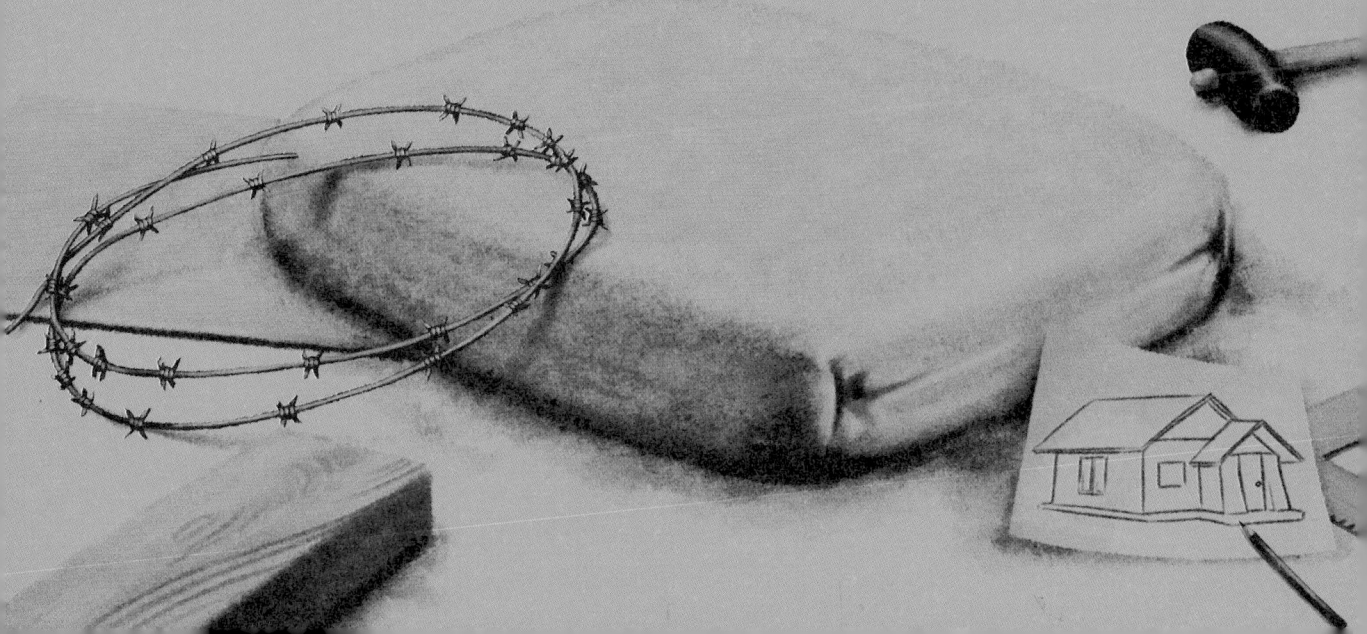

기초, 유혹이 시작되는 곳

유혹은 처음부터 시작된다. 유혹의 친구는 힘겨움과 불안감이다. 육체노동에 길들지 않은 사람은 돌덩이나 흙부대를 한 시간만 옮겨도 팔다리며 허리에 통증을 느낀다. 집을 처음 지어보는 사람도 마찬가지다. '이렇게 해도 되나?' 하면서 그 동안 생각해두었던 방법에 자신감을 잃게 마련이다.

나는 다행히 처음 찾아온 유혹을 이기고 막돌기초를 놓았다. 그러나 막돌기초와 흙 봉당을 잘 쌓아놓고서 테라스를 만든다는 이유로 봉당 위에 살짝 콘크리트를 덧씌우고 말았다. 유혹에 무릎을 꿇은 것이다. 앞으로 얼마나 많은 돈과 시간이 들어갈지 가늠할 수 없는 공사 초반, 유혹은 더욱 강렬하다. 지폐를 꺼내기만 하면 솜씨 좋은 업자들과 레미콘 차가 달려와 튼튼하고 멋들어지게 콘크리트 기초를 놓고 갈 텐데……. 시멘트를 포함한 산업자재를 일체 쓰지 않고 완전한 생태주택을 짓겠다던 굳은 결심도 막상 집을 짓다보면 무너지기 십상이다. 유혹에 넘어가기 시작하면 가진 돈은 어느 순간 '생쥐가 소금 먹듯' 사라진다.

기초에 대한 기초 상식

두산백과사전에서 '기초'라는 단어를 찾았더니 "건물을 지탱하고, 건물을 지반에 안정시키기 위해 건물의 하부에 구축한 구조물로, 독립기초·복합기초·줄기초·연속기초·온통기초 등이 있는데, (중략) 건물의 중량 및 건물에 가해진 각종 하중을 안전하게 지반에 고정시키고, 건물의 허용 이상의 침하·경사·이동·변형·진동 등의 장애가 일어나지 않게 하는 것을 목적으로 하는 구조물"이라고 되어 있다.

명확히 알면 자신감이 생기고 불안감도 사라진다. 흙부대 주택은 흙집이다. 그러므로 흙부대 집의 기초를 세울 때도 흙집과 흙벽에 어울리게 해야 한다. 건축물의 기초가 반드시 갖춰야 할 몇 가지 요소를 살펴보자.

기초는 첫째, 건물, 특히 벽체 하중을 분산시키고, 건물을 지반에 고정시킨다. 둘째, 습기와 냉해, 부식 등에서 벽체하부를 보호하고, 동결, 해빙으로 인한 지반의 융기나 침하로부터 벽체를 보호한다. 셋째, 강풍, 홍수, 지진 등의 자연재해로부터 건물을 보호하고 고정시키는 역할을 한다.

집을 짓기 위해 터를 다지고 기초 시공을 시작하자 귀찮을 만큼 잡다한 조언과 질문들이 줄을 이었다. 흙부대 건축은 다양한 기초 방식을 적용할 수 있다. 어떤 시공을 택하든 건축의 기초에 대한 몇 가지 상식만 있다면 주관과 확신을 가지고 원하는 대로 기초를 놓을 수 있다.

기초에 대한 잦은 질문과 답변들

* **기초시공을 하려면 땅을 얼마나 파야할까?**

말하는 사람마다 답이 다르다. 그렇지만 기초의 깊이는 동결심도(겨울철 땅속 동결 깊이) 이하여야 한다. 추운 북쪽과 따뜻한 남쪽의 동결심도가 같을 수는 없다. 동결심도 이하에 기초를 세워야만 동결과 해빙으로 인해 변형이 생기지 않는 안정지반에 건물을 지을 수 있다. 기초의 깊이에 영향을 미치는 또 다른 요소는 건물의 규모와 높이에 따른 하중의 크기다. 단층인 소규모 주택과 20층짜리 고층빌딩의 기초는 당연히 깊이가 다르다.
(최대 동결심도가 150센티미터인 지역은 강원도 홍천, 평창 지역으로 모두 고도가 높은 산악지역이다. 또 경기도 북부와 경북 안동, 충북 제천지역도 동결심도가 120센티미터 이상이다. 반면, 강릉 등의 동해안 지역과 전남 함평, 경북 울진, 경북 포항 등 해안 지역은 동결 깊이가 낮다. 순천 등 전남 해안지역은 40센티미터 전후다.)

* **기초는 지면으로부터 얼마나 올라와야 하나?**

역시 거드는 사람마다 말이 다르다. 지면 위 30센티미터부터 90센티미터에 이르기까지 제각각이다. '비올 때 흙탕물이나 빗물이 튀지 않고 물이 차지 않는 높이'가 맞지 않을까? 그러나 지붕 처마의 길이, 지역의 강수량, 건축현장의 지형 등에 따라 얼마든지 달라질 수 있다.

* **기초를 놓을 때 반드시 바닥에 비닐을 깔아야 하나?**

비닐은 땅에서 올라오는 습기를 차단해준다. 기초 바닥에 비닐을 깔아주면 방습이나 방수에 도움이 된다.

* **기초 바닥에 잡석자갈 다짐을 하는 이유는 무엇일까?**

기초를 놓기 전에 잡석자갈을 다져 넣는 이유는 세 가지다. 첫째, 자갈다짐은 동결이나 해빙으로 인한 지반의 변형을 자체로 흡수하여 벽체에 직접 영향을 미치지 않게 해준다. 둘째, 땅에서 올라오는 습기를 자갈 사이의 공극을 통해 주변 지반으로 배출한다. 즉, 벽체로 곧바로 올라가는 습기를 어느 정도 막아준다는 뜻이다. 셋째, 기초 밑으로 빗물이 흡수되었을 때 자갈 사이의 공간이 배수구 역할을 하여 물기를 배출하므로 건물에 영향을 덜 미친다.

✱ 어떤 기초 놓기 방식을 선택해야 하나?

어떤 기초를 선택할 것인가는 짓고자 하는 건축물의 규모와 방식에 따라 달라진다. 소규모 주택이라면 벽체 밑에만 놓는 줄기초(벽체기초)로 충분하다. 가장 먼저 고려할 점은 건물이 들어서는 땅의 성질이다. 암반 위에 건물을 세울 때와 간척지처럼 연약지반에 집을 지을 때 기초가 같을 수는 없다. 연약지반이라면 건축물 바닥 전체에 걸쳐 콘크리트를 까는 통기초(베이스기초)를 깔아야 한다. 그래야만 건축물의 하중을 잘 견딘다. 기초는 집 지을 땅의 성질과 건물의 규모와 하중을 고려하여 결정한다. 흙부대 건축은 현대적인 기초 놓기부터 전통적인 방식까지 다양한 방식을 적용할 수 있다.

보편적인 콘크리트 줄기초

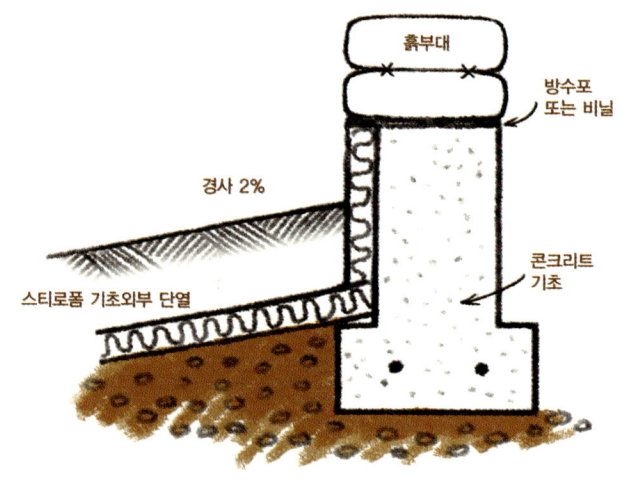

| 콘크리트 줄기초의 단열과 방수 |

콘크리트 기초는 흙부대 건축에서도 가장 널리 적용되는 기초시공 방법 중 하나다. 물론 피하고 싶은 마음은 굴뚝같지만! 콘크리트 기초는 거푸집 설치와 철근, 시멘트 타설에 적지 않은 인건비와 자재비가 든다. 콘크리트 줄기초의 경우도 기초 아래 자갈다짐을 한다. 콘크리트는 특성상 습기를 계속 흡수한다. 하지만 공기 중으로는 잘 배출하지 못한다. 흡수한 습기를 천천히 그리고 끊임없이 벽체로 뿜어

올린다. 따라서 콘크리트 기초와 흙부대 벽체 밑단 사이에 비닐이나 방수포를 깔아 습기를 차단해야 한다.

건축물은 기초를 통해 17퍼센트 정도 난방열을 빼앗긴다. 그러므로 기초 외벽과 기초 외부 지면 아래에 스티로폼과 같은 단열재를 부착하면 그 만큼 열손실을 줄일 수 있다. 또 하나, 대부분의 기초에 적용되어야 할 방법이 있다. 기초 외부 지면에 2도쯤 경사를 주면 자연스럽게 배수를 유도하고 습기가 침투하는 것을 차단할 수 있다.

시멘트 혼합물인 콘크리트 기초는 가장 일반적으로 이용되는 방식이다. 그러나 콘크리트는 대기 중으로 방출되는 전체 이산화탄소(지구온난화의 주범이 되는 대표적인 온실가스)의 8퍼센트 정도를 뿜어낸다. 시멘트 한 포를 만드는 데 4갤런의 휘발유나 경유를 소모하는 고에너지 건축자재인 것이다. 가능하면 콘크리트(시멘트) 사용을 줄이도록 노력해야 한다. 지금과 같은 고유가 시대에는 건축에 투여되는 에너지를 최소화하려는 노력이 필요하다. 사족을 붙이자면 건축자재는 전체 무역 거래액의 40퍼센트, 전체 무역량의 40퍼센트에 해당한다. 건축자재 생산과 건축에 소비되는 에너지가 전체 에너지 소비의 40퍼센트에 이른다는 보고도 있다.

자갈채움도랑 흙부대 기초

돌기초에는 돌값과 돌을 쌓는 인건비가 든다. 돌은 어디에나 있지만 막상 집을 지으려면 쉽게 구할 수 없다. 대개 비싼 값을 치르고 사와야 한다. 파쇄석은 저렴하지만 자연석은 감당하기 힘들 만큼 비싸다. 그러나 너무 걱정할 필요는 없다. 파쇄자갈이나 잡석자갈은 상대적으로 저렴하니까. 흙부대 건축에서는 흙부대를 그대로 기초로 사용할 수 있다. 흙부대 건축에서 가장 많이 사용되는 간단하고도 저렴한 방법이 있다. 바로 '자갈채움도랑 흙부대 기초'이다.

도랑은 벽체의 두께보다 10~15센티미터 넓게 판다. 흙부대 넓이가 대략 35~45센티미터 정도이니 이보다 10~15센티미터를 넓게 판다. 도랑의 깊이는 동결심도 이하(보통 우리나라에서 40~150센티미터이다. 각 지역의 동결심도는 해당지역 건축과나 설계사무소에 문의해보면 알 수 있다)로 판다. 도랑 바닥에 습기 차단과 지반 안정을 위해 비닐을 깔고 시골에서 비닐하우스에 사용하는 보온포를 깐다. 보온

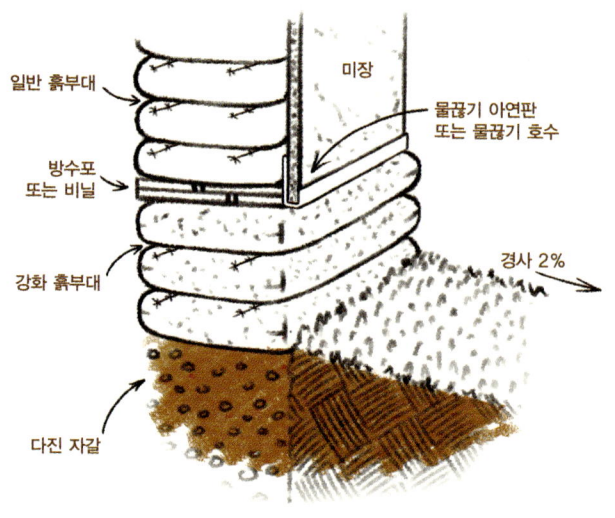

| 자갈채움도랑과 흙부대 기초 |

포 위에 잡석자갈을 도랑의 2/3 또는 지면 높이로 다져넣는다. 다진 자갈 위에 석회나 시멘트를 흙과 섞어 담은 '강화 흙부대'를 지면 위의 물이 튀지 않는 높이(약 30~40센티미터)까지 쌓는다. 강화 흙부대와 일반 흙부대 사이에 습기 침투를 막아주는 방수재를 깔고 일반 흙부대를 쌓아올린다.

― 강화 흙부대 만들기

'강화 흙부대'란 흙에 석회(10~20퍼센트) 또는 시멘트(6~15퍼센트)를 섞어 안정화(강화)시킨 것이다. 벽체 기초부나 빗물, 습기가 많이 닿는 부분에 강화 흙부대를 사용한다. 강화 흙부대를 만들 때는 1~2주 이상 충분히 수분을 머금을 수 있도록 비닐로 덮어두거나 물을 뿌려둔다. 물기를 오래 머금고 있을수록 단단한 기초 흙부대가 된다. 물기가 쉽게 마르지 않도록 PP부대를 두 겹으로 하면 더욱 효과적이다. 완전히 양생이 된 시멘트와 흙을 혼합한 강화 흙부대라면 감싸고 있던 PP부대를 떼어내도 좋다. 여기에 바로 석회미장을 하거나 채색을 해도 된다. 이런 방식으로 만든 강화 흙부대는 물속에 잠긴다 해도 형태를 잃지 않는다. 강화 흙부대를 만들 때 흙과 석회뿐 아니라 자갈을 함께 넣으면 벽체의 하중을 훨씬 잘 견딜 수 있다.

■ 습기 차단과 물끊기

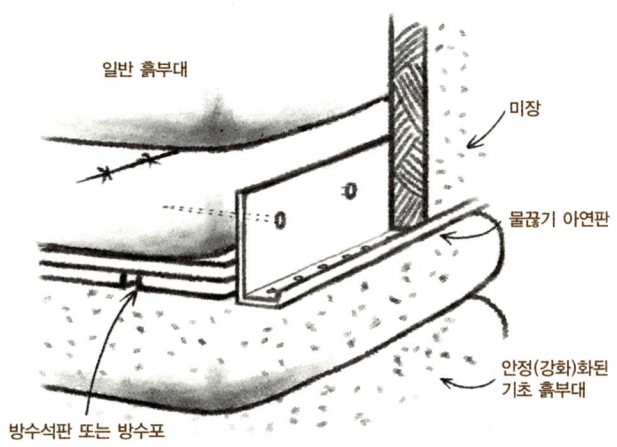

| 흙부대 기초에서 습기 차단과 물끊기 |

벽체 위에서 내려오는 빗물을 차단하고 습기가 침투하는 것을 막기 위해 기초부에 사용된 강화 흙부대와 벽체 밑단의 일반 흙부대 사이에 방수포나 건조(방수)석판, 비닐 등 방수재를 깐다. 위의 그림처럼 벽체미장 제일 밑단에 'J'자를 반대로 돌린 모양으로 아연판을 구부려 물끊기를 달아놓는다. 아연판 대신에 전선관 매립용 검은 주름호스를 물끊기용으로 써도 좋다.

■ 기초부 단열

건축물 열의 17퍼센트 정도가 기초를 통해 빠져나간다. 추운 지방이라면 바닥 단열, 지붕 단열, 벽체 단열과 함께 반드시 기초부 단열에 신경을 써야 한다. 도랑에 채운 자갈과 도랑에 묻힌 강화 흙부대, 지반과 닿는 기초 등의 외부에 스티로폼과 같은 단열재를 넣는다. 단열재 밖으로 물기가 침투하는 것을 막기 위해 방수포나 비닐을 덮는다. 벽체 밑단 미장 끝선부터 지면 밑까지 기초 아래로 벽체에서 흘러내리는 빗물이 들어가지 않도록 물끊기 함석과 하부 아연판을 덧붙인다.

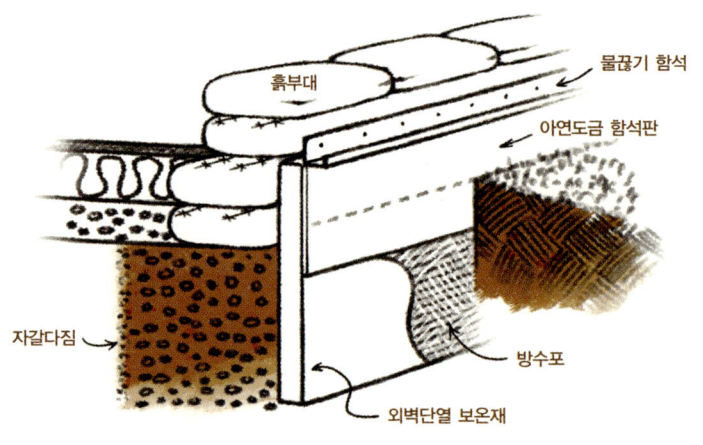

| 흙부대 기초의 단열과 습기 차단 |

흙집의 기초는 동서양에 따라 다르다

서양건축과 우리의 전통건축은 기초 시공법부터 차이가 난다. 서양 흙집들은 대부분 땅 밑을 파는 자갈도랑기초를 채택한다. 우리의 전통 흙집은 도랑을 파지 않고 땅을 다진 후 지면보다 높게 기초를 세우는 방식이 일반적이다. 시골에서 집을 짓다보면 노인들이 줄곧 '집은 무조건 높게 지어야 하는 법이야'라고 충고하신다. 여기저기 다녀본 국내 흙집들 역시 대부분 기초가 지면 위로 노출되어 있다. 한옥은 아예 나무 기둥을 주춧돌 위에 세운다. 마루는 땅바닥 위로 올라와 있다. 구들 아래는 대개 흙과 돌로 막는다. 이런 차이는 근본적으로 동서양의 난방문화 차이에서 비롯된다. 서양건축은 벽난로 등 공간난방이 중심이고 우리나라는 구들이나 보일러로 바닥난방을 중시하기 때문이다. 좌식문화와 입식문화의 차이라고도 할 수 있다. 그러니 동서양 흙집의 기초 시공이 다를 수밖에 없다.

▬ 전통적인 기초의 개념

우리나라 전통 건축물에 봉당封堂과 기단基壇이란 용어가 있다. 봉당은 토방土房이라고도 한다. 원래 온돌이나 마루를 깔지 않은 맨흙바닥으로 된 내부공간을 가리키는 말이지만 대청 앞이나 방 앞 기단 부분을 봉당이라고 부르기도 한다. 물론 이것은 사전적 의미일 뿐, 통상적으로는 집 주위를 지면보다 높게 쌓은 부분으로 이해하면 된다. 기단은 기초의 일종이다. 전통적으로 건물의 모양을 돋보이게 하고, 습기나 침하를 막기 위해 건축물이 들어서는 바닥을 높인 부분이다. 봉당이나 기단을 갖추고 있는 우리나라의 전통 한옥이나 흙집들은 일종의 이중기단(또는 이중기초)을 갖고 있다고 볼 수 있다. 집을 지면보다 높게 지어 습기를 막은 것이다. 나는 흙부대 집을 지으면서 지면보다 높게 봉당을 만들고 그 위에 다시 벽체 들어설 자리를 따라 막돌기초를 놓았다. 봉당은 처마를 충분히 길게 하여 빗물을 막아주지 않는 한 바닥이 온통 흙투성이가 된다는 단점이 있다. 장마 기간이 길고 강우량이 많은 우리나라의 기후 특성상 대부분의 흙집이 채택하는 봉당이나 기단구조는 검증된 방법이다. 봉당과 기반을 높여서 동결과 해빙으로 인한 지반의 변화가 건축물에 영향을 주는 것을 막았던 듯싶다.

━ 막돌 기초와 흙부대 건축

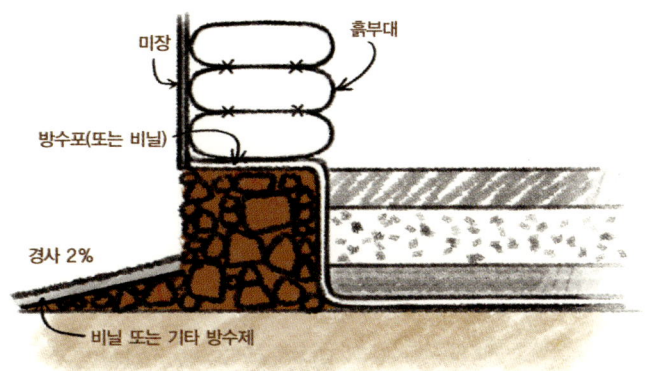

| 막돌 기초와 흙부대 건축 |

봉당이 들어설 경계로 큰 돌들을 둘러쌓아 봉당자리를 만든다. 봉당자리 안쪽에 잡흙과 잔돌들을 채운 후 단단하게 다진다. 물을 뿌리거나 비를 맞게 하면 더욱 조밀하게 다져진다. 봉당은 그 위에 놓일 집의 벽체보다 넓되 지붕 처마 밑에 들어와 있어야 한다. 봉당으로 비가 들이치는 것을 막기 위해서다. 봉당의 높이는 30센티미터 이상이 적당하다.

봉당 위에 집의 벽체가 놓일 자리를 따라 막돌 줄기초를 쌓는다. 막돌기초 역시 30센티미터 이상 높이 쌓는 게 일반적이지만 정석은 없다. 구들 시공을 할 것인지, 방바닥 시공을 어떻게 할 것인지에 따라 높이도 달라진다. 막돌은 흙과 석회 볏짚을 버무려 고정시키며 쌓는다. 반드시 모든 틈새를 흙반죽으로 채울 필요는 없다. 막돌이 고정될 정도면 충분하다. 막돌 사이의 공극은 습기가 침투하는 것을 막아준다. 가능한 한 막돌기초의 바깥쪽은 깔끔하게 면을 잡아 쌓는다. 그래야 마감이 깨끗해진다. 막돌기초나 봉당은 그 위에 흙부대를 쌓아 공이로 다지기 때문에 단단하게 자리 잡는 데 아무 문제가 없다.

막돌기초 밑바닥에는 비닐을 깔지 않는다. 지면으로부터 올라온 습기가 막돌기초의 틈새를 통해 자연스럽게 외부로 빠져나가게 하기 위해서이다. 다만 막돌기초와 흙부대 사이에 방수포나 비닐을 깔고 막돌기초 안의 방 쪽에도 비닐을 깔아 습기를 차단한다. 단, 이 경우는 보일러를 시공할 경우에만 적용한다. 구들로 시공할 때는 바닥 안쪽으로 깔지 않는다.

흙부대와 막돌기초 경계의 미장 밑부분에 물끊기로 주름관 호수나 아연판을 장치한다. 위에서 말한 대로 봉당에 비닐을 깔고 흙을 다시 덮되 2도 정도 경사를 준다. 봉당을 통해 지면 아래로 물기가 스며드는 것을 차단하기 위해서다.

이제까지 흙부대 건축에서 자주 이용되는 기초의 방식을 소개했다. 어떤 방법으로 기초를 세울 것인지 결정하지 못했다면 우선 집터의 땅이 단단한지 무른지, 비가 내리면 물길이 어떻게 잡히는지, 집의 규모가 어느 정도인지, 주위에서 가장 쉽게 구할 수 있는 자연자재는 무엇인지부터 살피라고 권하고 싶다. 처음부터 너무 쉽게 유혹에 넘어가지 말기를 당부하면서.

좋은 장화를 신은 집

집은 종종 사람의 몸으로 비유된다. 기초는 다리, 벽체는 몸, 기둥이나 골조는 뼈, 미장은 살이나 피부, 칠은 화장, 지붕은 머리 또는 모자, 문은 입, 창은 눈에 비유한다. 그래서 흔히 "좋은 장화와 좋은 모자를 쓴 집은 걱정이 없다"고들 이야기하는 것이다. 좋은 장화란 빗물로부터 집을 보호할 수 있는 기초와 주변의 배수시설을 뜻한다.

자갈도랑 타공관 배수로

봉당 또는 기단을 높게 쌓고 그 위에 흙집을 지은 게 아니라면 집 주변의 배수처리에 특히 신경을 써야 한다. 흙집은 습기에 취약하기 때문이다. 흙부대로 지은 집은 배수처리를 잘 해야 한다. 가장 쉬운 방법은 집 주위로 도랑을 파는 것이다. 하지만 도랑은 몇 번 큰 비가 오고 나면 쓸려온 흙에 메워질 뿐 아니라 도랑 밑으로 물이 스며들어 결국 건축물에 영향을 주게 마련이다. 확실하고 저렴한 방식은 일명 자갈도랑 타공관 배수로 설치다. 프렌치 드레인(French Gravel Drain)이라고도 부른다.

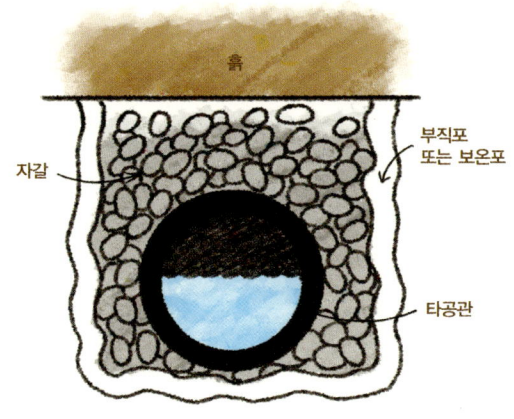

| 자갈도랑 타공관 배수로 설치도 |

자갈도랑 타공관 배수로를 시공하는 방법은 아주 간단하다. 기초 주위로 도랑을 파되 도랑 끝머리 한쪽에 경사를 주어 물이 잘 빠져 나가게 한다. 폐쇄된 도랑이 아니라 반드시 낮은 곳으로 열려 있는 개방형 도랑이어야 한다. 많은 경우 기껏 잘 파놓은 도랑을 폐쇄형으로 만드는 바람에 말 그대로 물도랑이 되는 경우를 종종 목격했다. 도랑은 30센티미터 정도 깊이로 판다. 도랑 안으로 흙이 밀려들어 타공관이 막히지 않도록 부직포나 농촌에서 많이 사용하는 보온포를 깐다. 부직포나 보온포 안에 자갈을 밑에 약간 깔고 구멍 뚫린 타공관을 놓는다. 다시 타공관이 덮일 정도로 자갈을 채운다. 부직포나 보온포로 자갈과 타공관을 덮고 흙이나 모래를 덮어 마무리 한다. 이렇게 하면 타공관이 막힐 염려 없이 집 주위로 흘러넘치는 물을 한곳으로 보낼 수 있다. 특히 비가 많이 올 때 지붕을 타고 내리는 엄청난 양의 빗물을 처리하는 데 효과적이다.

일반적으로 자갈도랑 타공관 배수는 기초와 별도로 주로 기초 주위에 설치하여 배수처리를 하는 시설이다. 이때 지면과 닿는 기초 외부면에는 보통 단열재를 붙이고 그 위에 다시 방수포를 붙여 물이 스며들지 않도록 조처한다.

흙부대 건축에서는 자갈도랑 타공관 배수로를 건물의 기초 하부구조로 그대로 사용하기도 한다. 단, 건물 하중이 적은 단층 소규모 건축물에만 적용한다. 흙부대 건축에서 종종 사용되는 이 방식은 가장 저렴한 다용도 기초시공 방식이다. 타공관을 깐 자갈도랑 타공관 배수로 위에 강화 흙부대를 놓아 벽체 밑의 기초로 사용한다. 강화 흙부대 위에는 습기를 방지하는 방수재를 덮고 일반 흙부대를 쌓는다. 배수와 습기 방지, 해동으로 인한 지반 변화의 영향을 최소화하는 데 주안점을 둔 방식이다.

마른우물통 배수

건물 주위에 고이는 빗물만 문제가 되는 게 아니다. 우기에는 지붕에서 떨어지는 낙수양도 만만치가 않다. 겨울철에 눈이나 서리가 녹으면서 떨어지는 낙수양도 마찬가지다. 지붕에서 떨어지는 낙수를 처리하는 문제 역시 심각하게 고려해야 한다. 보통 처마 끝에 빗물받이를 달아 한쪽 구석으로 난 배수관을 통해 지면으로 배수를 처리하는 게 일반적이다. 그러나 이렇게 하면 한쪽 배수관으로 쏠려 내려오는 엄청

| 빗물 배수를 위한 마른우물 배수방법 | | 배수관에 사용되는 타공관의 형태 |

난 양의 빗물 중 상당부분이 건축물 아래 지하로 스며든다. 이런 현상을 막기 위해 적용하는 방법이 마른우물통 배수방법이다.

마른우물통 배수방법은 매우 간단하다. 빗물 배수관을 지하로 연결해서 건물 밖 땅속에 파묻고 건물보다 낮은 먼발치에 마른우물통을 두는 것이다. 이때 지하 빗물받이관은 자갈도랑 타공관 배수로 방식처럼 부직포와 자갈로 감싼 타공관 형태로 만든다. 빗물받이관은 땅속에 묻어놓은 구멍 뚫린 마른우물통과 연결한다. 마른우물통은 플라스틱 쓰레기통에 구멍을 뚫고 큰 돌을 채워서 만든다. 여기 모인 빗물은 건물기초보다 낮은 지면 아래로 배출된다. 다시 한 번 강조하지만 마른우물통은 반드시 건물에서 멀리 떨어진 곳에 놓고, 건물 기초보다 낮은 위치에 설치해야 한다.

빗물을 처리하는 또 다른 방법이 있다. 빗물받이 배수관을 기초 주위나 기초 아래 묻어놓은 자갈도랑 안의 타공관에 직접 연결해서 배수하는 방법이다. 이때 타공관의 끝머리 한쪽은 건물보다 낮은 곳에서 지면 밖으로 노출된 채 열려 있어야 한다. 배출구가 있어야 빗물을 제대로 처리할 수 있기 때문이다.

흙부대를 잘 다뤄야 집이 튼튼하다

흙부대를 잘 다룰 줄 아는 사람만이 성공적으로 흙부대 집을 짓는다. 흙부대를 얼마나 단단하게 만들었는가에 따라 성공 여부가 결정되기 때문이다. 흙부대 만들기는 황토벽돌을 만드는 것과 비슷하다. 약한 황토벽돌로 벽체를 세운 집은 안전하지 못하다. 흙부대 주택도 마찬가지다. 흙부대가 단단해야만 구조적인 문제가 발생하지 않는다. 흙부대를 잘못 만들면 미장 시공 때 작업이 두서너 배로 어려워진다.

흙부대를 다루는 방법은 다양하다. 부대자루에 흙을 담기 전에 부대자루의 귀(퉁이)를 접거나 꿰맨다. 흙을 담으면서 흙부대의 엉덩이를 다지거나 때로는 들어서 친다. 흙을 다 담은 후에는 봉투 접듯 부대를 접거나 목 비틀 듯 잡아맨다. 낱장 흙부대와 흙튜브를 다루는 방법에는 약간의 차이가 있다. 흙튜브를 다루는 방법이 낱장 흙부대를 다루는 방법보다 훨씬 단순하다.

후회하기 싫으면 귀를 접어라

부대자루에 흙을 잘 넣고 공이로 꽉꽉 다져도 부대의 귀(퉁이)에는 흙이 들어가지 않은 공간이 생기게 마련이다. 귀 부분의 공간을 그대로 두고 흙부대를 쌓으면 면이 고르지 않고 미장을 할 때 흙이 잘 붙지 않는다. 어찌어찌 미장을 했다 해도 안쪽이 비어 미장 탈착과 벽면 부실의 원인이 된다. 이런 현상을 막는 방법이 바로 '귀 접기'이다. 공간을 만드는 부대자루의 귀를 없애는 것이다. 귀를 잘 접은 흙부대는 그림처럼 부대바닥 양쪽 모서리가 안으로 접혀 들어가야 한다.

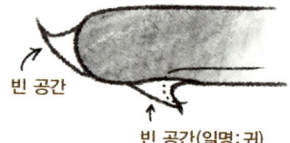

'귀 접기' 방법은 간단한다. 흙 담기 틀(삼발이나 기타 받침대)에 부대를 끼워 넣고 흙을 담기 전에 부대바닥 양쪽 모서리를 안쪽으로 접어 밀어 넣는다. 그리고 흙을 몇 바가지 부은 후 주

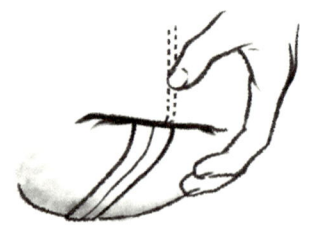

| 흙부대 귀 |

귀를 잘 접은 모습

먹으로 꼭꼭 눌러 양쪽 귀를 덮은 흙을 고정시킨다. 계속해서 흙을 넣는다. 부대자루에 4/5 이상 흙이 차면 흙부대를 위아래로 들었다 놓았다 하면서 내리쳐 흙이 밑으로 단단하게 담기도록 한다. 이렇게 '들어치기'를 해야 흙이 촘촘하게 담긴다. 흙이 80퍼센트 정도 차도록 집어넣고 부대를 묶어 완성시킨다. 이런 방식으로 '귀 접기'를 잘 하면 흙부대 벽체가 벽돌을 쌓은 것처럼 된다. 흙부대를 다 쌓은 후 나무 막대기로 부대마다 일일이 귀를 꾹꾹 눌러 넣는 방법도 있다.

노출된 흙부대 '귀 꿰매기'

'귀 꿰매기'는 말 그대로 이미 접은 '귀'가 삐져나오지 못하도록 꿰매는 작업이다. 모든 흙부대를 이렇게 꿰매야 한다면 보통 성가신 일이 아니다. 하지만 걱정하지 않아도 된다. 벽체의 모퉁이나 창과 문 주변 등 흙부대 밑부분이 노출되는 경우에만 '귀 꿰매기'를 하면 되니까. 노출된 흙부대는 공이로 다질 때 '접은 귀'가 밀려 터져 나올 수도 있다. 그러나 벽체 사이의 흙부대는 저희들끼리 꽉 물리고 서로 잡아주기 때문에 굳이 귀를 꿰매지 않아도 공이로 다질 때 밀려나오지 않는다. 우선 접은 귀 옆면에 못을 박아 흙부대 밑바닥 쪽으로 못 끝이 가게 한 다음 90도로

접힌 귀를 당겨서 밑으로부터 못을 박아 넣는다

| 잘 꿰매진 흙부대의 귀 |

방향을 틀어 흙부대 바닥에 박는다. 이렇게 하면 귀를 단단하게 꿰맬 수 있다. 다시 한 번 강조하지만 모든 흙부대에 '귀 꿰매기'를 할 필요는 없다. 귀를 접은 흙부대의 밑바닥이 노출되는 경우에만 한다.

> *** '귀 접기'와 '귀 꿰매기'를 대체하는 방법**
> 사실 '귀 접기'나 '귀 꿰매기'는 손이 많이 가는 작업이다. 성가실 정도다. 이런 이유로 무안에서 흙부대 집을 짓는 서형진 씨는 부대자루의 귀부분을 미리 두꺼운 비닐로 박음질 한 흙부대를 구입한 후 뒤집어 사용했다. 봉화에서 흙부대를 짓고 있는 고흔표 씨는 부대의 귀 부분을 간단히 찍개(Stapler)로 박은 후 뒤집어 사용했다. 부대를 뒤집어 귀부분을 재봉틀로 박아 쓰는 방법도 있다.

흙부대 묶기

흙부대를 묶는 방법은 많다. 지퍼가 달린 부대자루를 샀다면 흙을 최대한 많이 담은 뒤 잠그기만 하면 된다. 이때 중요한 것은 지퍼가 잘 잠기지 않을 만큼 부대 속을 흙으로 채워야 한다는 점이다. 이렇게 하지 않으면 흙부대 입구에 공간이 생긴다. 단, 지퍼 달린 부대는 가격이 비싸다. 노끈이 달려 있는 부대라면 그 끈으로 목을 단단히 묶어 사용하면 된다. 이때 흙을 80퍼센트 정도 채우고 공간이 생기지 않도록 목을 바짝 잡아당겨 묶는다. 노끈으로 묶은 흙부대를 쌓을 때는 묶은 부분이 앞쪽 흙부대의 밑부분에 깔리도록 한다. 그리고 흙부대와 흙부대를 최대한 밀착시켜야 목이 풀리지 않는다. 긴 흙튜브를 사용할 경우라면 아래 그림처럼 '목 비틀기'를 해서 아랫단 흙튜브에 깔리게 하거나 철사로 고정시킨다.

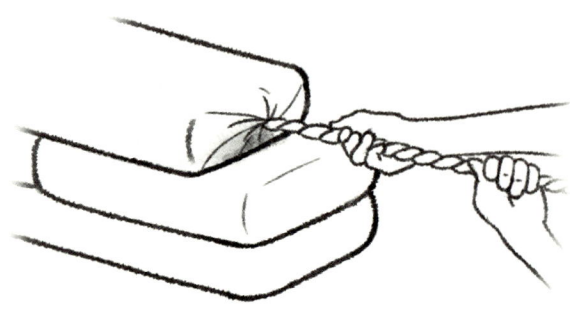

| 긴 흙튜브 목 비틀기 |

봉투 접기

흙부대와 흙부대를 벽돌처럼 밀착시키는 가장 좋은 방법은 '봉투 접기'다. 먼저 흙을 부대의 80퍼센트까지 채운 후 봉투를 접듯이 부대자루 윗부분을 접는다. 그러고 나서 철사로 꿰매어 묶는다. 모든 흙부대를 철사로 묶을 필요는 없다. 봉투 접기를 한 부분이 앞쪽 다른 흙부대 엉덩이에 꽉 밀착되면 절대로 풀어지지 않는다. 흙부대가 노출되거나 각 단의 맨 처음에 놓이는 흙부대는 봉투 접기를 한 다음 철사로 꿰맨다. '봉투 접기' 방법은 벽체 위에서 흙을 담아 쌓는 방식일 경우만 가능하다. 흙부대를 벽체 아래서 채운 후 벽체 위로 올려 쌓을 때는 적합하지 않다. 접은 부분이 쉽게 풀어지기 때문이다.

| 봉투 접기를 한 흙부대 |

> ※ **안전한 벽체를 만들려면 흙의 양에 주의하라!**
>
> 부대자루에 흙을 담을 때는 양을 일정하게 조절해야 한다. 하지만 반토막짜리 벽돌처럼 반만 채운 흙부대도 꽤 많이 이용된다. 벽돌처럼 어긋 쌓기를 할 수 있기 때문이다. 때로는 수평이 맞지 않는 흙부대 높이를 맞추기 위해 양을 조절할 필요도 있다. 이런 예외적인 경우가 아니라면 흙의 양을 일정하게 담는 게 좋다. 그래야 보다 안전한 벽체를 만들 수 있다.
>
> 흙부대로 25평 규모의 단층 주택을 지을 경우 평당 100~150여 자루의 흙부대가 필요하다. 매우 많아 보이지만 부부가 함께 담기 시작하면 1주일 정도로 충분하다. 흙부대를 정성껏 채우는 것이 흙부대 집짓기의 시작이다.

깔끔하게 '엉덩이 다지기'

흙부대를 쌓다보면 벽체 끝부분, 창이나 문 옆, 내벽과 외벽 이음새 부분에서 부대자루 밑바닥이 외부로 노출된다. 부대의 입구 부분이 노출되면 흙을 다질 때 터질 우려가 있다. 외부로 노출되는 면은 반드시 부대 아랫부분, 즉 엉덩이 부분이 나오도록 만들어야 한다.

엉덩이가 노출된 흙부대를 공이로 그냥 다지면 흙부대가 밀려나면서 아래로 처진다. 벽체 끝이 느슨해지고 미장을 해도 보기 싫어진다. 물론 노출된 흙부대의 귀는 반드시 꿰매야 한다. 꿰매기를 대체하는 방법을 써도 좋다. 그러나 잘 꿰매고 단도리를 해도 흙부대 엉덩이가 처지는 현상은 해결되지 않는다. 이런 현상을 미리 방지하기 위한 조치가 '엉덩이 다지기'다.

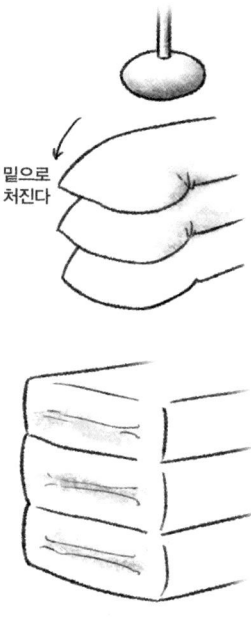

밑으로 처진다

밑으로 처진 흙부대와 엉덩이를 다진 흙부대

'엉덩이 다지기'는 흙을 담을 때 밑바닥에서부터 충분히 흙을 다져가며 담는 방법이다. 흙부대는 일반적으로 흙을 다 담은 후 벽체 위에 쭉 쌓은 다음 한꺼번에 공이로 다진다. 그러나 밑바닥(엉덩이)이 노출된 흙부대는 흙을 담을 때부터 미리 다져가며 담아야 한다. 흙을 조금 채우고 작은 공이를 부대 속에 집어넣어 콕콕 다진 후, 다시 흙을 조금 넣고 작은 공이로 다진다. 이 과정을 반복하면서 부대자루가 4/5 정도 찰 때까지 꽉꽉 담는다. 이렇게 하면 흙부대 밑바닥(엉덩이)이 충분히 단단해진다. 엉덩이를 잘 다진 흙부대는 공이로 위에서 다져도 밀리지 않는다.

> **✱ '엉덩이 다지기'를 대체하는 방법**
> '엉덩이 다지기' 역시 흙부대로 벽체를 만들 때 가장 귀찮고 손이 많이 가는 작업 중 하나다. 그러나 대체할 수 있는 방법이 있다. 흙부대 아래 깔린 철조망으로 윗단의 흙부대를 잡아 감싼 후 강하게 당겨서 윗단 두서너 개 앞의 흙부대에 꽂아 고정시키는 방법이다. 이렇게 하면 노출된 흙부대의 밑부분이 처지는 것을 방지할 수 있다. 단, '엉덩이 다지기'처럼 반듯하게 되지는 않는다. 그밖에 철망매시를 사용해서 반듯하게 고정하는 방법도 있다.

부대자루에 흙을 담아 쌓는 방법

흙부대에 흙을 담는 방식은 크게 두 가지다. 미리 흙부대를 잔뜩 만들어 놓고 한꺼번에 쌓는 방식은 인원이 적고 시간이 날 때마다 일을 하는 경우에 유리하다. 특히 흙부대가 1미터 이상 쌓이면 받침대를 밟고 올라가거나 별도의 장비를 이용해야 한다. 흙부대를 담을 때는 보통 나무 받침대에 각재를 양쪽에 고정시켜 만든 틀에 부대자루를 끼워놓고 흙을 담는 것이 편리하다.

벽체 위에서 부대에 흙을 채우면서 쌓는 방법도 있다. 긴 흙튜브나 긴 망사튜브를 사용할 때도 벽체 위에서 흙을 담는다. 이 방식을 시도하려면 인원이 최소 4~5명 정도 되어야 한다. 흙을 실어다 벽체 아래 부어놓는 사람, 깡통에 흙을 담아 벽 위로 던지는 사람, 흙 담긴 깡통을 받아 부대 속에 넣는 사람, 부대자루나 긴 흙튜브, 긴 망사튜브의 입구를 잡는 사람 등이 필요하기 때문이다. 인원은 많이 필요하지만 숙달되면 훨씬 빠르고 힘도 덜 든다. 긴 튜브에 흙을 담을 경우는 주름관이나 커다란 PVC관, 재활용 페인트 통의 바닥을 뚫어 여기에 튜브를 주름잡아 끼워놓고 풀면서 흙을 담는다.

농촌이라면 벼나락 운반함을 사용할 수 있다. 벼나락 운반함은 보통 트럭에 싣고 다니는데 대형 함석통 바닥에 코일스프링이 내장된 주름관이 달려 있다. 주름관 안의 코일스프링이 모터에 연결되어 있어 통 속에 담긴 벼나 보리 나락을 밀어낸다. 나락대신 흙을 통에 담고 주름관에 PP튜브나 망사튜브를 끼운 후 모터를 작동시키면 손쉽게 흙을 담을 수 있다.

철조망으로 잡아 돌린 노출 흙부대

부대자루를 두 나무 사이에 끼우고 흙을 담는 틀

강화도 유설현 씨가 만든 망사튜브에 흙담는 도구

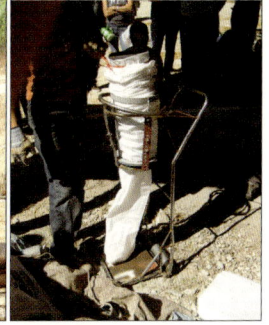
켈리 하트Kelly Heart가 만든 PP튜브에 흙담는 도구

흙부대도 엮어야 보배

'구슬이 서 말이라도 꿰어야 보배'이듯 흙부대도 엮어야 보배가 된다. 시멘트벽돌은 접착제로 시멘트 몰타르를 사용하고, 황토벽돌은 황토반죽이나 흙물을 사용한다. 그러나 흙부대는 철조망을 이용해서 잘 엮어야 한덩어리의 단단한 벽체가 된다. 흙부대 건축에서는 철조망이 몰타르 역할을 하는 셈이다. 철조망은 흙부대 벽체에 강력한 인장력을 제공해서 벽체에 가해지는 횡력을 버티게 해준다. 그러므로 철조망을 까는 작업이 곧 흙부대 건축의 핵심이라 할 수 있다. 몇몇 사람은 비용을 줄이고 귀찮은 공정을 피하기 위해 철조망 없이 벽을 쌓다가 뒤늦게 부랴부랴 철조망을 사용하기도 한다. 철조망을 쓰기 싫다면 애초에 긴 망사튜브를 사용해야 한다.

철조망 깔기 준비
흙부대를 한 단 한 단 쌓을 때마다 철조망을 까는 일은 꽤 성가신 작업이다. 타래로 감긴 철조망은 쉽게 꼬이고 휘기 때문에 벽체 길이만큼 길게 펴서 까는 것도 녹녹하지가 않다. 나는 벽체 길이보다 2~3미터씩 길게 철조망을 잘라서 한 쪽 끝은 나무에, 다른 쪽 끝은 경운기에 매달아 잡아당기면서 작업했다. 하루 분량을 미리 잘라 각 벽체 밑에 똑바로 펴놓으면 작업의 속도를 높일 수 있다. 철조망 가시는 신발에 박히기도 하고 장갑을 뚫고 손에 박히기도 한다. 가능하면 밑창이 두꺼운 작업화를 신고 장갑도 두 겹 이상 끼는 게 좋다. 펜치와 망치, 와이어 커터, 철조망, 수평연결판도 준비한다. 수평연결판은 합판이나 판재로 흙부대 너비 만하게 만들면 된다. 이것은 흙부대 건축에서 감초 노릇을 톡톡히 한다. 수평연결판에 대해서는 창문 달기를 설명할 때 자세히 다루겠다.

철조망 깔기
흙부대를 한 단 쌓고 공이로 잘 다진 후 철조망을 깐다. 철조망을 고정시키려면 중간 중간 벽돌이나 돌로 철조망을 고정하고 두 줄씩 깐다. 윗단에 흙부대를 놓으면서 벽돌이나 돌을 치운다. 이 작업을 반복하면서 흙부대를 쌓는다.

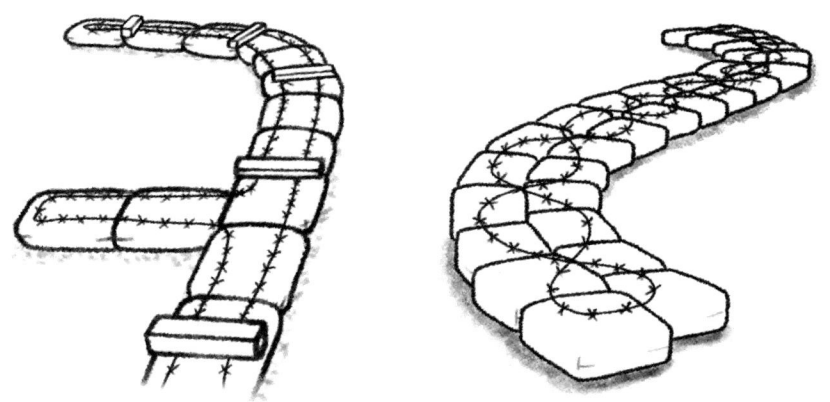

| 흙부대 위에 철조망을 까는 방법 |

폭이 좁은 흙부대를 두 줄씩 쌓아올리는 경우에 철조망 두 줄이 서로 엇갈리게 양쪽 흙부대를 오가며 깐다. 이렇게 철조망을 깔면 철조망은 '8'자가 연속된 형태로 놓이게 된다. 철조망에 의해 두 줄의 흙부대는 단단하게 묶여 한덩어리가 된다.

흙부대의 엉덩이가 노출되는 벽 모서리나 창틀 주변, 내외 벽이 만나는 부분은 철조망으로 윗단의 흙부대를 강하게 잡아당기며 감싸서 노출된 흙부대가 밀려나가지 않게 한다. 잡아당긴 철조망은 최소한 2~3개 이상의 흙부대에 걸치게 하고, 위로 감싸 안은 철조망 끝을 'ㄱ'자로 구부려 흙부대에 꽂아 고정시킨다.

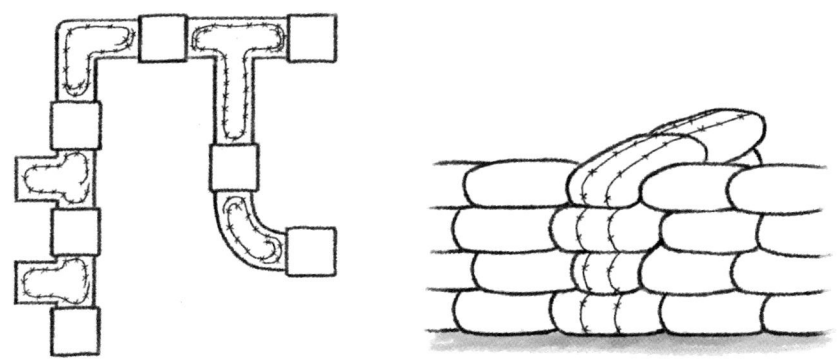

| 벽체가 만나는 부분과 노출된 부분에 철조망 깔기 |

내벽과 외벽이 만나는 부분이나 두 벽이 만나는 벽체 모서리, 버팀벽과 본체 벽이 만나는 부분은 철조망을 폐곡선의 'T'자 또는 'ㄱ'자 형태로 만들어 끊어지는 부분이 없도록 한다. 철조망을 끊어지지 않게 이으려면 끝부분을 서로 겹쳐서 깐다.

두 벽이 만나는 부분에 철조망을 까는 또 다른 방법이 있다. 두 벽이 만나는 이음부분의 철조망을 우물 정井자로 겹치게 까는 것이다. 철조망을 깔 때 최소 두 사람은 있어야 보다 쉽게 작업할 수 있다. 혼자서 해야 하는 경우라면 'U'자 모양으로 만든 굵은 철사로 철조망을 중간 중간 흙부대에 고정시키면서 깔도록 한다.

> **✱ 흙부대 속에 감춰진 부드러운 골조 – 철조망**
>
> 철조망은 흙부대 건축에 없어서는 안 될 필수 자재다. 두 번 세 번 강조해도 지나침이 없을 정도다. 철조망은 단순히 흙부대를 잡아주는 접착재나 몰타르 이상의 역할을 한다. 흙부대 건축의 원형에 해당하는 고대 담틀건축에서는 지진 등 비정상적인 힘에 의한 균열이나 붕괴를 막기 위해 종종 담틀 안에 수평으로 목재를 짜 넣는다. 목재골조를 수평으로 넣고 흙을 다져 벽을 만든다. 흙벽 속에 숨겨진 골조인 셈이다. 스페인이나 네팔, 부탄 등지에서는 이런 방법을 써서 4~5층 이상의 높은 건물이나 성곽을 지었다. 현대 담틀공법에서는 철근을 흙벽 안에 수직 또는 수평으로 배근한다. 흙부대 벽체에 사용되는 철조망은 고대 담틀공법에서 사용된 담틀흙벽 안의 수평 목구조나 현대 담틀건축에 사용되는 철근에 해당한다. 철조망은 흙부대 벽체에 높은 인장력과 일체성을 부여한다. 철조망은 흙부대 벽체 속에 숨겨진 부드러운 골조다. 안전한 흙집에 살고 싶다면 반드시 철조망을 깔아야 한다.

참호처럼 견고한 벽체 쌓기

기초를 놓고 흙부대를 단단하게 만들어 두었다면, 이제 흙부대를 튼튼하게 쌓을 차례다. 전쟁이 나도 끄떡없는 참호처럼 견고한 벽을 쌓고 싶은가? 그렇다면 지금부터 흙부대를 제대로 쌓는 법을 살펴보자. 방법은 의외로 간단하다. 벽돌을 쌓는 방식과도 비슷하다.

봉화의 고흔표 씨가 짓고 있는 모래부대 벽체

어긋 쌓기

흙부대는 벽돌처럼 윗단 아랫단이 잘 물리도록 어긋나게 쌓는다. 수평과 수직이 잘 맞도록 쌓는 것은 기본이다. 그러나 흙부대의 수평과 수직을 맞추는 것은 생각보다 쉽지 않다. 흙부대를 공이로 다지면 울퉁불퉁 튀어나오기 때문이다. 그러나 귀찮다고 해서 수직과 수평 맞추기를 게을리 하면 큰 코 다치게 마련이다. 벽체를 쌓다가 허물어지는 수가 있으니까. 수평과 수직을 맞춰가며 어긋 쌓기를 잘 하면 흙부대는 튼튼한 참호 부럽지 않은 벽체가 된다.

모서리 꽉 물려 쌓기

두 벽이 만나는 흙부대 벽체 모서리는 직각이 되어야 한다. 그러려면 흙부대끼리 서로 꽉 맞물리게 쌓아야 한다. 모서리를 보강하기 위해 철근이나 대나무 쐐기, 수평연결판을 박아 넣기도 한다. 그림에서 보듯이 흙부대 위의 함석판은 흙부대가 정확한 위치에 놓이기 전까지 철조망에 박히지 않게 받쳐주는 역할을 한다.

| 흙부대 모서리 쌓기 |

만약 긴 흙튜브를 이용해서 벽을 쌓는 경우라면 벽돌 어긋 쌓기처럼 하지 않아도 된다. 한 줄 한 줄 긴 흙튜브를 쌓으면 그만이다. 단, 벽체와 벽체가 교차하는 모서리나 내외벽 교차 부분은 두 벽체를 이루는 긴 흙튜브가 서로 맞물리게 쌓는다. 이때 보강용 철근이나 대나무 쐐기, 수평연결판을 박아 넣는다. 요즘은 철근 값이 꽤 나가므로 알루미늄에 아연도금을 한 고춧대를 대신 활용해도 좋다. 고춧대는 철근에 비해 싸고 다루기도 쉽다.

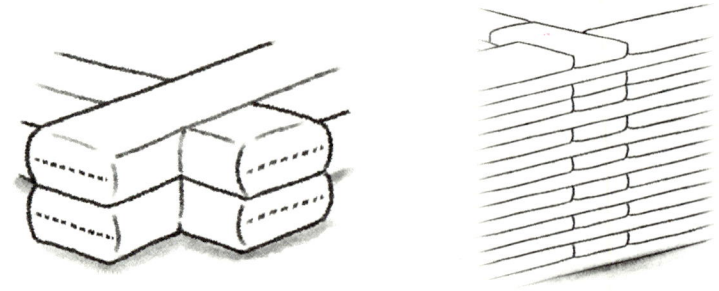

| 긴 흙튜브 벽체의 모서리나 교차 부분 쌓기 |

만사 불여튼튼, 철근 박기

건축물 벽체는 위에서 아래로, 벽체 좌우에서, 그리고 벽체의 앞과 뒤에서 힘을 받는다. 바람이나 지진, 건축물 자체의 구조적인 작용으로 생기는 지속적이거나 간헐적인 힘이 작용하는 것이다. 이러한 힘을 골조 없이 견뎌내려면 벽체를 견고하고 안전하게 쌓아야 한다. 흙부대 벽체는 그 자체로 골조 없이 건축물의 하중을 견디는 내력벽 역할을 한다. 그러므로 튼튼하게 쌓는 게 제일이다. 어긋 쌓기를 하고, 모서리를 서로 맞물리게 하고, 끊어진 데 없이 매 단마다 철조망을 깔고 수직으로 쐐기를 박으면 벽체는 더욱 튼튼해진다. 만사 불여튼튼이라 하지 않았던가.

쐐기는 4~5단마다 약 1미터 길이로 잘라 벽체에 수직으로 박는다. 이때 2~3미터에 하나씩 상황에 따라 간격을 조정하며 박아 넣는다. 흙부대를 4~5단 쌓은 후 쐐기를 박고, 다시 4~5단을 더 쌓은 다음 쐐기를 박으면서 첫 번째 쐐기를 박았던 자리와 엇갈리게 박아 넣는다. 이때 앞서 박아 넣었던 위치를 미리 라커로 표시해 두면 편리하다. 쐐기는 폐철근 도막, 하우스를 짓다가 남은 쇠 파이프, 아연을 도금한 고춧대(농자재 가게에서 개당 110~120원 정도에 판매한다), 또는 대나무로 만든다.

안전을 위한 1미터, 그리고 두 줄의 여유

흙부대로 벽을 쌓을 때 가장 약한 부분이 창이나 문 주변이다. 창호(창이나 문)와 창호 사이, 창호와 벽모서리 사이는 특히 약하다. 창호에서 인접한 창호까지의 거리는 반드시 최소 1미터 이상이어야 한다. 창호와 벽모서리 역시 마찬가지다. 피치 못할 사정으로 1미터보다 좁게 해야 한다면 창호 주변 벽의 두께를 더욱 두껍게 하거나 창호 주변에 버팀벽을 쌓는다. 안전을 위한 창호 사이의 1미터 띄우기는 흙부대 벽체의 두께가 미장 전 35센티미터, 미장 후 45센티미터인 경우이다. 만일 흙부대 벽체의 두께가 이보다 더 얇다면 간격을 더 많이 둔다.

창 넓이가 1.2미터 이상이라면 흙부대 건축에서는 매우 큰 창에 속한다. 이때는 창을 둘러싼 벽체를 50센티미터 이상(미장을 포함한 두께)으로 충분히 두껍게 쌓는다. 내가 지은 집도 가장 큰 창이 달린 벽체가 가장 두껍다. 벽을 두껍게 하려면 처음부터 커다란 부대를 쓰거나 진흙과 볏짚을 섞은 흙미장을 두껍게 하면 된다.

60×60센티미터 이하의 창문은 어떤 위치에 달건, 어떤 두께의 흙부대 벽에 설치하건 안전하다. 그러나 창을 많이 달거나 큰 창을 설치하고 싶다면 창호가 있는 곳에 부분적으로 기둥과 같은 골조를 세운다. 큰 통창을 많이 낼 집은 골조-흙부대 채움 방식으로 짓는 게 훨씬 안전하다.

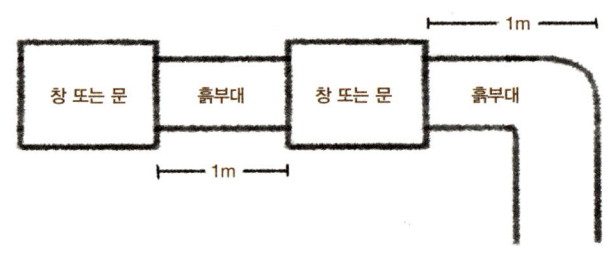

| 창과 문 또는 모서리에 1미터의 여유 두기 |

패티 사우터 Patti Souter는 건축학을 전공한 건축가이다. 그는 흙부대 건축에 깊은 관심을 갖고 지속적으로 리플릿 형태의 흙부대 건축 안내서를 제작·배포하고 있다. 그가 벽돌 건축에 준해 제안한 창호의 안전 시공 요령을 살펴보자. 지진이 일어날 경우를 염두에 둔 것이다.

1. 흙부대 벽과 버팀벽의 두께는 50센티미터가 기준이다.
2. 창호(창과 문)와 창호 사이에 버팀벽이 없을 경우, 창호 사이의 간격을 2미터 이상 유지한다.
3. 창호와 창호 사이에 벽 바깥쪽으로만 버팀벽이 있고 버팀벽의 길이가 60센티미터 이상일 경우, 창호 사이의 간격은 1미터 40센티미터 정도가 적당하다.
4. 창호와 창호 사이에 두께가 90센티미터인 버팀벽이 바깥쪽으로 50센티미터 이상 돌출되어 있다면 창호 사이 간격을 110센티미터까지 좁힐 수 있다.
5. 창호와 창호 사이에 벽 내외부 양쪽으로 버팀벽이 있고 그 길이가 양쪽으로 50센티미터 이상인 경우, 창호 사이의 간격은 50센티미터 정도까지 좁힐 수 있다.

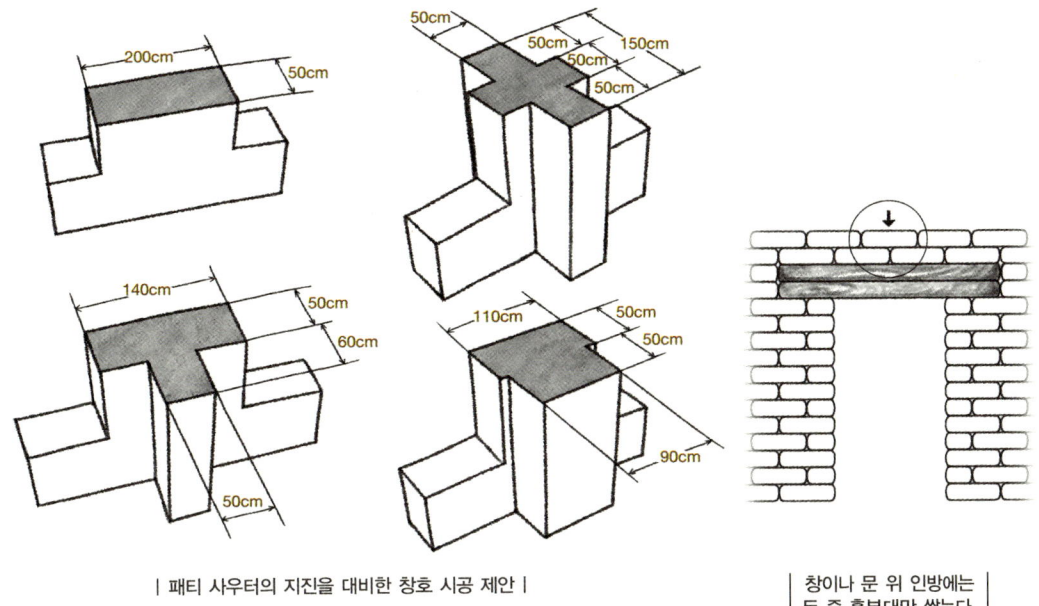

| 패티 사우터의 지진을 대비한 창호 시공 제안 |

| 창이나 문 위 인방에는 두 줄 흙부대만 쌓는다. |

창이나 문 인방 바로 위에는 최소한 두 줄 이상 흙부대를 쌓아야 한다. 그래야만 창이나 문을 안전하게 고정할 수 있고, 전체 벽체가 끊어짐 없이 연결되어 한덩어리를 이룰 수 있다. 결과적으로 보다 안전한 벽체를 만들면서 지붕과 안전하게 결합된다. 창이나 문 인방 위에 두 줄 이상 흙부대를 쌓으면 하중이 지나치게 커져 창호 인방에 압력을 가하게 된다. 흙부대는 한 자루의 무게가 최소 30킬로그램 이상 나간다는 사실을 잊지 말자. 예를 들어 1미터 너비의 문이라면 흙부대를 최소 두 줄만 쌓아도 6~8개 정도의 흙부대를 쌓는 게 된다. 흙부대 하나의 무게를 30킬로그램이라고 할 때 180~240킬로그램의 하중이 문 인방에 가해지는 셈이다. 흙부대의 가장 큰 단점 중 하나는 흙부대가 무거워서 넓은 창을 내기가 어렵다는 것이다. 이럴 경우에는 골조를 결합해서 벽체를 만들어야 한다.

측면 지지를 위한 버팀벽

해외에 지어진 흙부대 주택들을 보면 종종 불뚝 튀어 나온 버팀벽이 눈에 띈다. 이같은 버팀벽들은 벽체가 무너지는 것을 막아준다. 일종의 지지대 역할을 하는 셈이다. 켈리 하트와 같은 흙부대 건축 전문가는 최소 5.4미터마다 이런 버팀벽을 설치해줘야 벽체가 안전하게 버틸 수 있다고 주장한다. 흙부대 건축에서 버팀벽을 활용하는 이유는 공이로 다질 때 울퉁불퉁 튀어나오는 특성 때문이다. 아무리 줄을 띄우고 수평과 수직을 잡으려 해도 벽돌 건물처럼 똑바로 세우는 데엔 한계가 있다. 흙부대를 채우는 충진재도 모래, 자갈, 화산석, 마사토, 진흙, 잡흙 등 점성이나 특성이 다양할 뿐 아니라 몰타르 대신 철조망과 같은 물리적 힘에 의존하기 때문이다. 특히 문 주위는 가장 약한 부분이다. 그래서 문 입구 주위에 흙부대를 이중으로 쌓아 버팀벽을 세우기도 한다.

벽체 길이가 5.4미터를 넘는데도 버팀벽을 세우지 않아도 되는 경우가 있다. 곡선벽이거나 내외벽이 맞물리는 부분, 혹은 각을 이루며 외벽과 외벽이 만나는 벽모서리가 있다면 굳이 버팀벽을 세우지 않아도 된다. 버팀벽이 반드시 필요한 경우는 5.4미터 이내에 벽모서리나 내외벽이 맞물리는 부분, 또는 곡선벽이 없는 직벽일 때이다. 만약 툭 튀어나온 버팀벽이 싫다면 별도의 지지기둥을 세워 벽체를 잡아준다. 무안과 경산에 지은 흙부대 집은 쇠파이프 지지대를 벽 안쪽과 바깥쪽에 박고 굵은 강철사(소위 반생이)로 묶어 벽체를 지지한 후 한꺼번에 미장하는 방식으로 버팀벽을 대체했다. 이런 방식도 싫다면 벽체를 자연스러운 곡선벽으로 만들면 된다. 곡선벽은 그 자체로 충분히 버팀벽 역할을 한다.

좌측 창 옆에 버팀벽, 쐐기를 칠하기 위한 라커칠, 벽체 임시 지지목이 보인다.

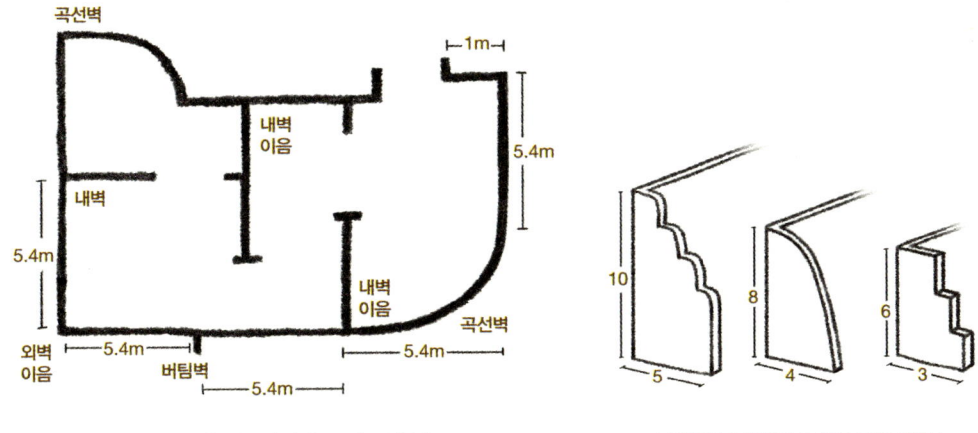

| 버팀벽을 세우지 않아도 되는 경우 | | 버팀벽의 형태와 높이와 길이 비율 |

　버팀벽은 세 가지 형태로 세울 수 있다. 보통 벽체 높이의 1/2 너비로 세운다. 버팀벽이 제 역할을 하려면 벽체의 기초를 세울 때 버팀벽 기초도 반드시 함께 만들어야 한다.

　패티 사우터는 보다 강화된 버팀벽을 만들 것을 제안한다. 그는 이것이 지진이나 다른 원인에 의해 벽이 붕괴될 경우를 대비해서 최대한 구조적 안정성을 고려한 제안이라고 밝혔다. 내용을 자세히 살펴보면 평균 4미터 직벽마다 한가운데 버팀벽을 세운 것이다. 그는 버팀벽의 바닥 길이를 최소 60센티미터 이상으로 만들라고 권고한다. 또 벽체 모서리마다 교차 버팀벽(Cross Buttress)을 두도록 제안하고 있다. 벽 모서리의 버팀벽은 보통 십자 형태로 교차해서 시공하는데 교차된 보강벽 사이에 흙부대를 더 끼워 보강기둥 형태로 만들기도 한다. 이때 보강기둥의 돌출은 48센티미터 정도가 적당하다. 4미터마다 벽을 앞뒤로 단차가 생기게 만든 골판벽(주름벽) 자체가 버팀벽 역할을 한다. 4~5미터 폭 내에서 곡선벽을 만들 경우에도 버팀벽을 생략할 수 있다. 원형주택일 경우 지름이 5미터 이상이라면 버팀벽을 세우라고 권고한다. 앞서 설명한 버팀벽 설치 방법이나 예외적인 경우와 달리 패티 사우터는 안팎으로 버팀벽을 하라고 제안한다. 또 복층 건물일 경우에는 2층을 목재나 대나무 등의 경량자재를 이용해서 올리라고 제안한다. 내력벽이 아닌 집 내벽은 자유로운 공법을 적용할 수 있다.

| 패티 사우터의 내진 버팀벽 제안 |

흙부대 벽체, 더 이상 높일 수 없다

흙부대의 최대 단점은 무겁다는 것이다. 흙부대를 너무 높게 쌓으면 하중 역시 상당해진다. 수직을 제대로 잡지 못한 상태에서 흙부대 벽체를 높게 쌓았다면 흙부대 벽체의 하중이 장시간에 걸쳐 벽에 작용하고 급기야 무너질 수도 있다. 물론 철조망을 깔고 쐐기를 박고 미장까지 하고 나면 벽체가 놀라울 정도로 견고하게 된다. 이 때문에 부분적으로 약간 기울어졌다 해도 벽체는 안전하다. 하지만 흙부대로 집을 지을 때는 벽체의 높이가 최대 3미터를 넘지 않도록 한다.

해외 사례를 검토해보면 합각부분에 너무 많은 흙부대를 사용해 높이 쌓는 대신 볏짚단이나 경량목구조 방식으로 대체했음을 알 수 있다. 흙부대 건축물은 대부분 단층이다. 하지만 2층으로 지은 경우엔 1층 흙부대 벽체 위에 콘크리트 도리를 한 후 2층을 올린다. 그나마 2층은 흙부대가 아니라 목조인 경우가 대부분이다. 흙부대의 무게 때문에 2층 이상의 높은 집을 짓는 데에는 제약이 따를 수밖에 없다.

물론 예외도 있다. 강화의 유설현 씨는 망사 흙튜브로 원형 흙집을 지었는데, 거실에서 가장 높은 곳의 벽체 높이가 6미터 이상이다. 원형이라는 특성이 높이 제약을 상쇄한 것이다. 흙부대 건축의 원형인 담틀건축의 경우, 높이가 수십 미터에 이르는 성곽이나 고층 건물들이 수백 년 동안 건재했던 사례도 있다. 이때 담틀벽 안에는 수평 목구조가 조밀하게 들어 있는 경우가 많았다. 그렇지 않으면 담틀벽 하단부의 두께를 1미터 이상으로 하고, 점점 높이 올라갈수록 안팎으로 좁아지게끔 건설했다. 흙부대 벽체의 경우도 하단부 흙부대의 넓이를 1미터 이상으로 하고, 중간중간에 수평 목구조 또는 철골조를 삽입하면서 쌓아 높아질수록 흙부대의 너비를 좁힌다면 3미터 이상의 복층 건물도 지을 수 있을 것이다. 그러나 흙부대 건축에서는 높이가 올라 갈수록 작업성이 급감한다는 점을 잊지 말아야 한다.

흙부대 벽체의 안전성과 최소한의 안전장치

"저 OO인데요, 흙부대 벽체가 흔들려요." 불안감에 가득 찬 목소리가 들린다. "너무 걱정 마세요. 조금 흔들리는 게 당연해요. 정 불안하시면 나무나 대나무로 지지대를 만들어서 안팎으로 받쳐보세요. 미장하고 나면 괜찮으니까 너무 걱정 마시고요."

나는 종종 흙부대로 집을 짓는 사람들과 이런 전화통화를 한다. 높게 쌓인 흙부대 벽체 위에 철조망을 깔고, 공이로 다지고, 쐐기를 박다보면 벽체가 약간씩 흔들린다는 느낌을 받는다. 이런 경우 사람들은 대부분 불안해진다. 과연 흙부대 벽체가 지붕 무게를 잘 받치는 튼튼한 집이 될 수 있을까 의심하는 것이다. 물론 충분히 이해할 수 있는 일이다. 하지만 벽돌로 벽체를 쌓는다 해도 미장을 하지 않았다면 사람이 올라섰을 때 심하게 흔들리고 쉽게 무너지기는 마찬가지다. 흙부대 벽체 역시 미장을 하기 전에는 작업하는 동안 약간 흔들릴 수 있다. 그러나 도리가 올라가고 지붕을 얹고 미장을 하고 나면 철옹성 같이 견고해진다.

　모래부대를 그대로 쌓고 그 위에 콘크리트 슬래브 지붕을 얹은 군사용 참호를 보라. 직격탄을 맞지 않는다면 주변에 포탄이 떨어져도 군인들을 안전하게 보호한다. 하물며 철조망을 깔고 쐐기를 박고 미장을 한 흙부대 벽체임에랴! 해외에서 흙부대 벽체를 자동차로 들이받는 실험을 한 적이 있다. 이때 자동차의 앞 범퍼를 비롯한 상당 부분이 파손되었지만, 흙부대 벽체는 미장만 떨어져 나갔다. 이만하면 그다지 걱정할 필요가 없지 않을까?

집밖 세상으로 넘나들다

창과 문을 통해 우리는 집밖 세상으로 넘나든다. 우리의 시선은 창을 통해 밖으로 향하고, 우리의 발걸음은 문을 통해 세상으로 나간다. 호기심 어린 눈길이 집안을 살피는 것도, 낯선 발길이 지극히 개인적인 공간으로 들어오는 것도 창과 문을 통해서다.

창은 집에 표정을 만든다. 좁고 긴 창, 거실을 환하게 밝혀주는 커다란 창, 맑은 햇빛을 끌어들여 기분을 좋게 만들어주는 채광창, 오랜 기억처럼 쌓인 실내의 공기를 한순간에 바꿔주는 통풍창, 안에서 남몰래 넓은 들을 바라볼 수 있게 해주는 조망창. 이 모든 창들은 그 집에 사는 이의 얼굴이다.

문은 그 앞에 선 사람에게 말을 건넨다. 육중한 철제문은 사람을 주눅들게 한다. 통유리로 된 문은 속을 훤히 보여주며 유혹한다. 싸리문은 닫힌 듯 열린 듯 살림을 엿보게 만든다. 시간을 읽어낼 수 있는 나무문은 그 집의 역사를 짐작케 한다. 나만의 표정을 드러내는 창, 나만의 목소리로 말을 건넬 수 있는 문을 만들려면 어떻게 해야 할까?

전남 장흥 흙부대 집의 침실 창과 현관문

집주인의 안목이 드러나는 창과 문 선택

창과 문은 스타일과 재질면에서 다양성을 구현할 수 있는 부분이다. 또 집 짓는 사람의 안목과 지혜로운 선택이 요구되는 부분이기도 하다. 창문은 기능에 따라서 조망창, 채광창, 통풍창으로 나뉜다. 여닫는 방식에 따라서 여닫이, 미닫이, 벼락닫이(걸창), 미서기, 오르내리기, 접이, 회전, 붙박이창으로 나누기도 한다. 위치에 따라 봉창, 광창 등으로 구분할 수 있고, 유리를 끼운 방식에 따라 두 장의 유리를 한 틀에 끼운 페어창, 단열을 위해 겹으로 창을 다는 이중창으로 나눌 수도 있다. 창호를 부르는 이름도 우리의 것과 서양 것이 다르다. 집에 어울리면서 그 기능을 충실히 할 수 있는 창과 문을 달기 위해서는 알아두어야 할 게 적지 않다.

이미 만들어진 하이새시 창문이나 목재 창문을 사서 달 수도 있고, 각재와 판재를 사용하여 집에 어울리게 만들어 쓸 수도 있다. 손재주가 없다면 디자인만 해서 전문가에게 맡기면 된다. 집 짓는 목수들조차 문을 제작해 달라고 부탁하면 전문가에게 맡기는 경우가 드물지 않다. 이미 만들어진 창문을 쓸 생각이라면 벽체를 쌓기 전에 미리 구입해서 정확한 크기를 잰 다음 벽체에 창틀이나 문틀을 달아야 한다.

창과 문이 차지하는 비중은 비용 면에서도 결코 뒤지지 않는다. 어떤 것을 선택해야 비용을 절감할 수 있을지 사실은 아무도 장담하지 못한다. 물론 규격에 맞지 않는 크기의 창과 문을 목수에게 부탁해 만들 때 비용이 가장 많이 든다. 반면, 표준 규격에 맞는 기성문을 사용한다면 비교적 저렴한 비용으로 창과 문을 달 수 있다. 그러나 재질과 사양, 그리고 기능에 따라 비용이 달라지기 때문에 어떤 경우가 비싸다 값싸다 쉽게 말할 수는 없다. 비용을 가장 많이 줄일 수 있는 방법은 중고문을 재활용하는 것이다. 비용을 줄이기 가장 어려운 부분이 지붕과 창호인 만큼 여기서 비용을 절감할 수만 있다면 전체 건축비도 많이 줄어들 것이다. 지붕과 창호는 다른 부분에 비해 보다 정교한 기술이 요구되므로 시공비를 줄이기가 여간 까다롭지 않다.

흙부대 벽체에 창문틀 달기

창의 형태와 크기, 개수와 위치가 결정되었다면 흙부대 벽체를 쌓으면서 창틀을 고정시킨다. 창과 문을 벽체에 고정시키는 방법은 의외로 간단하다. 흙부대 건축은 무골조 공법을 기반으로 한다. 그래서 창문틀을 지지하는 구조가 없어도 벽체 위에 창호틀을 그대로 얹어 고정시킬 수 있다. 먼저 흙부대를 창이나 문틀을 달 높이까지 쌓는다. 그리고 나서 흙부대 위에 틀을 얹고 틀 밑부분에 대못이나 쐐기를 박은 다음 지지대로 고정시킨다. 종종 우레탄폼을 쏴서 고정시키기도 한다. 그리고 창이나 문틀이 변형되지 않도록 각목을 틀에 대각선으로 박는다. 흙부대를 쌓다보면 틀에 가해지는 압력 때문에 변형이 일어나기 쉽다. 이를 방지하려면 창호틀을 두껍게 만들거나 목재를 이중으로 부착해야 한다. 창틀을 달기 전에 할 일이 있다. 틀에 아마인유나 오일스테인을 미리 바르고, 틀 밑바닥에 방수포나 은박단열재를 깔아 주는 것이다. 방수포와 은박단열재는 창틀이 습기 때문에 부식되는 것을 막아준다.

창문틀을 벽체 위에 고정시켰으면 틀 좌우에 흙부대를 쌓아 올린다. 이때 틀 주변의 흙부대는 철망이나 매시로 감싼다. 창호틀과 흙부대를 단단히 고정시키고, 미장이 잘 붙도록 하기 위해서다. 창문틀 좌우에 흙부대를 쌓을 때 창호 수평연결판을 만들어 창문틀에 바짝 대고 네다섯 단마다 끼워가면서 쌓아올린다. 창호 수평연결판이란 판재나 합판을 부대자루 넓이로 만든 것으로 창문을 똑바로 서게 할 뿐 아니라 흙부대 벽과 창문틀을 단단하게 고정하는 역할을 한다. 수평연결판은 흙부대 건축의 감초이므로 미리 많이 만들어두는 게 좋다.

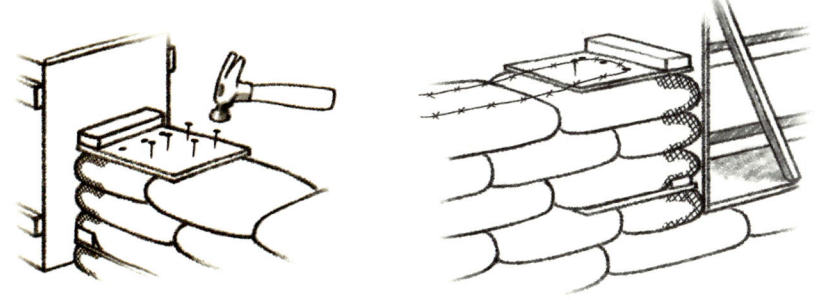

| 창문틀 고정 수평연결판과 철조망 걸기 |

창호 수평연결판 위에 철조망을 깔 때는 수평연결판에 못을 중간 정도 깊이로 박아놓고 철조망을 걸친다. 창호틀과 수평연결판은 아연 대못을 이용해서 고정한다. 수평연결판을 사용하지 않고 창문틀을 고정시킬 때는 창문틀과 만나는 흙부대를

철망이나 매시로 감싼 후 윗단 흙부대에 걸치고 철조망으로 감싼다. 창 주위의 흙부대를 감싼 철조망은 창문틀을 어느 정도 잡아주는 역할을 한다. 이것을 대못이나 우레탄폼, 나무 쐐기 등으로 완전히 고정시키고 미장을 하면 벽체와 창문틀이 매우 견고하게 하나가 된다. 그러나 수평연결판을 사용하면 창과 문에 충격이 가해져도 웬만해서 흔들리지 않고, 창호 주변에서 발생할 수 있는 변형을 최소화할 수 있다.

창호틀을 보호하는 상인방 올리기

창과 문틀 위에 놓는 상인방은 창호틀 위로 가해지는 벽체의 하중을 지탱해준다. 상인방이 부실하면 창호틀 위에 가해지는 하중 때문에 창이나 문틀이 비틀리거나 주변에 균열이 생길 수 있다. 흙부대로 세운 벽체는 다른 건축자재에 비해 하중이 크게 작용한다. 흙부대가 무겁기 때문이다. 따라서 견고하고 튼튼한 상인방을 올리는 것이 필수적이다.

흙부대 건축에 사용하는 상인방은 보통 두꺼운 통나무로 만드는데 벽체 두께보다 두꺼워야 한다. 최소 40센티미터 이상의 상인방이 필요하다. 하지만 이런 두께의 재목은 구하기도 어렵고 값도 비싸다. 일반 규격이 아니기 때문이다.

물론 대안은 있다. 합판 칸막이가 있는 '칸받침 상자 상인방'을 만들거나 작은 각목을 여러 개 모로 겹쳐 세워 '각목겹침 상인방'을 만들어 쓰면 된다. 작은 통나무를 겹쳐 만든 '작은 통나무겹침 상인방'을 대신 사용할 수도 있다.

상인방에 가해지는 하중을 수평으로 분산시키고 벽체에 보다 강력하게 고정시키

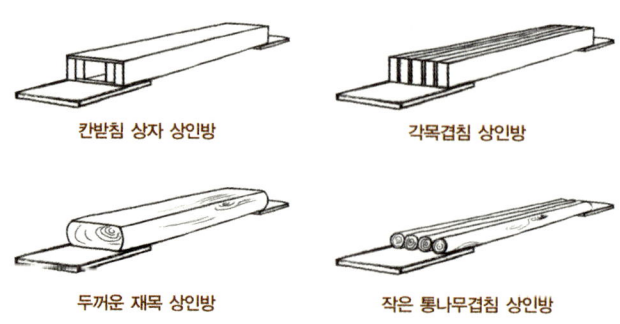

| 다양하게 만든 상인방 |

려면 '상인방 수평확장판'을 상인방 양쪽 끝에 매단다. 상인방에 수평확장판을 달면 창문 모서리 벽체에 종종 발생하는 균열과 변형을 막을 수 있다. 수평확장판은 수평연결판과 용도만 다르고 만드는 방법이 같다.

상인방의 폭은 흙부대 벽체의 폭과 같거나 3/4 이상이어야 한다. 나는 벽체 폭과 같게 만들었다. 벽체 너비만한 재목을 구하기가 힘들어서 폭이 25센티미터인 재목을 두 개씩 맞대고 꺽쇠로 고정시켜 사용했다. 상인방의 길이는 창호의 길이보다 양쪽으로 각각 30센티미터 이상 길어야 한다. 창호보다 긴 상인방은 가운데는 창호틀 위에, 양끝은 창호 옆 흙부대 벽체 위에 걸쳐 놓이게 된다. 이때 상인방 양끝은 창호틀 옆에 맞닿은 흙부대자루의 2/3 이상 그 위에 걸쳐서 놓여야 한다. 상인방에 가해지는 하중을 분산시키기 위해서는 상인방 양끝 아랫면에 이어 수평확장판을 달아야 한다. 이때 수평확장판은 인방보다 양쪽으로 각각 20센티미터 이상 길게 단다. 수평확장판과 상인방은 아연 대못으로 벽체에 고정시킨다.

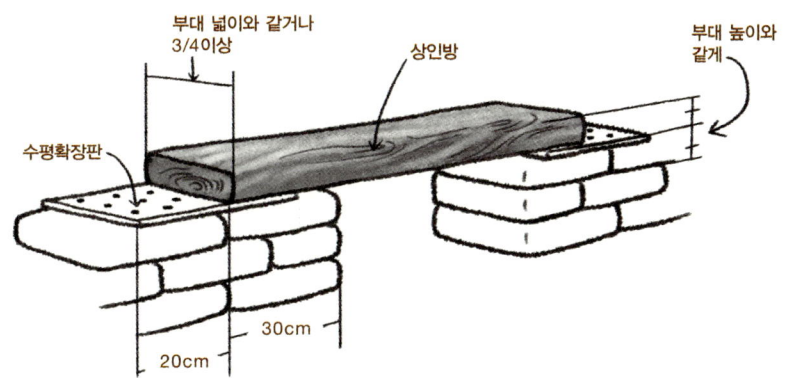

| 상인방의 폭과 길이 |

상인방의 두께(높이)는 창문 넓이가 넓을수록 두껍게 만든다. 보통 수평으로 벽을 쌓기 쉽도록 흙부대와 같은 두께로 만든다. 목재마다 인장 강도, 압착 강도, 수분 함유율 등이 다르기 때문에 설령 두께가 기준보다 얇더라도 강도가 높은 목재라면 상관없다. 목재의 특성을 고려해서 두께를 결정해야 한다는 뜻이다. 창호 넓이에 따른 상인방의 두께 기준은 다음과 같다.

- 창호 넓이 60~90센티미터 : 상인방 두께 12.5센티미터
- 창호 넓이 90~120센티미터 : 상인방 두께 25센티미터
- 창호 넓이 150센티미터 이상 : 상인방 두께 30센티미터 이상

상인방이 흙부대 벽 바깥으로 노출되면 창이나 문 위에 놓인 눈썹처럼 보인다. 이렇게 노출되는 게 싫다면 상인방을 벽체 두께보다 약간 좁게 만들고 미장으로 감싸면 된다. 단, 상인방의 재료가 주로 목재이므로 철망매시나 파이버 매시Fiber mesh를 상인방에 택커Tacker로 붙이고, 흙부대와 상인방이 접촉하는 면은 조경마대를 단단하게 붙인 후 미장을 한다. 이렇게 해야 목재 상인방과 흙미장이 떨어지는 것을 방지할 수 있다.

나무 인방에 들어가는 목재 값은 예상보다 많이 든다. 대신 흙튜브를 이용해서 인방을 만들 수도 있다. 흙튜브에 흙과 시멘트 또는 석회를 30~40퍼센트 섞어 강화시키고 3~4개 정도 두꺼운 철근을 튜브 안에 넣으면 하중을 충분히 받칠 수 있는 인방이 된다. 일종의 철근 강화 흙튜브 인방인 셈이다. 개인적으로는 인방 방식보다 아치 형태로 인방이 없는 창호를 만드는 게 더 안전하고 아름답다고 생각한다.

지붕은 집의 모자이다

지붕 모양은 집의 모양에 가장 큰 영향을 끼친다. 지붕은 곧 집이 쓰는 모자다. 어떤 모자를 썼느냐에 따라 느낌이 완전히 달라진다. 집을 짓는 데 가장 어려운 부분이 지붕이다. 기술과 전문성을 필요로 하기 때문이다. 지붕은 또 비용을 줄이기 가장 어려운 곳이기도 하다. 집을 지을 때 신경 쓰이지 않는 데가 하나도 없지만, 가장 주의를 기울여야 하는 부분을 꼽으라면 역시 지붕이다. 여기서는 지붕의 가장 기본적인 구조와 기능에 대해 설명할 생각이다. 전문가의 손을 빌리지 않고 직접 지붕을 시공하고자 하는 이들에게 도움이 되길 바란다.

지붕 모양은 기후 조건에 따라 달라진다

"지붕을 얹어야 비로소 집이 된다"는 말이 있다. 건축물을 지을 때 가장 세심하게 주의를 기울여야 하는 부분이 지붕이다. 기후 조건에 밀접하게 영향을 받기 때문이다. 지붕은 눈과 비바람을 막고 뜨거운 햇빛을 가린다. 더운 여름엔 시원한 그늘을 만들어주고, 추운 겨울엔 집안의 열기를 빼앗기지 않도록 막아준다. 이러한 기능을 다하려면 지붕을 올릴 때 구조적인 안전성, 방수, 습기 배출, 단열을 최대한 고려해서 시공해야 한다. 지붕의 모양새 역시 지역의 기후 조건에 따라 제기능이 십분 발휘되도록 발전해왔다.

눈이 많이 오는 지역에서는 지붕의 경사(물매)가 급하고, 비가 많이 내리는 곳은 지붕 처마가 길다. 바람이 센 곳은 지붕이 낮고 처마도 짧다. 건조한 지역의 처마도 짧다. 비와 바람이 많은 지역의 처마는 상대적으로 길다. 햇볕을 실내로 많이 끌어들이기 위해서 볕드는 쪽의 차양을 줄이거나 (반)투명 천창 혹은 처마를 달기도 한다. 습기가 많은 지역에서는 통기성을 염두에 둔다. 추운 지역에서는 단열을 가장 중요하게 생각한다. 물론 외관상의 아름다움도 지붕의 모양을 결정하는 요인이다.

집의 스타일을 결정하는 지붕

지붕의 형태는 매우 다양하다. 어떤 모양이냐에 따라 집의 스타일이 완전히 바뀐다. '지붕은 헤어스타일과 같다'고 한다. 지붕 모양에 따라 집이 풍기는 느낌도 달라진다. 흙부대 집을 지을 때도 지붕 형태를 다양하게 구현할 수 있다.

동서양의 지붕 형태를 알아보는 것도 많은 도움이 된다. 결국은 여기 소개하는 지붕 중 하나를 선택하거나 기본형을 변형시켜 택하게 될 것이기 때문이다.

▬ 정교하고 과학적인 한옥의 지붕

전통 지붕은 맞배와 팔작, 우진각, 모임지붕(사모, 육모, 팔모) 등으로 나눈다. 맞배(박공)지붕은 건물 앞뒤로 경사진 지붕이고 구조가 제일 간단하다. 박공이란 지붕과 지붕이 만나 생기는 측면의 삼각면을 말한다. 팔작지붕(합각)은 우진각과 맞배를 합쳐 놓은 형태다. 우진각 지붕은 처마가 사면으로 내려간 지붕이다. 모임지붕은 용마루가 없고 각 면의 지붕이 한 곳에 모인다. 지붕을 나눈 수에 따라 사모, 육모, 팔모지붕으로 나뉘고 주로 정자에 많이 사용된다.

전통 한옥의 지붕구조는 매우 정교하고 과학적이다. 못하나 사용하지 않고 목재의 구조와 균형에 의해서 짜 맞추는 게 신기할 따름이다. 한옥의 지붕을 제대로 시공하려면 오랜 경험과 지식을 갖춘 목수의 도움이 필요하다.

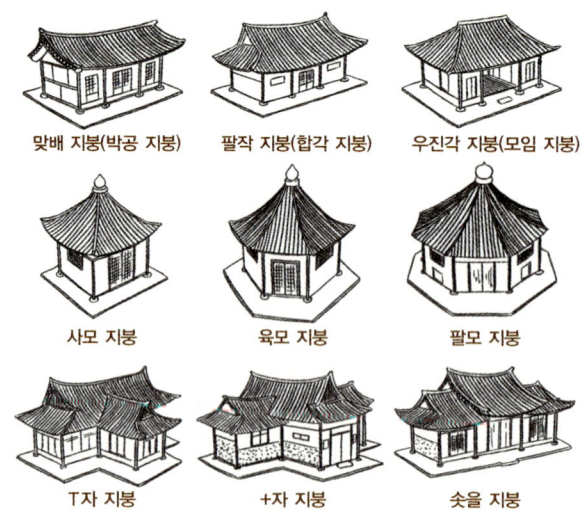

| 전통 한옥의 지붕형태 |

— 서양식 지붕의 형태

서양 건축에서 주로 사용되는 지붕은 게이블Gable, 갬브럴Gambrel, 맨사드Mansard, 힙트Hipped, 플랫Flat, 쉐드Shed가 있다. 게이블 지붕은 우리나라의 박공지붕에 해당하고, 힙트 지붕은 우진각 지붕과 유사하다. 갬브럴 지붕은 말갈고리 형태를 한 이중 박공지붕이다. 맨사드 지붕은 서양의 전통적인 지붕으로 평지붕과 사면 경사 지붕이 결합된 이중 경사지붕이다. 가장 간단한 구조인 플랫은 평지붕이고, 쉐드는 단경사 지붕이다.

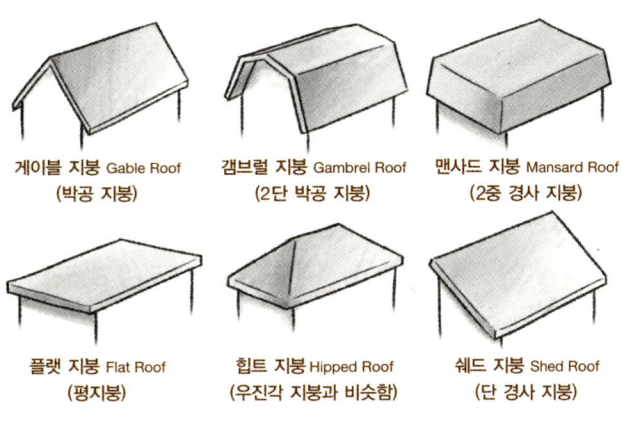

| 서양의 기본 지붕형태 |

이밖에 원형지붕이 있다. 우리나라에서는 찰주(우물통)라는 중앙구조물에 서까래를 물려서 만든다. 서양에는 서까래를 상호 지지하는 레시프로컬Reciprocal 지붕, 중앙중심 구조물에 서까래를 끼워 지지하는 가제보Gazebo 지붕이 있다.

무안 서형진 씨 흙부대 화장실의 찰주 원형지붕

> ※ **결정이 어렵다면 기존 주택의 지붕을 참고하라**
> 지붕형태를 정하기 전에 가장 먼저 고려해야 할 점은 지역의 기후 조건이다. 적설량과 강우량에 따라 지붕의 물매(경사)와 처마 길이가 달라진다. 집이 앉은 자리, 비바람의 방향과 풍속 등은 지붕의 경사면과 방향을 결정한다. 이에 따라 맞배로 할 것인지, 사방면 지붕경사를 가진 우진각으로 할 것인지가 결정된다. 처마의 길이는 해가 들어오는 방향에 따라 달라진다. 지붕의 형태를 결정하기 어렵다면 기존의 집들이 어떤 지붕을 갖췄는지 먼저 살핀다. 옛날 집들은 대부분 지역 기후에 걸맞은 지붕구조와 형태를 갖고 있기 때문이다.

지붕골조의 네 가지 기능

아무리 복잡한 지붕골조라도 기본을 따르게 마련이다. 지붕골조 용어를 미리 익혀두면 집을 지을 때 도움이 많이 된다. 직접 지붕을 올리지 않는 경우라도 시공에 대한 이해를 높일 수 있다. 지붕골조의 기능은 역학적인 관점에 따라 네 가지로 나눈다. 첫째, 지붕의 형태를 유지한다. 둘째, 지붕 위에서 내리 누르는 수직 하중을 기둥 또는 벽체로 분산하여 전달한다. 셋째, 지붕에 작용하는 횡적 팽창을 중단시켜 경사면 구조(서까래 등)를 유지한다. 넷째, 비나 바람 등에 의해 가해지는 복합적인 팽창·수축 등의 압력을 지탱해준다.

흙부대로 집을 지을 때도 지붕골조에 다양한 방식을 적용할 수 있다. 전통식 들보나 서까래 지붕구조, 서양의 트러스 구조 등은 흙부대 건축과 잘 어울린다.

반드시 알아야 할 지붕골조 용어들

전통 주택의 기본적인 구조부재는 기둥, 도리, 보, 그리고 서까래이다. 흙부대 집에 전통적인 지붕골조를 얹고자 할 때는 기둥을 제외한 보, 도리, 서까래로 짠 지붕을 얹는다.

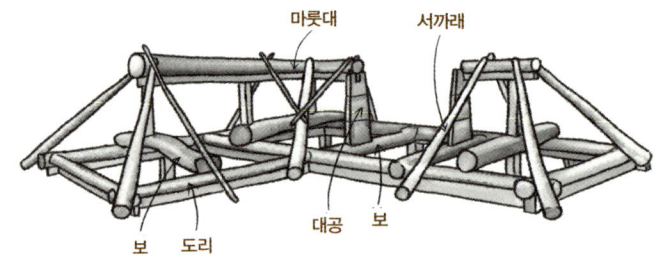

| 전통적인 지붕골조와 명칭 |

━ 도리

도리란 서까래를 받치기 위하여 기둥 위에 건너지르는 나무를 말한다. 지붕의 가장 높은 곳인 용마루에 종도리(마룻대)를 놓는다. 용마루와 수평을 이루는 도리는 건물의 외곽기둥과 내부기둥 위에 놓는다. 외곽기둥 위에 놓이는 도리를 처마도리(주심도리)라 한다. 건물의 규모가 커지면 내부기둥이 놓이는데 여기 놓는 도리를 중

도리라고 부른다. 중도리를 중심으로 상하에 놓이는 도리를 각각 상중도리, 하중도리라고 한다. 흙부대 건축에서는 기둥을 사용하지 않으므로 벽체 위에 도리를 놓는데, 이를 벽체도리라고 부르자. 규모가 큰 흙부대 건물을 지으면서 내부에 기둥을 세웠다면 이 기둥 위에 중도리를 올리게 된다. 흙부대 건축에서는 종종 도리를 사용하지 않는다. 그 대신 하중을 분산시키기 위한 수평연결판을 서까래나 보에 붙여 사용하거나 벽체연결 사다리를 도리 대신 사용한다. 수평연결판과 벽체연결 사다리에 대해서는 지붕과 벽체 연결을 다룰 때 자세히 설명했다.

─ 보

전통 가옥에서 건물 앞 뒤 기둥을 가로질러 연결시키는 구조재다. 보는 지붕의 하중을 기둥에 전달한다. 지붕의 가장 윗쪽에 있는 보를 종보라 하고, 가운데 것을 중보, 가장 밑에 있는 보를 대들보라고 부른다. 흙부대 건축에서는 보가 흙부대 벽체 위에 놓인 도리나 수평연결판 또는 벽체연결 사다리와 연결되어 지붕의 하중을 내력벽 역할을 하는 벽체로 전달한다. 흙부대 건축에서 도리를 사용하지 않을 경우에는 수평연결판을 이용하여 보를 벽체 위에 고정시킨다.

─ 대공

들보 위에 세워서 마룻보를 받치는 짧은 기둥을 이른다. 대공은 종보 위에서 종도리(마룻대)를 받친다. 동자주는 짧은 기둥을 말하지만 주로 보 위의 다른 보를 받치는 역할도 한다.

─ 서까래

마룻대에서 도에 걸쳐 지른 나무이다. 서까래는 지붕 맨 위의 종도리(마룻대)에서부터 처마도리 또는 종도리까지 수직으로 놓인다. 집의 규모가 작을 때는 하나의 서까래를 처마도리까지 놓고, 규모가 클 때는 일차 종도리까지 놓은 후 다시 처마도리까지 놓는다. 흙부대 건축에서 도리를 사용하지 않을 경우 서까래는 종도리에서 흙부대 벽체 위로 곧바로 걸치게 되는데 이때 수평연결판을 이용하여 벽체 위에 고정시킨다.

서양의 트러스 지붕 구조

서양에서도 전통 한옥과 유사한 방식으로 통나무 같은 중량목재를 이용하여 팀버Timber나 로그Log 지붕구조를 짠다. 일반 목조주택에서는 중량목재 대신 경량목재나 공학목재를 이용하여 트러스 구조로 지붕을 짠다. 트러스란 직선각재를 삼각형을 기본형태 단위로 서로 결합하여 구조에 가해지는 힘을 역학적으로 지탱하도록 만든 구조골조이다. 트러스 구조에서는 목재가 휘지 않게 접합점을 핀, 볼트, 목심, 철물 또는 합판, 꽤맞춤으로 연결한다. 트러스는 휘는 경우가 없으며, 경량각재나 판재를 조합해서 큰 공간의 골조를 만들 수 있다. 또한 지상에서 미리 지붕 트러스를 제작하여 올릴 수 있으므로 시공할 때 편리하다. 흙부대 건축에서도 지붕에 트러스 구조를 많이 적용한다.

트러스 구조는 레프터Rafter, 펄린Purlin, 칼라타이Collar Ties 등 세 가지 구조재를 기본으로 지붕의 횡적 팽창력과 수직 하중을 받치도록 만든다. 지붕의 양쪽 레프터, 즉 서까래를 서로 연결하여 횡력을 잡아주는 구조재가 칼라타이다. 칼라타이는 지붕 장선과는 수평으로, 도리나 펄린과는 수직으로 놓인다. 이때 지붕 경사면이 이루는 삼각형의 높이와 밑변의 길이 비율은 4:12여야 한다. 한옥 양식과 비교할 때 칼라타이는 보에 해당한다.

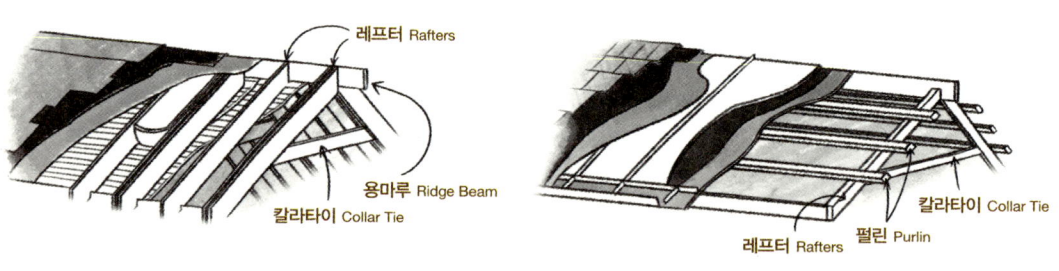

| 칼라타이와 트러스 지붕 | | 펄린과 트러스 지붕 |

펄린은 전통 양식의 도리나 마룻대에 해당한다. 한옥에서는 도리 위에 서까래를 놓지만 서양식 건축에서는 펄린을 서까래 위에 놓는다. 펄린을 서까래와 수직이 되게 걸친 다음 각각의 트러스를 연결한다.

트러스 지붕은 변형된 형태가 워낙 많다. 일일이 소개할 수 없을 정도다. 또한 건물 규모에 따라 역학적 계산을 마친 정밀한 설계가 필요하며 시공상 주의할 점들도 많다. 따라서 트러스로 지붕 구조를 만드는 데는 어느 정도의 전문적인 지식과 기술이 필요하다. 그러나 소박하고 작은 규모의 집이라면 트러스 형태를 갖추는 것만으로도 구조적으로 안전한 지붕골조를 만들 수 있다. 판재나 합판으로 트러스 연결부위의 전용 철물을 대신할 수도 있다.

> ※ **흙부대 건축에 트러스 지붕을 사용할 때**
> 흙부대 벽체 위에 도리를 올리고 그 위에 고정시키거나 수평연결판을 이용하여 흙부대 벽체 위에 그대로 고정시킨다. 경량목구조 주택의 지붕구조는 주로 트러스를 사용한다. 구조는 유사하지만 부분적으로 부재에 대한 명칭이 다르다. 경량목구조 방식의 지붕구조 역시 흙부대 건축에 적용할 수 있다.

가장 간단한 지붕 구조

많은 사람들이 "다른 건 줄여도 창문하고 지붕에 들어가는 돈을 줄이는 데는 한계가 있다"고 말한다. 지붕시공에는 벽체를 세우는 것 이상으로 비용이 많이 들기 때문이다. 흙부대 건축에서 가장 간단하게 지붕을 얹는 방법은 흙부대 자체로 서까래를 받치는 것이다. 흙부대를 쌓을 때 지붕의 형태를 고려해서 높낮이를 달리 쌓은 후 흙부대 벽체 위에 그대로 서까래를 고정시켜 지붕구조를 만들 수 있다.

| 흙부대 벽체 위에 그대로 서까래를 얹었다. |

모자를 쓰는 방법들

지붕은 벽에 견고하게 묶어야 한다. 그래야만 바람에 날아가지 않는다. 모자라고 해서 단순히 얹어 쓰기만 할 수 없는 노릇이다. 당장 날아가지 않는다 해도 지붕은 늘 바람의 흡입력과 팽창력의 영향을 받는다. 시도 때도 없이 들썩거리는 지붕 밑에서 어찌 잠을 이룰 수 있겠는가? 가장 중요한 것은 벽체 위에 지붕을 얹을 때 지붕의 하중을 벽체에 고르게 분산시켜야 한다는 점이다. 어떻게 하면 흙부대 벽체 위에 지붕을 잘 얹을 수 있을까?

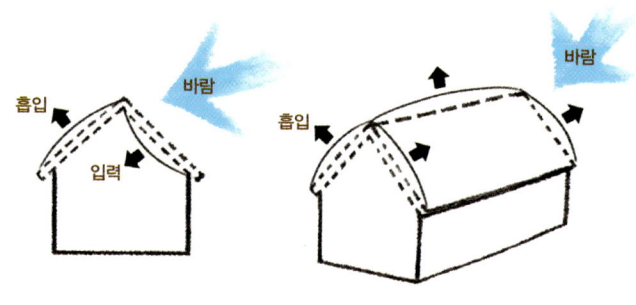

| 바람에 의해 지붕에 작용하는 힘 |

도리를 얹는 방법

보통 흙집이나 한옥에서는 벽체 위에 굵은 나무 도리를 돌려가며 얹어 전체 벽체를 하나로 잡아준다. 흙벽돌이나 토담집은 도리를 굵은 철사로 벽체에 묶고, 전통 한옥은 도리를 기둥과 연결한다. 방을 가로질러 양 벽체에 걸치는 보는 꽤맞춤으로 도리에 연결하고 서까래는 도리 위에 얹어 대못으로 고정시킨다.

흙부대로 쌓은 벽체 위에 도리를 얹을 때는 흙집과 마찬가지로 벽체 맨 위에서 아래로 몇 단 아래 흙부대에 굵은 강철사를 미리 끼워놓았다가 도리와 함께 묶어 고정시킨다. 도리에 미리 구멍을 뚫고 흙부대 몇 단 아래까지 철근쐐기를 박아 넣어 고정시켜도 된다. 이때 도리는 수평을 유지한다. 벽체보다 짧은 도리와 도리는

| 흙부대 벽체 위에 올린 도리, 도리와 도리를 괘맞춤으로 연결했다.

괘맞춤이나 'ㄷ'자 꺽쇠를 박아 연결한다. 이렇게 벽체에 고정시킨 도리 위에 서까래나 트러스 같은 지붕구조를 올린다.

도리를 사용하지 않고 철근쐐기 박기

흙부대 벽은 철조망을 사용해 벽체를 하나로 연결한다. 따로 도리를 돌리지 않아도 된다. 도리 없이 곧바로 대들보나 서까래를 흙부대 벽체 위에 올리면 그곳으로 하중이 집중되기 때문에 벽체 변형의 원인이 된다. 각목과 합판으로 수평연결판을 만들어 서까래나 트러스와 같은 지붕 구조물에 부착한 후 흙부대 벽체에 올린다.

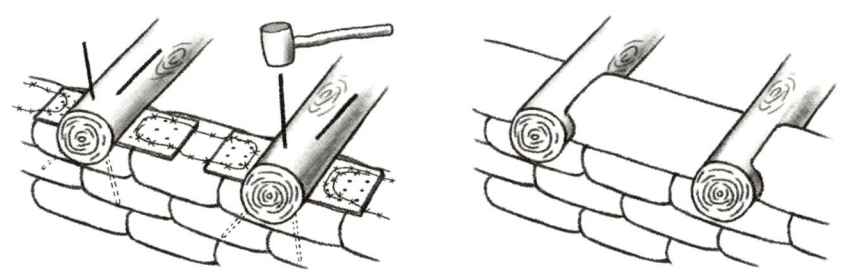
| 철근쐐기와 수평연결판으로 지붕구조물 고정 |

수평연결판은 도리를 대신해서 지붕의 하중이 분산되도록 하는 장치다. 이때 수평연결판의 넓이는 흙부대 넓이와 같아야 한다. 지붕구조를 올리기 전에 수평연결판을 아연도금한 대못(7.5센티미터 이상)으로 흙부대 벽체에 고정시킨다. 수평연결판 위에 서까래 같은 지붕구조물을 올린 후 철물이나 못으로 부착시키고 드릴로 '×'자 형태로 엇갈리게 구멍을 뚫는다. 여기에 철근쐐기를 박아 수평연결판을 관통해서 흙부대에 고정시킨다. 쐐기는 최소한 30센티미터 깊이 이상 흙부대 벽체에 박혀야 하므로 쐐기의 길이를 수평연결판과 서까래의 두께를 고려하여 50센티미터 이상으로 만든다. 쐐기를 박은 구멍에 시멘트나 석회반죽을 부으면 나중에 벽체에 금이 가는 것을 막을 수 있다. 그 다음 서까래 사이에 철조망을 원모양으로 깔고 그 위에 단단히 다진 흙부대를 끼워 좌우로 흔들리지 않게 고정한다.

강철선으로 묶기

목구조 트러스나 각재 지붕구조물은 주로 부재를 모로 세워서 시공하는데 이런 경우 벽체에 집중되는 하중을 분산시키기 위해 수평연결판을 사용한다. 각재 구조물은 수평연결판에 못이나 'ㄴ'자 철물을 이용해서 부착한 후 아연도금 대못으로 흙부대에 고정한다. 그런 다음 서너 단의 흙부대 아래 끼워놓았던 강철선이나 강철밴드 등을 이용해서 서까래나 트러스에 미리 파 놓은 구멍이나 수평연결판에 걸쳐 고정한다. 강철선은 전용 조임기구를 이용하여 단단하게 묶는다. 강철선이나 강철밴드가 흙부대에 파고드는 걸 방지하려면 전선용 검은 주름관호스를 끼운다. 이 경우에도 철근쐐기를 고정할 때와 마찬가지로 서까래 사이사이에 철조망을 원형으로 만들어 깔고 그 위에 흙부대를 단단히 다진 후 끼워 좌우로 흔들리지 않게 한다.

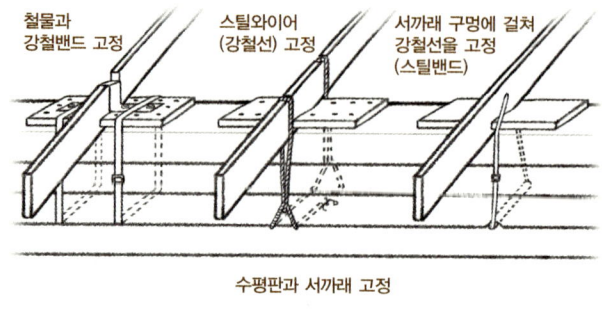

수평판과 서까래 고정

| 지붕 구조물을 강철선으로 고정하는 방법들 |

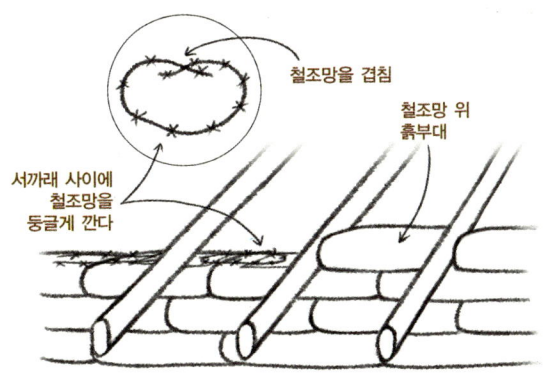

| 지붕 구조물 사이를 철조망과 흙부대로 다시 한번 잡아준다. |

지붕연결 사다리를 이용한 고정

흙부대 건축에서도 볏짚단 건축의 경우와 같이 지붕(벽체)연결 사다리를 이용하여 벽체와 지붕을 고정할 수 있다. 지붕연결 사다리가 도리 역할을 하는 셈이다. 흙부대 벽체 위에 벽체 넓이로 만들어 놓은 지붕연결 사다리를 얹고 상자를 묶을 때 사용하는 PP와이어나 강철밴드를 이용하여 3~4단의 흙부대와 함께 조여 묶는다. 밴드를 조일 때 흙부대가 패는 걸 방지하려면 전선용 주름호스를 끼운다. 지붕연결 사다리를 벽체 위에 고정시켰다면 서까래나 보, 트러스를 그 위에 얹어 못으로 고정한다. 이렇게 지붕연결 사다리를 이용하면 흙부대 벽체를 보다 단단하게 일체화할 수 있고 지붕의 하중을 골고루 분산시킬 수 있다. 지붕연결 사다리의 가운데 공간은 단열재나 진흙반죽으로 채운다.

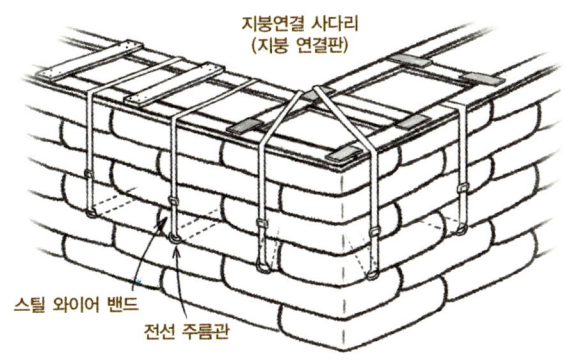

| 지붕연결 사다리를 이용한 지붕 고정 |

콘크리트 도리 고정

흙부대로 2층 건물을 짓고 싶다거나, 지진이 많이 발생하는 지역에 흙부대로 집을 지을 때, 혹은 하중이 큰 복잡한 지붕시공을 원하는 경우에는 콘크리트 도리를 이용해서 지붕을 고정한다. 하지만 환경문제를 고려할 때 별로 추천하고 싶지 않은 방법이다. 뿐만 아니라 지금까지 소개한 방법 중에 가장 비용이 많이 들고 손도 많이 간다.

콘크리트 도리를 설치하려면 먼저 40센티미터 이상의 철근쐐기를 30센티미터 이상 흙부대에 박아야 한다. 이때 20도 이상 기울여서 쐐기를 박는다. 이렇게 박은 철근쐐기는 콘크리트 도리와 흙부대 벽체를 견고하게 묶어준다.

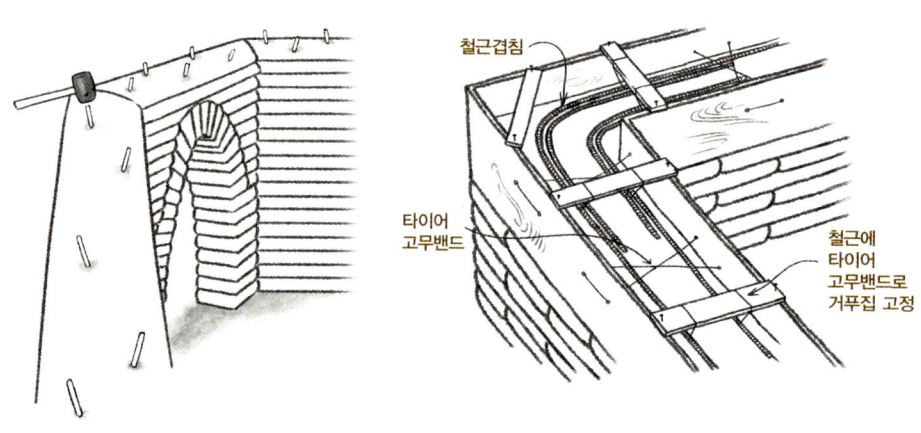

| 흙부대에 쐐기를 박고 거푸집을 만들어 콘크리트 도리를 만든다. |

철근쐐기를 흙부대 벽체 위에 박은 후 나무판과 각재를 이용하여 흙부대 벽체 상단에 콘크리트를 부을 틀을 만들어 매단다. 벽체 안팎의 틀은 굵은 철사나 고무타이어 밴드를 이용해서 고정한다. 틀 안에다 벽을 따라 이중으로 철근을 깔고, 틀 중간 중간에 걸친 각목 가로대에 철사나 고무 타이어 밴드로 철근을 매달아서 철근이 흙부대 벽체에 약간 사이를 두고 틀 중간 높이에 걸치도록 한다. 여기에 콘크리트를 부어 충분히 양생시킨다.

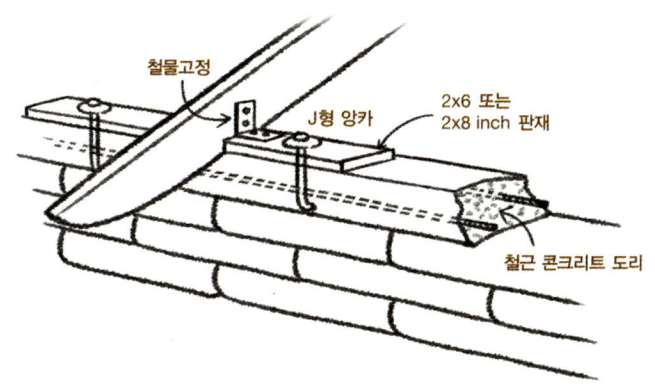

| 콘크리트 도리에 앙카를 미리 박고 여기에 수평연결판을 고정시킨다. |

    틀 안에 콘크리트를 붓고 난 후 'L'자형 앵커볼트를 미리 박아 양생시킨다. 여기에 2×6 또는 2×8인치 각판재로 만든 수평연결판을 고정한다. 이 수평연결판에 다시 철물을 이용해서 서까래나 보, 트러스 등의 지붕구조물을 결합한다.

좋은 지붕은 날씨를 겁내지 않는다

보와 서까래 또는 트러스로 지붕골조를 만들었다면 이제 본격적인 지붕덮개 작업을 할 차례다. 지붕덮개 작업은 지붕골조 위에 나무판재나 합판으로 개판을 만들어 덮는다. 싸리나무 등 잔가지나 대나무로 산자를 엮어 개판을 대신하기도 한다. 드물게 갈대자리나 대자리로 지붕을 덮는 경우도 있다.

지붕골조가 끝나고 개판을 얹었다면 이제 단열과 방수·방습, 통기성 유지와 결로방지를 위한 꼼꼼한 시공이 필요한 시점이다. 지붕을 시공할 때 대충 넘어가면 반드시 후회한다. 차라리 조금 과하다 싶을 정도로 철저하게 시공해야 한다.

춥지도 덥지도 않게 만들어주는 지붕 단열

건축물은 다양한 부위를 통해 열을 빼앗긴다. 벽체에서 25퍼센트, 바닥과 기초를 통해 15퍼센트, 문에서 15퍼센트, 그리고 창을 통해 약 10퍼센트 정도의 열을 빼앗긴다. 지붕은 열손실이 가장 많이 일어나는 부위다. 무려 35퍼센트 정도에 이른다. 공기는 따뜻해지면 위로 상승하기 때문이다. 요즘처럼 단열의 중요성이 부각되는 때가 있었을까? 널뛰듯 변동하는 유가와 에너지 위기가 다가오는 이때 겨울철 난방비를 절약하기 위해서라도 집을 지을 때는 단열시공에 만전을 기울여야 한다.

하지만 건축물이 외부로 열을 빼앗기기만 하는 것은 아니다. 열을 흡수하기도 한다. 겨울철에는 열손실을 막아야 하고 여름철에는 열흡수를 차단해야 한다. 그래서 단열이 필요한 것이다. 단열시공을 할 때는 어떤 단열재를 사용할 것인가와 어떤 부위에 어떻게 시공할 것인가에 주의를 기울인다. 흙부대 건축은 현대적인 건축과 전통 흙건축의 방법들을 많이 차용한다. 그러므로 타 건축법의 지붕단열 시공법을 눈여겨 볼 필요가 있다.

― 부피단열재와 반사단열재

단열재는 크게 부피단열재(열전도단열재)와 반사단열재(열복사단열재)로 나눈다. 스티로폼은 대표적인 부피단열재다. 열전도란 온도차가 각기 다른 물체끼리 닿았을 때 열평형이 이뤄지면서 일어나는 열전달 현상을 말한다. 열복사는 전자기파로 전달되는 열에너지 전달 현상으로 태양은 엄청난 양의 복사열을 방출한다. 여름철 건물 내부로 유입되는 열 가운데 93~95퍼센트는 복사열이다. 복사열은 강철, 콘크리트, 목재 및 기타 건설 자재를 통과하여 실내로 들어오며 열대야를 느끼게 하는 주원인이다.

복사열을 차단하기 위해 알루미늄 피복을 한쪽 면에 입히고 여기에 발포 본온수지나 일명 뽀득이라 불리는 포장용 공기비닐을 붙인 단열재가 반사단열재이다. 제품마다 단열성능이 제각각이므로 반드시 성능 검사표를 살핀 후 구매해야 한다. 공기층은 가장 효과적인 단열재이다. 반사단열재는 복사열을 단열하는데, 공기층이 없으면 오히려 반사단열재의 금속 성분이 열전도를 일으켜 단열효과를 감소시킬 수 있다. 그러나 요즘에는 슈퍼알Super-R처럼 이 같은 단점을 줄인 제품들이 속속 생산되고 있다. 부피단열재와 반사단열재의 장점을 살린 복합단열재도 시판되는 중이다. 또 목조주택 전용 유리솜 단열재도 많이 사용된다. 그러나 제품화된 산업단열재들은 제조 과정에서 상당한 에너지를 필요로 하며 자재비용을 증가시킨다. 가능하면 흙이나 왕겨숯, 짚버무리 등 자연자재를 단열재로 이용해보자.

― 샌드위치 패널로 단열하기

가장 간단한 지붕 시공법은 골조 위에 구조재와 단열재를 겸할 수 있는 샌드위치 패널을 올리는 것이다. 샌드위치 패널은 두터운 스티로폼을 사이에 두고 양쪽에 강철판을 붙인 단열강판재다. 그러나 샌드위치 패널만 사용하면 단열에 한계가 있으므로 중천장을 하게 될 경우에는 별도로 단열시공을 한다. 중천장을 없앤 장흥 흙부대집은 스티로폼과 반사단열재를 내부 천정 마감재인 미송 루바와 스티로폼 패널 사이에 넣어 단열시공을 보완했다. 장흥에 지은 나의 집은 피치 못할 사정으로 지붕에 샌드위치 패널을 사용했다.

C형강 마룻대에 샌드위치 패널을 올린 장흥 흙부대 집

▬ 생태적인 단열재들

전통 흙집이나 생태주택에서 많이 사용하는 단열재에는 톱밥, 왕겨(숯), 볏짚버무리, 종이시멘트, 흙, 볏짚단 등이 있다. 톱밥은 단열성능이 우수하지만 습기와 벌레에 취약하다. 벌레가 드는 걸 막으려면 석회를 함께 섞어 사용해야 한다. 왕겨는 동빙고 서빙고로 알려진 조선시대 전통 돌냉장고에도 사용되었을 정도로 단열효과가 우수하다. 볏짚버무리는 볏짚에 흙을 가볍게 버무린 단열재이다. 종이시멘트는 천연재료는 아니지만 폐종이를 물에 불려 파쇄한 후 석회나 흙·모래 등을 섞어서 만든다. 단열효과는 높지만 습기에 약하다. 습기에 약한 천연단열재를 사용할 경우에는 단열층 윗부분에 방습처리를 철저히 한다. 옛날 살림집들은 흙을 그대로 지붕 위에 얹어 단열재로 사용했다. 볏짚단 역시 좋은 단열재이지만 곤충이나 습기에 약하다. 그래서 볏짚단을 석회와 황토를 섞은 물에 가볍게 적셔 말린 후 사용하기도 한다. 이들 천연단열재들의 특성을 살리기 위해 톱밥이나 왕겨(숯), 볏짚 등을 석회, 흙, 소금 등과 함께 섞어 사용하기도 한다. 천연단열재 시공은 자재비가 상대적으로 적게 드는 대신 인건비가 많이 든다.

✳ 천연단열재를 이용한 지붕시공법

지붕을 천연단열재로 시공할 때는 보통 서까래 위에 판재나 합판으로 개판을 얹거나 잔가지 산자나 대자리 산자 위에 광목이나 부직포, 투습방수지인 타이벡Tyvek 등을 먼저 부착한다. 그런 다음 각재로 틀을 잡고 여기에 흙이나 톱밥 왕겨, 볏짚단 등의 천연단열재를 깐다. 이렇게 하면 천연단열재가 지붕 밑으로 새는 것을 막을 수 있다. 흙을 단열재로 사용하려면 지붕에 덮는 흙의 두께를 최소 40센티미터 이상으로 해야 단열효과를 볼 수 있다. 그런데 흙 때문에 지붕의 하중부담이 커진다는 문제점이 있다. 가능하면 흙과 왕겨, 톱밥 등을 섞어 하중을 줄이면서 단열효과도 높여야 한다.

봉화에 흙부대 집을 지은 고흔표 씨의 경우에는 서까래 위에 개판을 얹고 그 위에 광목을 깐 다음 각재로 상을 걸었다. 상 사이에 단열재로 흙과 왕겨숯 등을 붓고 다시 판재로 덮은 후 방수포를 깔았다. 그리고 방수포 위에 천장 마감재로 피죽을 덮어 지붕을 마무리했다.

서까래 위에 개판을 덮고 부직포를 깐 후 상을 걸친 다음 흙을 올리고 있다.

▬ 단열재를 깔고 난 후의 시공법

지붕 개판 위에 단열재를 깐 후 지붕을 시공하는 법을 살펴보자. 대부분 일반 합판이나 OSB 합판과 같은 판재로 지붕내판을 덮고 타르 방수포를 깐 후 곧바로 아스팔트 싱글을 붙인다. 다른 방법은 판재로 지붕내판을 덮고 방수포를 깐 후 다시 상을 잡고 그 위에 기와나 다양한 재질의 슬레이트, 금속판 등 천장 마감재를 덮어 마무리하는 방식이다. 볏짚단이나 흙을 단열재로 사용할 경우엔 그 위에 지붕내판을 덮지 않고 철망을 친 후 진흙반죽으로 덮은 다음 상을 만들어 그 위에 기와나 슬레이트Slate, 금속판 등으로 지붕을 마감하기도 한다. 판재 형태의 경성 지붕마감재를 사용하는 경우에는 단열재 위에 다시 지붕내판과 방수포를 사용하지 않아도 된다.

기와나 슬레이트, 금속판 등은 아스팔트 싱글 종류와 달리 그 자체로 지붕형태를 잡아주고 빗물을 차단해주기 때문이다.

해남 화산면의 흙부대 양파망을 올린 양파망 흙부대 귀틀집

— 해남 화산면의 양파망 흙부대 지붕 단열
해남 화산면에 있는 양파망 흙부대 귀틀집은 천연단열재를 이용한 지붕시공 가운데 가장 특이한 사례로 꼽힌다. 이 집은 경량각재를 이용해서 귀틀식으로 골조를 짜고 외벽과 지붕에 흙과 왕겨, 석회를 섞어 담은 양파망 흙부대를 쌓았다. 양파망이 지붕 단열재와 벽체 역할을 하는 것이다. 위의 사진은 공사 중 비가 올 것을 대비해 비닐을 쳐 놓은 모습이다. 양파망에 흙과 왕겨, 석회를 섞어 담으면 가벼워서 지붕 개판 위에 올리기가 쉽다고 한다. 이렇게 하면 단열재를 올리기 위해 별도의 상을 걸 필요도 없다. 집 주인은 여기에 아스팔트 방수포를 타르 부분이 위로 가게 뒤집어 깐 후 피죽 너와를 얹을 계획이라고 한다.

> ✱ **한옥 지붕의 단점과 개량 지붕 엿보기**
> 잠시 전통 한옥의 지붕을 살펴보자. 한옥 지붕의 가장 큰 문제는 나무구조 위에 흙을 얹는다는 점이다. 흙은 단열재 노릇을 하면서 습기도 조절한다. 그러나 나무는 오랫동안 흙과 닿아 있으면 썩게 마련이다. 또 다른 문제는 흙 무게가 지붕골조에 하중으로 작용해서 변형을 일으킨다는 점이다.
> 구인사 대조사전은 이런 결점을 보완하기 위해 지붕구조 위에 덧지붕을 얹는 이중구조 지붕 방식을 시도했고, 강화도 학사재 역시 덧지붕 방식을 적용했다. 황두진 건축가는 아예 흙을 사용하지 않는 완벽한 건식지붕을 제안했다. 덧서까래로 이중구조 지붕을 만들고 방수처리와 함께 건식재료를 사용해서 단열하는 방식이다. 중국 자금성도 지붕 자체를 이중으로 했고, 흙은 전혀 사용하지 않았다.

비가 새는 지붕 아래서는 살 수 없다

지붕 방수를 잘 못하면 비가 새는 건 물론이려니와 빗물 새는 데를 잡기도 힘들다. 대부분 부분적으로 수리하기가 어려워서 큰 공사가 되기 일쑤다. 단열과 방수시공의 기본 철칙은 기밀시공이다. 빈틈없이 꼼꼼하게 막아야 한다. 그러나 꼼꼼하게 막는다고 능사는 아니다. 생태주택에 대한 관심이 늘어나면서 숨 쉬는 집에 대한 욕구도 늘어났다. 비가 새지 않으면서 숨을 쉴 수 있는 지붕을 만들려면 몇 가지 사항에 유의해야 한다.

━ 방수와 방습의 차이

방수와 방습은 다르다. 방수는 물의 침투를 막는 것이고, 방습은 물 입자보다 작은 습기를 차단하는 것이다. 타르 방수포와 비닐은 방수재에 속한다. 방수효과와 방습효과가 모두 뛰어나다. 물기를 아예 차단하기 때문이다. 그런데 문제는 숨 쉬는 지붕을 만들기 위해서는 방수가 되면서도 투습이 이뤄져야 한다는 사실이다. 실내의 습기를 적절히 투과시킬 수 있어야 한다는 뜻이다. 듀폰Dupon사가 개발한 투습방수지 타이벡은 결로를 방지하고 방수도 하면서 적절하게 습기를 배출한다. 일반 타르 방수포에 비해 투습성이 40배 이상이다.

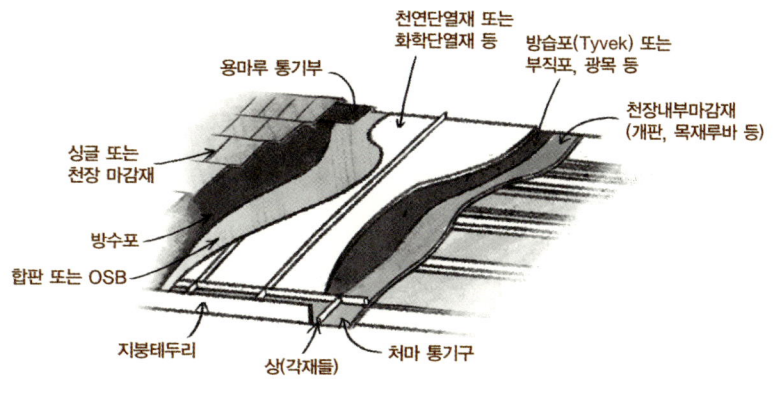

| 지붕시공 해부도 |

━ 재료와 부착 위치를 살펴라

지붕 방수시공에서는 어떤 재료를 어느 부위에 부착할 것인가가 중요하다. 투습 방수지인 타이벡은 개판 바로 위 단열재 바로 아래 부착되어 실내의 습기를 빠져나가게 해준다. 이때 투습 방습지와 단열재를 통과한 습기는 지붕 통기부로 빠져나간다.

타르 방수포는 싱글, 슬레이트, 기와 같은 지붕마감재 바로 아래인 지붕내판 위에 깔아 빗물과 습기가 지붕 구조물에 침투하지 않도록 철저하게 막아준다.

지붕 단열 방수를 위한 다양한 조합

시공방식은 지붕골조에서부터 단열, 방수, 통기, 마감재 등에 따라 매우 다양하다. 하나의 부재를 어떤 위치에 사용했느냐가 다른 부재의 부착위치를 결정하기도 한다. 가장 중요한 점은 기본적으로 빗물을 막을 수 있도록 방수가 되어야 한다는 것과 항상 투습성과 통기성을 유지시켜 주요 지붕골조가 쉽게 건조되도록 보호할 수 있어야 한다는 것이다.

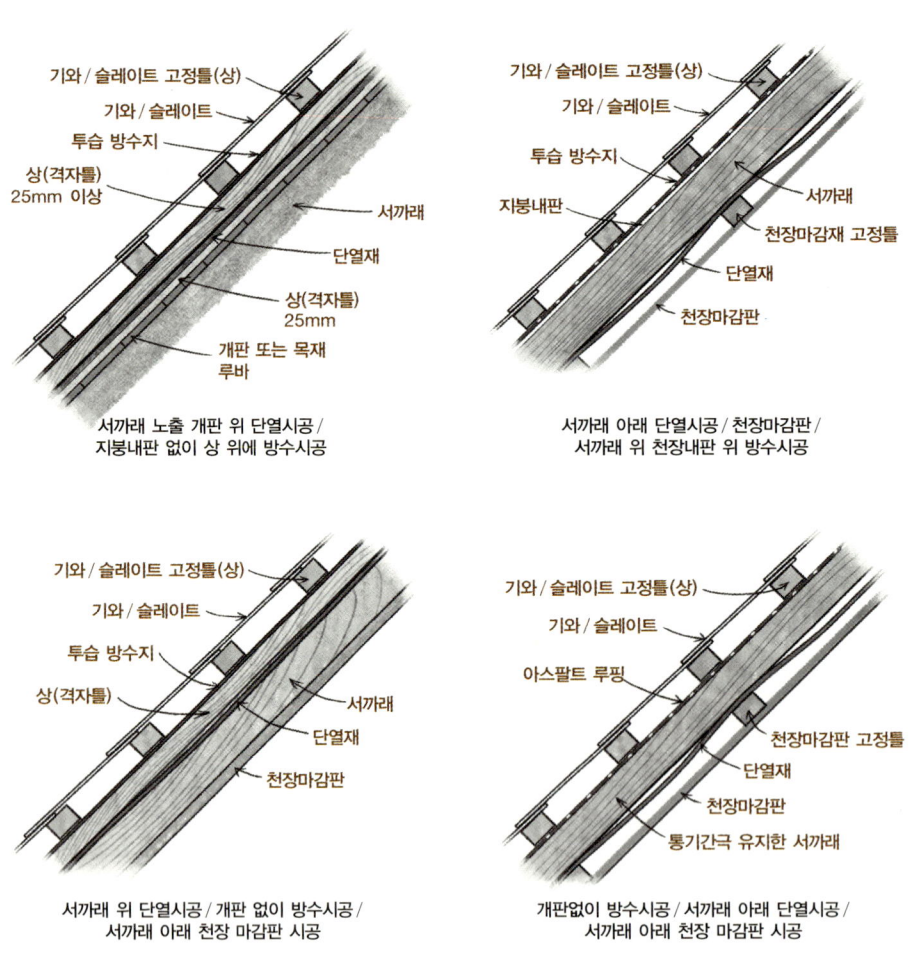

| 다양한 지붕시공 단면도 |

─ 단열재에 따라 달라지는 시공법과 위치

어떤 단열재를 사용하느냐에 따라 시공방법과 위치도 달라진다. 이때 중요한 것은 단열층 상부 또는 하부에 공기층을 두어 단열효과를 높여주도록 시공하고 열교(단열재로 감싸지 않은 골조 등을 통해 열교환이 일어나는 지점 또는 현상)가 발생하지 않도록 철저히 기밀시공을 해야 한다는 점이다. 단열재 자체에 통기성 내지 투습성이 있느냐 없느냐에 따라 아스팔트 방수포를 사용해야 할지 투습방수지를 사용해야 할지가 결정된다. 지붕구조상 통기가 가능한 틈새가 있는지의 여부도 중요하다.

─ 시공위치가 방법을 결정한다

시공위치가 어딘가에 따라 시공방법에도 차이가 난다. 특히 지붕골에서는 지붕골 물막이 철판을 골 사이에 먼저 끼운 후 물막이 철판을 덮는 형태로 방수포를 부착해야 한다. 굴뚝이나 지붕 통기구, 배기구에도 물막이 철판을 사용하는 경우라면 같은 방식으로 시공한다.

처마 끝 서까래 둘레엔 지붕테두리 마감을 한다. 지붕테두리는 전통 건축에서 평고대쯤에 해당한다. 지붕테두리 역시 아연도금 철판이나 기타 금속판으로 물끊기를 댄다. 여기에 방수지(포)를 부착할 때도 지붕테두리 물끊기 철판 위로 부착한다. 빗물받이 홈통이 있다면 홈통 부착면 위에 방수포가 접착되도록 시공하면 지붕테두리나 처마 아래 서까래가 썩는 것을 방지할 수 있다.

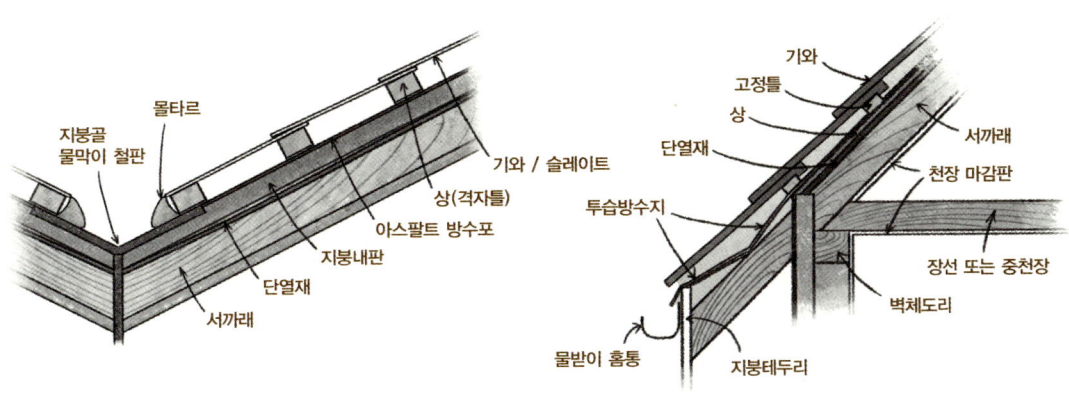

| 지붕골과 처마에서 물막이 철판과 방수 시공 |

> ※ **지붕시공의 원칙을 파악하자**
>
> 이제까지 서양식 경량목구조 주택이나 로그하우스, 스틸하우스의 지붕방수 방법을 기준으로 흙부대 주택의 지붕시공을 설명했다. 최근 지어진 흙집들은 전통적인 보와 서까래 구조에도 불구하고 서양식의 지붕단열과 방수법을 채택하는 경우가 많기 때문이다. 흙부대 건축의 경우는 어떨까? 흙부대 건축에도 다양한 지붕골조와 시공방식이 적용되므로 지붕시공에 대한 기본 원칙을 파악하고 있어야 한다.
>
> 전통적인 흙집은 대부분 전통 한옥의 지붕시공법을 따른다. 그러나 전통 한옥의 지붕은 단열에 취약하다. 웃풍이 심할 수밖에 없다. 게다가 별다른 방수처리도 없다. 개판 위에 흙을 얹고 상을 덮은 후 기와를 얹는 것으로 끝난다. 그래서 누수도 많고 서까래 등의 지붕골조가 썩는 경우가 많았다. 이런 단점을 보완하고자 최근에는 한옥을 짓더라도 방수포를 사용한다. 다른 흙집도 마찬가지다. 점점 현대적인 지붕시공법을 적용하고 있는 실정이다.

바람이 잘 드는 지붕

지붕은 큰바람을 막아줄 수 있어야 하지만 한편으로는 바람이 잘 들어야 한다. 그래야만 여름에는 시원하고 겨울에는 결로가 생기지 않는다. 지붕은 여름이면 태양열에 한껏 달구어진다. 게다가 더운 공기는 모두 지붕 쪽으로 모인다. 중천장이 있는 경우라면 중천장 위 공간이 더욱더 뜨거워진다. 더운 여름을 시원하게 보내려면 열기를 배출하는 통기구가 필수적이다.

▬ 통기구를 설치하는 이유

겨울철에는 실내와 실외의 온도 차이가 심하다. 특히 지붕 쪽은 난방에 의해 더워진 공기가 모이기 때문에 안팎의 온도차가 더욱 심하게 마련이다. 그래서 결로도 생기고 서까래 등 지붕구조물이 썩는 것이다. 중천장이 있는 경우에도 중천장 윗부분과 실외 사이에 온도차가 생겨 결로 현상이 일어난다. 결로 현상을 줄이려면 단열을 하고 차가운 외기와 직접 만나는 부분에 통기로를 두어 온도차를 줄여야 한다.

지붕 통기구를 설치해야 하는 또 다른 이유는 누수 때문이다. 지붕 위에 눈이 쌓이면 난방으로 따뜻해진 지붕 위에서부터 눈이 녹는다. 그러나 난방열의 영향을 받지 않는 지붕 끝자리 처마에 쌓인 눈은 상대적으로 늦게 녹는다. 이때 지붕 끝에 쌓인 눈이 둑 역할을 하면서 지붕 위에 물이 고이게 만들고 결국 누수의 원인이 된다. 이런 현상 역시 통기구를 설치해서 해결할 수 있다. 통기구가 차가운 외기와 직접

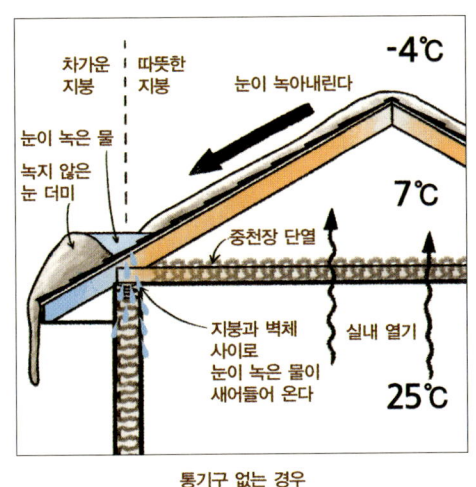 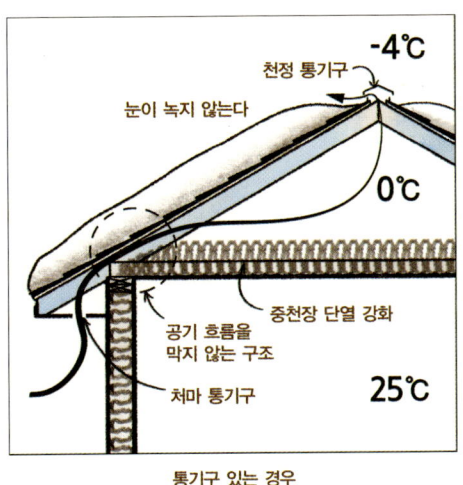

| 지붕과 처마 통기구 설치 전 후 비교 |

닿는 부분의 온도차를 줄여주기 때문이다. 중천장이 있다면 단열을 철저히 해서 실내 온도를 유지하고, 중천장 이상의 공간은 통기를 원활하게 하여 지붕의 실내외 온도차를 줄여주면 된다.

▬ 통풍구 설치 방법

통풍구는 보통 처마 끝 안쪽 밑면과 마룻대 위에 통기구Vantilation을 설치해서 만든다. 처마의 통기구를 통해 차가운 공기가 들어왔다가 지붕 마룻대 위 통기구를 통해 빠져나가는 구조이다. 하지만 중천장의 유무에 따라 통기구 설치 방법에도 차이가 난다. 중천장이 있는 경우는 처마 통기구에서부터 중천장 빈 공간을 거쳐 마룻대 통기구를 통해 공기가 흘러가도록 한다. 단, 중천장 위쪽의 단열에 신경을 써야 한다. 중천장이 없는 경우라면 처마 통기구에서 지붕단열재와 지붕마감재(기와, 슬레이트, 싱글, 너와) 사이, 즉 지붕마감재를 고정하기 위해 설치한 상이나 지붕내판 아래 틈새를 거쳐 마룻대 통기구로 공기가 흐르도록 만든다. 처마 통기구 부분에는 가는 철망사를 부착하여 곤충이 접근하지 못하도록 한다.

속 썩이는 처마의 길이

처마는 외벽 경계선 바깥쪽으로 노출된 지붕의 일부분으로 비바람으로부터 벽체를 보호하고 뜨거운 볕을 가려준다. 비바람이 많이 치는 지역의 집들은 대부분 처마가 길다. 덧처마를 달아맨 모습도 종종 눈에 띈다.

비바람을 피하려고 처마를 길게 내면 집안이 어두워진다. 집안으로 들어오는 햇빛을 가리기 때문이다. 그러므로 처마의 길이를 정할 때는 창 높이와 계절별 햇빛의 각도를 신중하게 고려해야 한다. 겨울철에는 길게 누운 햇빛이 방 깊이 들어와 집안을 따뜻하게 하고, 여름철에는 지붕 위로 높이 지나가는 뜨거운 햇빛이 창문턱을 넘지 말아야 한다. 태양고도에 맞춰 처마와 창문 위아래 각도를 맞추어도 결국 지역의 기후와 위치, 집의 방향에 따라 달라질 수밖에 없다. 물론 채광과 비바람을 막는 문제가 서로 상충되는 측면이 없지 않다. 두 가지 문제를 동시에 해결하려 한다면 천창이나 (반)투명 소재의 덧처마를 고려해볼 일이다.

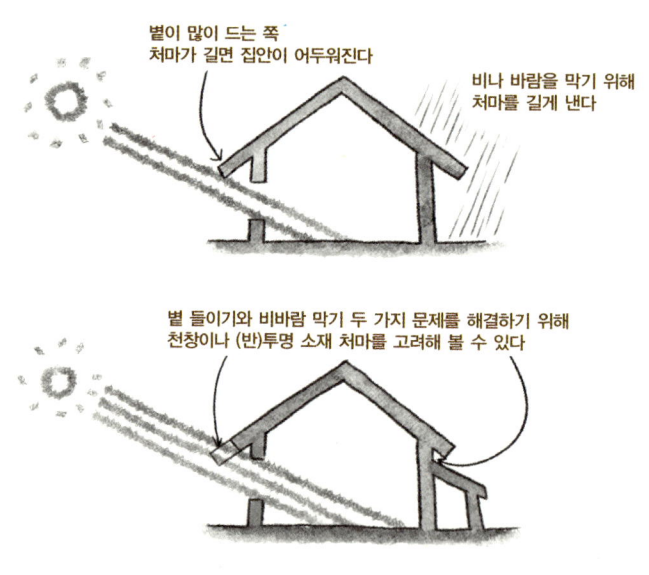

| 처마와 햇볕, 비바람 |

무엇으로 지붕을 덮을까

지붕은 집의 느낌과 분위기를 좌지우지한다. 형태나 마감재에 따라 느낌이 180도 달라진다. 노련한 목수나 건축가들은 "언제나 최종 마감을 생각하고 시공한다. 마감이 기술이다"라고 말한다. 지붕시공도 마찬가지다. 최종적으로 지붕에 무엇을 덮을지 생각해두어야 세부구조와 시공방법을 결정할 수 있다.

피죽 지붕이 잘 어울리는 봉화 고흔표 씨 흙부대 집

─ 기와

가장 대표적인 지붕 마감재는 기와로 전통 한옥 건물에 많이 사용한다. 종류도 오지기와, 점토기와, 시멘트 기와, 합성소재 기와 등 매우 다양하다. 서양식 목조건물엔 테라코타 기와를 많이 사용한다. 그러나 여간해서는 기와를 올릴 엄두가 나지 않는다. 기와 값이 워낙 비싼데다가 시공비도 만만치 않기 때문이다. 그래서 시골에서는 기와 모양을 낸 철판기와를 많이 올린다. 가격도 싸고 시공도 비교적 간단하다.

─ 아스팔트 싱글

경량목구조나 스틸구조, 조립식주택 등은 지붕에 아스팔트 싱글을 많이 사용한다. 비교적 저렴하지만 기와에 비해 내구성은 떨어진다.

▬ 자연소재 마감재

자연소재 마감재에는 너와, 굴피, 피죽 등이 있다. 잘 다듬어진 너와 싱글은 기와 못지않게 비싸다. 굴피나 피죽은 값이 싼 반면 내구성이 많이 떨어진다. 볏짚, 갈대, 억새 등도 이따금 지붕 마감재로 사용되지만 쉽게 구한다 해도 사람 손이 많이 가서 시공비가 많이 든다. 볏짚은 1~2년마다, 갈대나 억새는 4~5년마다 새로 갈아주어야 한다는 단점도 있다.

▬ 석판과 녹화지붕, 기타 금속 지붕재

기와만큼 하중이 큰 얇은 석판도 종종 지붕마감재로 사용된다. 지붕에 식물을 심는 녹화지붕(Green Roof)은 생태주택에서 즐겨 사용하는 방식이다. 이밖에도 다양한 금속 지붕재나 합성 지붕재가 많다. 지붕마감재의 선택은 결국 개인적 취향이나 형편에 따라 달라질 수밖에 없다.

떨쳐내기 어려운 산업자재의 유혹

유혹의 손길은 지붕을 마감하는 시점까지 계속된다. 하지만 주위를 살펴보면 쉽게 구할 수 있는 자연자재도 많다. 흙집에는 역시 자연소재 지붕마감재가 가장 잘 어울린다. 나 역시 이런저런 핑계를 대며 자연자재를 사용하지 않았다. 지금 생각해보면 두고두고 후회할 일을 한 셈이다. 앞으로 내 집 지붕의 아스팔트 싱글을 갈아야 할 때가 오면 기필코 굴피나 피죽을 올릴 작정이다. 유혹에 굴복하면 후회가 많아지게 마련이다.

모든 것은 흘러간다

1970년대 초 막내 여동생까지 태어나자 아버지는 외삼촌과 함께 집을 새로 짓기 시작했다. 안양천 뚝방에 2층을 걸치고 그 아래 1층을 놓은 집이었다. 천장은 낮았지만 벽은 복창을 서너 개 끼울 수 있을 만큼 두꺼웠다. 좁다란 복도며 작은 계단들, 문에서 문으로 이어지는 방들, 딱 한 평 정도의 옥상과 겨울철 김칫거리를 저장해두던 문간 창고, 그리고 사람 한 둘 들어가면 꽉 차는 지하실까지. 나는 아직도 아버지와 삼촌이 지었던 그 집을 정확하게 기억한다. 남의 손 하나 빌리지 않고 아버지와 삼촌이 손수 지으셨던 작고 재미있는 집. 못 하나, 전구 하나, 수도꼭지 하나, 어디 한 군데 아버지 손이 안 간 데가 없는 집이었다. 나중에 목동아파트가 들어서는 바람에 동네는 사라졌지만, 나는 아직도 그 곳을 잊을 수 없다.

전기는 집의 신경망이다

집 안에는 흘러가는 것들이 몇 가지 있다. 상수, 하수, 전기가 바로 그것. 흘러가는 것들이 잘못 되면 집은 기능을 멈춘다. 전기는 집의 신경망에 해당한다. 흙부대 건축에서도 전기배선은 일반 건축과 크게 다르지 않다. 다만 콘센트와 스위치, 전선을 벽체에 고정시키는 방법만 조금 다를 뿐이다. 흙부대 벽체에 고정하는 방법을 다루기 전에 전기배선을 할 때 주의할 점을 먼저 설명하겠다.

1. 전압에 맞는 적정한 굵기의 전선을 사용한다.
2. 콘센트, 전등, 보일러, 관정모터를 나눠 배선한다. (분기)
3. 예상 전력 사용량을 예측하여 구획별로 배선한다. (분기)
4. 접지선 배선을 반드시 함께하고 외부 인입선 접지봉 매립을 확인한다.
5. 전화선(인터넷선), 유선 케이블선(또는 안테나 선) 배선을 빼놓지 않는다(인터넷은 보통 전화선이나 유선 케이블을 이용하고, 안테나선과 케이블 역시 보통 한

선을 같이 쓴다).
6. 보일러 컨트롤러용 배선을 빼놓지 않는다.
7. 화장실 스위치 중 하나는 전등과 환기팬이 동시에 점멸하게 연결한다.
8. 스위치 하나로 동시에 너무 많은 전등을 함께 점멸하지 않도록 나눠 배선한다.
9. 모든 전선은 주름관에 넣어 매립하거나 배선한다.

건축물의 전기공사는 반드시 면허가 있는 전기업자에게 맡겨야 한다. 그러나 사랑채와 같은 소규모 건축물이라면 내부 배선을 직접 하여 비용을 줄일 수 있다. 내부 배선을 직접 하고 인입선(전기선, 접지, 전화선(인터넷선), TV케이블선(안테나))만 잘 빼 놓는다면 주택용 전기신청과 계량기 설치, 인입선 연결만 전기업자에게 부탁해도 된다.

건축주는 전등과 스위치, 콘센트, 전화와 인터넷, TV 안테나(케이블), 화장실 환기구와 주방 후드, 그리고 세탁기와 냉장고 등을 어디에 놓을 것인지, 배전함은 어디에 설치할 것인지를 미리 배선도면에 그려두어야 한다.

배선공사를 할 때 보통 하나의 인입구로 다양한 인입선이 들어온다. 인입구는 기초 아래를 통해 바닥으로 들어오는 방법과 전봇대에서 가까운 벽체 상단부를 통해 들어오는 방법이 있다. 지중매설을 하면 깔끔하다. 전기선 외의 통신선들은 직접 해당 위치에 배선하고, 전기선은 배전함(분전함)을 거쳐 구획별로 나눈다. 배선구획은 콘센트와 전등을 기본적으로 분리하고 전력사용량이나 사용특성에 따라 구획을 정해 배선한다. 보일러나 관정모터가 실외에 있을 경우 계량기에서 직접 분기해서 연결하기도 한다. 콘센트는 구들을 놓는 경우가 아니라면 보통 실내 바닥공사를 하기 전 바닥에 걸쳐 배선한다. 전등은 지붕골조를 얹고 개판을 얹은 후 단열재를 올리기 전 지붕을 통해 배선한다.

전기 배선은 기본적으로 4단계에 걸쳐 설치된다. 1단계로 벽체미장을 하기 전과 지붕 개판을 올린 후 기본 배선작업을 하고 분전함, 콘센트, 그리고 스위치 박스를 설치한다. 2단계에서는 벽체를 미장한 후 콘센트와 스위치를 부착한다. 3단계로 지붕공사를 마친 후 건축주가 전등을 구입하여 준비한 전등을 설치한다. 마지막 4단계에서 계량기를 설치하고 인입선을 연결한 다음 최종 점검으로 마무리한다.

─ 흙부대 벽체에 콘센트 박스 고정하기

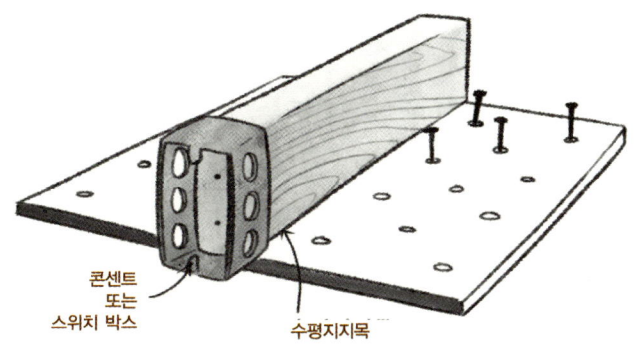

| 전기박스 고정을 위한 수평연결판과 지지목 |

흙부대 건축에서 전선관과 콘센트 박스, 스위치 박스는 미장 전 흙부대 벽체에 삽입하여 고정시킨다. 이때 안정성을 위해 전선은 고무 호스나 주름관에 넣어 사용하는데 흙부대 벽체를 가로질러 전선관을 넣을 경우엔 철관이나 PVC관을 미리 끼워 넣고 그 안으로 전선관을 통과시킨다. 주름관에 넣은 전선관은 굵은 철사를 'U' 자형으로 만들어 흙부대 벽체에 고정한다.

수평연결판은 흙부대 건축에서 가장 많이 쓰이는 부재이다. 벽체 모서리를 고정시킬 때, 창호 인방을 달 때, 창문틀을 달 때, 그리고 들보나 서까래를 벽체도리나 흙부대 벽에 연결할 때 등 곳곳에서 사용한다. 전기배선이나 수도관 배관에도 수평연결판을 사용한다. 주로 지지목을 달아 콘센트나 스위치 박스를 부착하는 데 쓴다. 스위치 박스나 콘센트 박스가 들어갈 곳에 미리 지지목이 달린 수평연결판을 놓고 아연도금한 대못으로 흙부대 벽체에 고정한다. 기둥이 있을 경우에는 여기에 스위치 박스나 콘센트 박스를 붙인다. 철재구조일 경우 나무판을 미리 부착한 후 그 위에 스위치 박스나 콘센트 박스를 고정시킨다.

흙부대 벽체를 쌓으면서 배선용 수평연결판을 미리 박아두지 못했다면 다진 흙부대 벽체가 적당히 굳은 후 박스가 들어갈 만큼 구멍을 뚫고 콘센트나 스위치 박스를 꽂는다. 이때 굵은 철사로 쐐기를 만들어 단단히 고정시킨다. 흙부대에 채운 충진재가 모래나 자갈, 연탄재 같은 재료라면 반드시 수평연결판과 지지목을 사용해

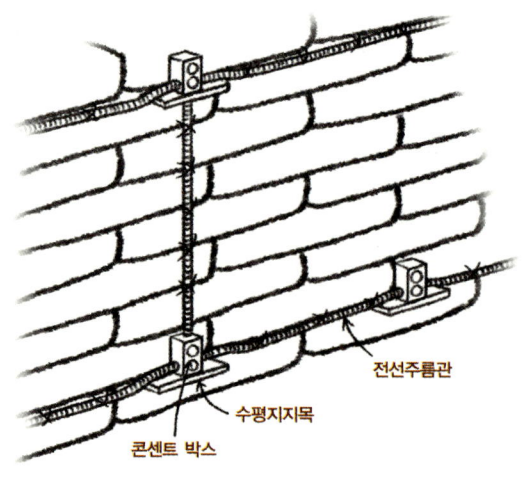

| 미장 전 전선관과 전기박스를 흙부대 벽체에 고정 |

야 한다. 흙부대 벽체에 고정한 스위치 박스나 콘센트 박스는 이후 미장할 때 미장 흙이 묻지 않도록 스티로폼을 대고 테이프로 감싼다.

상하수도와 난방 배관하기

상하수도와 난방 배관은 집의 혈관이다. 배관은 크게 상수도, 난방, 하수 배관으로 나뉜다. 상수도 배관은 다시 온수와 냉수로 나뉘고, 하수 배관은 오수(좌변기에서 배출되는 물)와 생활하수(싱크대나 세탁기, 목욕탕 세면기 등에서 배출되는 물) 배관으로 나눈다.

▬ 상수도 배관

계량기를 통해서 들어오는 수돗물이나 관정에서 나오는 지하수는 모두 찬물이다. 이렇게 들어온 냉수는 찬물이 나오는 모든 곳으로 공급된다. 주방 냉수, 세면기 냉수, 양변기, 샤워기 냉수, 보일러 원수관, 세탁기 냉수 등에 연결한다.

온수는 계량기나 관정으로부터 들어온 찬물을 일단 보일러로 연결해 데운 후 뜨거운 물을 사용하는 각 부위로 공급한다. 주방 온수, 세면기 온수, 샤워기 온수, 세탁기 온수가 여기 해당된다. 난방 배관은 온수 배관과 별도로 보일러를 경유해서 순환하도록 한다.

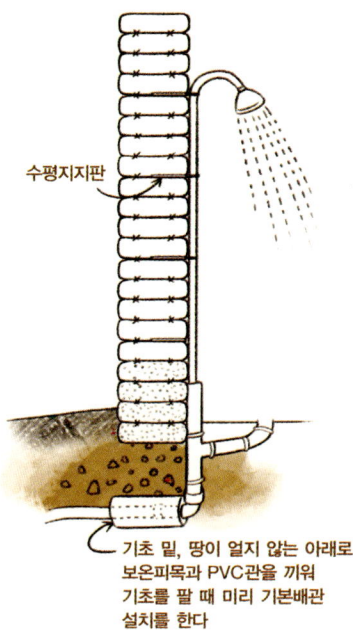

흙부대 벽체에 수평지지판을 이용해 냉온수관 부착

흙부대 건축에서 배관을 할 때도 수평연결판(수평지지판)이 요긴하게 사용된다. 냉온수관을 고정시킬 벽체 위치에 흙부대를 쌓으면서 미리 수평연결판을 넣고 여기에 수도관이나 샤워기 등을 부착한다.

냉온수 등 상수도 배관은 주로 벽체미장 전에 흙부대 벽체에 고정시키거나 바닥에 매립한다. 계량기나 관정 등 외부에서 들어오는 원수관은 겨울철에 얼지 않도록 동결심도 아래에 묻는다. 이때 벽체를 가로지르는 배관은 미리 기초를 놓기 전에 반드시 보온피복으로 감싼 후 PVC관을 통과하도록 설치한다. 이밖에도 배관이 벽체를 지나가는 자리에 미리 PVC관이나 강철관을 끼워놓는다. 이렇게 해야 겨울철 동파를 막을 수 있을 뿐 아니라 본격적으로 배관작업이나 수리를 할 때 편리하다. 또 수도 배관의 열 변화가 흙부대 벽체에 직접 영향을 주는 것을 방지할 수 있다. 냉온수 배관 시 또 하나 주의할 점은 냉온수가 뒤바뀌지 않도록 미리 표시를 해두어야 한다는 것이다. 지중이나 바닥 아래 매설할 관은 이음부 없이 끊어지지 않게 연결한다. 그래야 누수 위험을 줄일 수 있다.

― 난방 배관

난방용 온수는 보일러에서 외부로 유출되지 않고 분배기를 통해 각 방으로 분기된 후 각 방과 보일러를 순환한다. 난방수는 순환되므로 먹거나 씻는 물과 섞이지 않는다. 난방 배관을 할 때는 보통 방바닥에 엑셀관을 깐다. 엑셀관은 철 매시를 바닥에 깔고 매시와 엑셀을 가는 철선으로 묶어 고정시키며 까는데, 가능하면 관의 간격을 15센티미터 정도로 유지한다. 보일러에서 나온 난방 온수는 분배기를 통해 각 방으로 나눠지는데 이때 분배기나 엑셀관에 각 방과 인입·배출 표시를 해두어야 연결하는 순서가 틀리지 않는다. 순서가 틀려지면 한동안 각 방과 일치되는 엑셀관을 찾느라 수고해야 한다. 난방 배관 역시 바닥에서 이음새 없이 보일러실 쪽으로 연결한다. 이때 사용하는 분배기는 건자재상에 가면 쉽게 구할 수 있다. 분배기의 분기구는 방 수의 두배여야 한다. 각 방마다 입수구와 출수구가 있기 때문이다. 분배기를 살 때는 분기구의 구경을 확인한다. 분기구의 구경은 엑셀관을 기준으로 삼는다.

　난방 배관은 가능하면 욕실을 경유해서 보일러실 쪽으로 가도록 연결한다. 그렇게 하면 욕실을 항상 뽀송뽀송하고 따뜻하게 사용할 수 있다. 욕실 바닥에도 난방을 하면 더욱 좋다.

　바닥 배관은 아주 간단하다. 건축주가 직접 설치하고 보일러와 분배기를 연결하는 일만 배관공에게 맡기면 된다. 기계를 잘 다루는 사람이라면 매뉴얼만 보고도 직접 시공할 수 있다.

▬ 하수 배관

하수 배관은 오수와 생활하수로 나눈다. 하수 배관은 기초와 바닥을 깔기 전에 미리 시공한다. 하수 배관 역시 건물 외부에서 동파를 막기 위해 동결심도 아래로 지중 매설한다. 하수 배관은 오수든 생활하수든 정화조를 거쳐 외부로 나가게끔 설치한다. 생활하수관이 오수관과 연결되어 정화조로 들어가기 직전 'U트랩'이라는 장치를 달아 정화조나 오수 냄새가 생활하수관을 통해 역류하지 않도록 특히 주의해야 한다. 부엌에서 나오는 하수관에는 맨홀을 건물 외부에 묻은 후 정화조 쪽으로 연결한다. 부엌에서 나오는 하수에는 음식 찌꺼기가 많기 때문에 종종 하수관이 막히게 된다. 맨홀을 만들어두면 수시로 음식 찌꺼기를 제거할 수 있다. 정화조는 가능한 집에서 멀리 두거나 출입구에서 먼 곳에 묻는다. 하수관을 묻을 때는 정화조 쪽을 가장 낮게 하고 정화조로부터 먼 쪽을 가장 높게 하여 오폐수가 정체되지 않고 잘 빠지게 한다. 정화조를 매설하려면 반드시 시 또는 군청 건축과에 신고해야 하므로 구입할 때부터 미리 관련 서류를 꼼꼼히 챙긴다.

흙부대 벽에 선반, 계단, 칸막이 설치하기

흙집은 못을 박기가 좋지 않다. 전통적인 목구조 흙집은 주로 상인방과 중인방, 기둥에 못을 박지만, 흙부대 집은 못을 박기가 영 적당하지 않다. 그래서 창이나 문 위의 상인방이나 노출시킨 서까래에 쇠줄을 달고 선반과 주방 후드 등을 다는 수밖에 없다. 벽체를 쌓을 때 선반 달 자리나 못 박을 자리에 수평지지목을 끼워두면 벽체

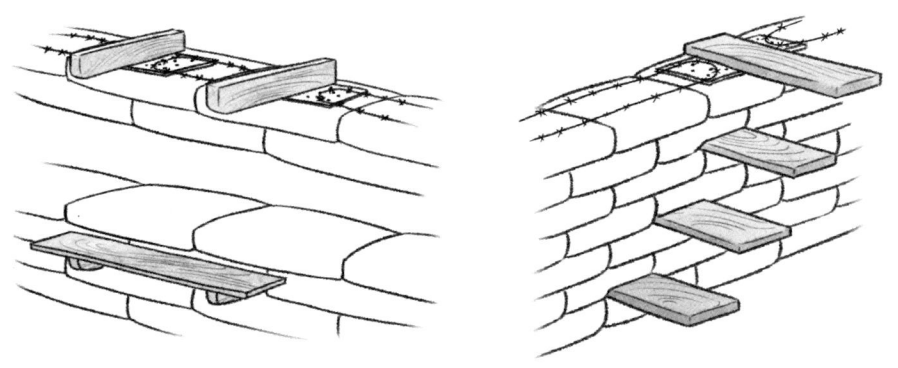

| 선반과 계단 설치 |

어디든 못도 박고 선반도 설치할 수 있다. 그러므로 어디에 못을 박고 선반을 달 것인지 미리 계획해두어야 한다.

벽체에 계단받침을 끼워 넣는 벽체고정 계단을 설치하는 방법도 선반을 다는 방법과 같다. 계단받침을 놓을 위치에 미리 수평지지목을 붙인 계단받침을 만들어 흙부대 벽체에 끼우면서 벽체를 쌓는다. 벽체에 고정되어 있지 않은 계단받침 반대쪽에는 별도의 지지목이 필요하다. 지지목을 계단받침마다 받치고 손잡이를 달면 간단히 계단을 만들 수 있다.

간혹 벽체와 벽체를 가로질러 진열장이나 칸막이(벽)를 설치할 때가 있다. 이때에도 벽체에 미리 수평지지목을 넣어두고 여기에 칸막이를 부착한다. 수평지지목을 사용하지 않을 경우는 장볼트를 이용해서 벽체와 단단하게 고정시킨다.

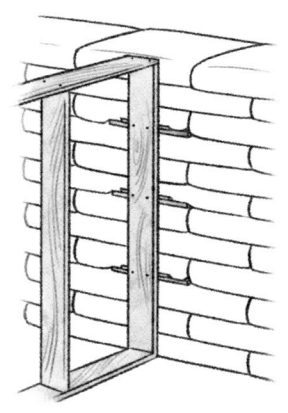

| 수평지지목을 이용한 칸막이벽 고정 |

집짓기의 추억

지금도 아버지는 자식들 집에 들르실 때마다 구석구석을 손보아주신다. 내가 "아버진 어째 못하는 게 없으세요?"하고 물으면 "우리 때는 전기면 전기, 수도면 수도 뭣 하나 제 손으로 못하는 사람이 없었어"라고 대답하시면서.

아버지가 집을 지으시던 나이를 훌쩍 넘긴 2007년, 나는 비로소 내 집을 지어야겠다고 생각했다. 모든 걸 직접 하고 싶었지만 책상머리에서 일하던 처지라 결국 남의 손을 빌려야했다. 그럼에도 집 구석구석 내 손이 안 간 데가 없다. 남의 손을 빌리다 보면 속상한 일이 생기게 마련이다. 경험자들의 이야기도 비슷했다. 어떤 이는 전기업자가 전기 배선을 할 때 전압에 비해 가는 전선을 쓴데다 접지선도 넣지 않았다고 한다. 내 경우에는 수도업자가 노출배관을 피복 없이 엑셀관을 그대로 노출시킨 채 화장실 변기와 연결해 놓았다. 게다가 냉온수가 뒤바뀌기도 했다.

아버지는 "그 정도는 제 손으로 했어야지" 하시는데 아들인 나는 전문가의 솜씨를 탓한다. 집 짓는 일에 왜 전문성이 필요 없을까? 제 손으로 지었든 남의 손을 빌렸든 집을 짓다보면 부족하다고 느끼는 게 한두 가지가 아니다. 아버지 시절에도 사람들 모두가 전문가는 아니었을 것이다. 하지만 자기 집을 손 볼 수 있는 솜씨 정도는 갖추고 살았다. 농촌에서는 집짓기가 생활기술이다. 솜씨가 부족한 듯 보여도 만나는 이들마다 나름 전문가다. 나도 사랑채를 새로 지으면서 배관시공을 직접 했다. 남의 집 수리하는 데까지 쫓아다니며 수도꼭지도 끼워보고 전기테이프도 감아본 결과다.

숨 쉬는 피부, 미장

지붕을 얹은 후에도 수천 자루의 하얀 쌀부대는 참호처럼 느껴질 뿐, 도무지 집처럼 보이질 않았다. 흙과 석회반죽으로 미장을 하고나니 그제야 집처럼 보였다. 15년 이상 한옥을 지어오신 원불교 교무님도 흙부대 집을 보러 오셨다가 "마감이 진짜 기술"이라고 말씀하셨다. 시간이 지날수록 고개가 끄덕여지는 말이다. 미장은 집이 되게 하는 마무리 기술이다.

미장은 집의 피부에 해당한다. 즉 집에 아름답고 건강한 피부를 입히는 일이라고 생각하면 된다. 사람의 피부가 내부기관을 보호하듯이 미장도 집의 내부를 보호한다. 햇볕과 바람 등 크고 작은 충격으로부터 속살을 보호하는 것이다. 또 스스로 숨을 쉰다. 사람의 피부가 숨을 쉬듯이.

미장을 제대로 하려면 미장재의 종류와 그에 따른 배합비율을 먼저 결정해야 한다. 그러고 나서 몇 단계에 걸쳐 미장을 할 것인지, 단계별로 주의할 점은 무엇인지, 어떻게 바를 것인지, 그리고 질감과 색채는 어떻게 표현할 것인지를 결정한다.

어떤 미장재를 사용할까?

모든 것에는 궁합이 있다. 흙부대 집에도 궁합이 잘 맞는 미장이 있다. 통기성을 살려 스스로 습도를 조절하고, 방수 및 발수 능력이 있고, 또 견고해서 비바람에 쉽게 부서지지 않는 미장. 이것이 바로 흙집과 찰떡궁합을 이루는 미장이다. 흙과 석회는 동서양을 막론하고 가장 오랫동안 흙집에 사용되었던 천연 미장재이다.

미장을 정확히 이해하려면 미장재가 어떻게 구성되는지 알아야 한다. 미장재는 미장벽면의 구조를 이루고 힘을 받는 구조재, 구조재와 구조재를 결합시켜 벽체에 잘 붙게 하는 접합재, 미장이 마르면서 양생될 때 생기는 균열과 잔금을 방지해주는 섬유재, 방수나 방충 등의 성능을 높이려고 첨가하는 보강재, 마감미장면에 색채를 더해주는 도료와 색소 등으로 나눈다.

─ 모래는 대표적인 구조재이다

모래입자는 물에 젖건 마르건 팽창과 수축이 일어나지 않고 매우 견고하므로 벽체 미장면을 단단하게 받쳐준다. 시멘트미장이든 석회미장이든 황토미장이든 모래 양이 적으면 균열과 잔금이 가기 쉽다. 반면 모래가 너무 많이 들어갈 경우 접착이 잘 되지 않아 미장면이 쉽게 탈착되며 잘 부스러진다.

─ 접합재를 대표하는 점토·석회·시멘트

점토와 석회, 시멘트는 대표적인 접합재들이다. 물과 섞이면 점성(접착성)을 띠고, 마르면서 단단하게 굳는 성질이 있어 모래입자들을 서로 붙여주며 벽면에 찰싹 들러붙게 한다.

황토가 곧 점토는 아니다. 황토는 점성이 강한 점토와 모래가 많이 포함되어 있는 누른빛 혹은 붉은 빛이 약간 도는 흙이다. 집 지을 때 황토미장을 선호하는 이유는 황토가 구조재인 모래와 점성이 강한 점토를 많이 함유하고 있기 때문이다. 대부분의 흙은 구조재인 모래와 접합재인 점토, 점성이 없는 미세미립자인 실트 Silt 등의 혼합물로서 구성비가 흙마다 다르다. 황토 역시 점토와 모래, 실트의 구성비가 지역마다 제각각일 터이므로 부족한 구성 성분을 보충해주어야 완벽한 미장재가 된다.

─ 볏짚, 수사, 종이펄프, 동물털 등의 섬유재

대부분의 미장은 물과 섞어 반죽하기 때문에 건조되는 동안 잔금이나 균열이 일어나기 쉽다. 심한 경우 탈착이 발생하기도 한다. 이런 현상을 막기 위해 미장 반죽에 섬유재를 첨가한다. 대표적인 섬유재에는 볏짚, 종이펄프, 말이나 소 등의 동물 털, 그리고 화학 섬유재인 나이콘 파이버나 슈퍼콘셀 등이 있다.

소똥은 천연 접합재이자 섬유재이며 방수 성능을 높여주는 보강재이기도 하다. 점성이 있는 소똥은 먹다 남은 볏짚과 여물, 소털 등을 잘 버무린 미장재인 셈이다. 냄새 때문에 습기가 많은 지역에선 사용하지 않지만 아프리카처럼 건조한 지역에서는 미장에 소똥을 자주 사용한다. 조선시대에는 말똥이나 소똥을 건조시켜 가루로 만든 다음 이것을 황토반죽과 섞어서 미장에 사용했다.

▬ 미장의 성능을 높이려면 보강재를 써라

느릅나무, 해초, 우뭇가사리, 찹쌀풀, 율무풀은 보강재로 자주 이용되는 천연재료들이다. 이 재료들로 풀을 쑤어 흙미장한 면에 바르거나 미장반죽과 섞어 바르면 빗물에 미장이 떨어지는 것을 방지할 수 있다. 방수와 발수 성능을 높여주고 접착성을 강화시키는 보강재이다. 또 미장한 면이 쉽게 부슬거리며 떨어지지 않도록 내구성을 높여주기도 한다.

천연 오일인 아마인유는 공기 중에서 딱딱하게 굳어버리는 건성유이다. 외벽 발수제나 바닥면, 미장면의 내구성을 높여준다. 오동나무 기름, 들깨기름, 포도씨유, 해바라기씨유도 건성유에 속한다. 키젤 역시 통기성을 잘 유지하면서 발수성능을 높여주는데 주로 황토와 섞어서 사용한다.

흙미장이나 석회미장 위에 화학 방수제를 반죽에 섞어 바르거나 발수제를 미장면 위에 뿌려 바르기도 한다. 화학 보강재인 목질계 셀룰루이드인 메도칠도 접착과 발수성을 높여주는 보강재다. 물유리는 주로 외벽과 화장실에 사용되는 발수제이다. 균열을 잡아주는 균열 보강재로도 사용한다.

▬ 천연페인트로 아름다운 색상 내기

황토미장은 기본적으로 누르거나 붉은 빛이고, 석회미장은 흰색이다. 그렇다면 녹색 벽체를 원할 때는 어떻게 해야 하나? 기본적으로 흙의 통기성을 크게 감소시키지 않으면서 발수나 방수성능을 높여주는 녹색 천연페인트를 덧바르면 된다. 석회로 마감한 경우라면 석회반죽과 물, 녹색 천연색소를 섞어 석회페인트를 만들어 바른다. 어떤 색을 원하는가에 따라 직접 색소를 섞어 천연페인트를 만들어 보자.

오일페인트는 아마인유와 테라핀유, 백분과 색소를 섞어서 만든다. 찹쌀페인트는 찹쌀, 물, 백분, 색소를 섞어 만든다. 밀크페인트는 우유단백질인 카제인과 접착성분을 갖는 붕사에 백분, 색소를 섞어서 만든다. 우유단백질 커크(우유에 식초를 섞어 분리해낸 것)와 석회반죽에 색소를 섞어서 석회페인트를 만들어 사용할 수도 있다. 이밖에 다양한 천연색소나 염료에 접착성분이 들어 있는 재료들을 섞어서 천연페인트를 만들면 된다.

배합비율은 어느 정도가 좋을까?

어떤 미장재를 사용할 것인가 정하고 나면 이제 배합비율을 결정할 차례다. 어떤 재료를 사용하든 접합재와 구조재의 기본 배합비율은 1:3이다. 하지만 거친 바탕 미장에 사용할 것인가 고운 마감미장에 사용할 것인가에 따라, 그리고 질감을 어떻게 표현할 것인가에 따라 배합비율도 변한다. 거친 바탕미장에서는 1:4~1:5, 마감미장에서는 1:1로 배합하여 사용하는데 미장이 거칠수록 구조재(모래) 배합비율은 높아지고, 고운 마감미장으로 갈수록 구조재의 배합비율이 적어진다. 배합비율은 무게를 기준으로 정한다.

▬ 흙미장 배합비율

흙이라고 다 같은 흙이 아니다. 마사토, 진흙, 자갈흙, 황토흙, 흑토 등 색깔과 성분도 천양지차다. 흙은 구조재인 모래와 접합재인 점토, 미세 미립자인 실트가 섞인 혼합물인데 구성비는 흙마다 다르다. 따라서 흙미장을 할 때는 사용할 흙의 구성비를 먼저 분석한 후, 접합재와 구조재의 적정 배합비율(황금비율1:3)에 맞춰 모자라는 성분을 보강하여 사용한다. 흙을 보강할 때는 구조재로 모래를, 접합재로는 석회를 추가할 수 있다.

| 침전을 이용한 흙 성분 분석 방법 |

흙과 미장재를 혼합하려면 우선 흙의 성분을 분석해야 한다. 이때 가장 많이 사용하는 방법이 침전 분석방법이다. 사용하고자 하는 흙을 물을 담은 병에 담아 잘

흔든 다음 48시간 이상 놓아둔다. 그러면 혼탁했던 흙탕물이 점점 맑아지면서 아래부터 모래와 점토, 실트 순서로 쌓인다. 침전된 모래, 점토, 실트의 비율이 곧 흙의 구성 비율이다. 흙의 구성비를 알아냈다면 구성비를 고려해서 구조재와 접합재를 적절한 비율로 배합한다. 흙의 구성비를 고려한 배합공식은 다음과 같다.

((흙속의 점토 구성비 + 반죽석회 등)×3))−흙속의 모래 구성비 = 추가할 모래

이 공식은 미장에서 접합재와 구조재의 기본 배합비율에 바탕을 둔 것이다.

접합재(흙속의 점토 + 반죽석회 등) 1 : 구조재(흙속의 모래 + 추가할 모래) 3

흙성분 구성만 알고 있으면 어떤 흙이라도 공식에 따라 석회와 모래를 추가하기만 하면 된다. 반죽석회는 흙미장 혼합에서 접합재를 보강하기 위해 가장 많이 사용하는 것이다. 구조재를 보강하는 데에는 주로 모래를 사용한다.

그 밖의 섬유재인 볏짚, 수사, 나이콘 파이버, 콘셀, 종이펄프 등은 다른 재료와 비교했을 때 부피에 비해 무게가 가벼우므로 정확한 무게기준의 배합비율보다 적당량 추가한다. 볏짚, 수사, 종이펄프 등은 충분히 파쇄한 뒤 24시간 이상 물에 불렸다가 풀어서 사용한다. 볏짚은 모래 부피의 2/3 정도 사용한다.

'흙 한 덩이 밥 한 덩이'

흙미장을 시작할 때 동네 어르신들이 자주 하셨던 말씀이다. 그 만큼 흙일이 힘들다는 얘기일 것이다. 미장은 매우 힘든 작업이다. 그러므로 천천히 몸이 축나지 않도록 힘을 조절해가면서 흙을 다뤄야 한다. 흙미장을 하는 동안 사용하지 않았던 근육을 사용하게 되어 온몸이 쑤시듯 아프기 일쑤다. 하지만 흙일로 뭉친 근육은 흙일로 푸는 게 상책이다.

— 석회미장 배합비율

석회미장 역시 흙부대 건축에서 많이 사용하는 미장방법이다. 석회는 접합재이고 모래는 구조재이다. 따라서 석회와 모래의 배합비율은 1:3을 기본으로 한다. 바탕미장은 모래를 더 많이 사용하고 마감미장은 고운 모래를 사용하되 모래를 덜 사용한다. 바탕미장의 경우 석회 1:모래 4~5, 2차 미장은 1:3, 마감미장은 1:1로 배합한다. 단, 초보자라면 모두 1:3을 기본 비율로 해서 석회와 모래를 섞는다. 바탕미장과 2차 미장, 마감미장의 경우 모래의 배합비율을 다르게 할 수도 있다. 마감미장에서는 바탕미장 때보다 미세한 모래를 사용한다. 거친 모래를 섞은 미장반죽은 바탕미장에 사용한다. 2차 미장 때부터는 어느 정도 모래를 채에 걸러 사용하는 게 좋다. 거친 모래를 사용하면 마감미장할 때 힘이 들 뿐 아니라 굵은 모래에 미장반죽이 뭉쳐 잔금이나 균열이 생기는 원인이 된다. 모래는 소금기가 없고 잘 걸러진 것이어야 한다. 모래는 크기가 분말처럼 작은 것부터 5밀리미터 정도 되는 것까지 모두 사용할 수 있다.

석회는 비료용 석회, 미리 수화시켜 놓은 소석회, 수화시키기 전 상태인 생석회로 나눈다. 미장재로 가장 좋은 것은 생석회이다. 공사를 시작하기 전에 생석회를 미리 물에 담가 수화시키는데 기간은 최소 6주 정도가 적당하다. 수화시킨 석회에서 물을 걷어낸 석회반죽(석회퍼티)을 모래와 배합하여 미장재로 사용한다. 석회반죽은 충분히 숙성시킬수록 미장반죽이 건조될 때 단단해진다. 석회를 수화시킬 때는 페드럼통에 물을 2/3 정도 채우고 올이 굵은 거름 채를 올려놓은 후 천천히 생석회를 붓는다. 수화될 때 고열이 발생하므로 조심한다. 열이 식으면 비닐로 드럼통을 덮고 오랫동안 놔두었다 말간 물을 걷어낸 석회반죽을 사용한다.

생석회는 피부가 벗겨질 정도로 성질이 강하지만 수화반응 후에는 무해하다. 다만 사용할 때 주의해야 한다. 생석회는 물과 접촉하면 플라스틱 용기를 녹일 정도로 높은 열을 내기 때문이다. 충분히 숙성시킨 석회가 아닌 경우 피부에 닿으면 살이 탄다. 생석회를 취급할 때는 고무장갑과 보안경, 마스크를 반드시 착용해야 한다. 작업 후에는 깨끗한 물로 잘 씻어 피부에 석회가 남지 않도록 하고, 작업 도중 눈에 들어갔거나 피부에 묻으면 즉시 흐르는 물로 여러 번 씻어야 한다. 쓰다 남은 석회는 비닐과 테이프로 잘 봉합하여 습도가 적은 곳에 보관한다. 이미 수화시킨 석회반죽은 물속에 담가두면 오랫동안 보관할 수 있다. 흙부대 벽체를 쌓기 전부터 미리 생석회를 충분히 수화시킨다. 집짓기 시작할 때부터 제일 먼저 할 일은 생석회를 물에 담궈두는 일이다.

> **＊ 석회미장의 장점**
>
> 석회미장에 대해 막연한 거부감을 갖는 사람들이 있다. 그러나 석회는 수백 년 동안 사용해온 재료다. 우리나라도 궁궐이나 양반집, 제각, 사당, 사찰 등을 지을 때 흙벽을 친 후 석회나 석고로 마감했다. 대부분의 유럽 국가들도 수백 년 동안 석회미장을 사용했다. 석회는 주로 바탕미장보다 2차 미장이나 마감미장에 사용된다. 지속성이 높으며 효과적이고, 빗물로부터 건물을 보호해준다. 다만, 양생기간이 길어서 시멘트나 흙보다 천천히 굳는다. 하지만 일단 굳고 나면 돌처럼 단단해진다. 석회는 시멘트보다 11~18배 이상 통기성이 좋을 뿐 아니라 비바람에 강하고 발수효과가 높으며 자가 균열치료를 하는 뛰어난 천연미장재다. 석회미장을 할 때는 무엇보다 깔끔하고 밝은 흰색 바탕으로 하는 것이 좋다.

흙부대 건축에서는 미장을 3차까지 한다

대부분의 흙집은 최소 2~3번 이상 덧미장을 한다. 흙부대 건축도 마찬가지다. 1차 미장은 흙부대로 쌓은 벽체에 미장이 잘 붙도록 하기 위한 준비단계다. 주로 접착성이 높은 미장재를 사용하며 2차 미장이 잘 붙도록 면을 거칠게 하거나 요철을 만든다. 2차 미장은 일정한 두께의 미장막을 형성하는 데 목적이 있다. 또한 구조재인 모래를 많이 사용하여 구조적으로 벽체와 결합된 미장막이 버티게끔 한다. 3차 미장은 빗물이 침투하지 못하도록 깔끔한 막을 형성하는 데 목적이 있다. 이때 색소를 첨가하거나 별도의 도료, 코팅제를 사용하기도 한다.

흙부대 건축에서는 세 번에 걸쳐 미장을 한다. 1차 미장에서는 주로 진흙과 볏짚 반죽을 쓰고, 2차 때는 주재료에 따라 흙미장 또는 석회미장을 선택한다. 여기까지가 흙집의 피부를 만드는 과정이다. 3차 미장에서는 황토나 석회를 선택하여 마감한다. 추가적으로 발수(방수)나 접착성 강화를 위해 다양한 코팅제를 사용할 수도 있다. 3차 미장은 1차, 2차 미장으로 만든 흙집의 피부를 보호하고 아름답게 만드는 기능성 화장에 해당한다.

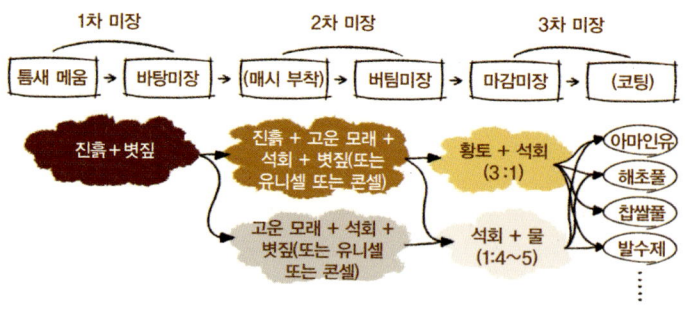

| 단계별 미장 방법 |

1차 미장은 바탕 준비 단계이다

1차 미장은 흙부대 건축과 다른 흙건축의 차이를 분명하게 드러내주는 단계이다. 2~3차 미장은 다른 흙집 미장과 비슷하다. 1차 미장은 '틈새 메움'과 '바탕미장'으로 구분된다.

▬ 틈새 메움

틈새 메움은 흙부대의 단과 단, 부대와 부대 사이 움푹 파인 골을 진흙과 볏짚 버무린 것으로 메우는 작업이다. 벽체 안에 틈이 생기는 것을 막고, PP재질의 흙부대에 미장흙이 잘 붙게 한다. 흙부대를 평평하게 한답시고 옆면을 공이로 치면 도리어 잘 붙지 않는다. 골이 적당히 나 있고 그 사이에 진흙과 볏짚을 버무린 반죽으로 메울 때 미장이 잘 붙는다. 일반적인 흙에는 특별히 모래를 섞을 필요가 없다. 하지만 모래 함량이 지나치게 적은 흙이라면 모래를 약간 섞어준다. 이때 물을 너무 많이 섞지 않는다. 떡반죽처럼 뭉쳐지도록 흙을 반죽한다.

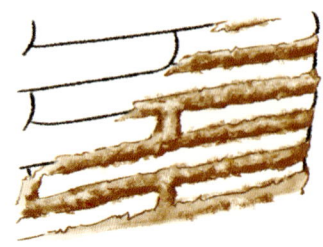

| 메움 미장 |

▬ 바탕미장(초벌미장)

틈새 메움이 끝나면 벽체 전체에 바탕미장을 한다. 초벌미장이라고도 한다. 흙부대 벽체에 본격적인 미장이 잘 붙도록 미리 초석을 까는 과정이다. 바탕미장은 접착성이 높은 진흙을 주로 사용한다. 찰기가 적은 흙에는 석회를 첨가하여 접착성을 높인다.

흙을 담은 PP부대자루에 진흙반죽이 잘 붙지 않는다면 젖은 모래를 부대자루에 살짝 문지르든지 진흙물이나 석회물을 살짝 바르거나 풀물을 발랐다가 물기가 가시면 곧바로 미장을 한다. 대부분의 경우 진흙반죽은 PP부대에 잘 붙는다. 만일 흙부대 옆면이 눌려서 미장이 잘 붙지 않는다면 대나무나 나무 조각으로 아주 작은 쐐기못을 만들어 박은 다음 미장을 하면 된다. 흙벽에 부조를 만들 때도 이 같은 방법을 사용한다.

바탕미장에 쓰는 흙은 우선 굵은 철망에 거른 것을 사용한다. 자갈이나 잔돌 등 불순물을 잘 걸러내야 잔금이나 균열이 덜 생기고, 2~3차 미장 때 곱고 매끈하게 마감할 수 있다. 채에 거른 흙과 물을 드릴 반죽기로 잘 섞어서 2~3일 숙성시킨 후 사용한다. 흙 입자가 잘 풀어질 정도로 숙성 되면 진흙반죽에 볏짚을 넣고 드릴 반죽기로 볏짚이 가늘게 풀릴 때까지 섞어 사용한다. 반죽은 양손으로 뭉쳤을 때 공 모양으로 가볍게 뭉쳐지고 흘러내리지 않는 정도가 좋다. 진흙과 볏짚만으로 반죽을 하기 때문에 건조되면서 금이 많이 갈 수 있다. 모래를 적당히 섞어주면 심각하게 금이 가는 것을 방지할 수 있다. 그러나 굳이 모래를 섞지 않아도 된다. 비싼 모래 값도 문제지만, 바탕미장 때 생긴 균열은 2차 미장 때 요철 역할을 하여 미장을 잘 붙게 해주기 때문이다. 하지만 지나친 균열은 완전히 굳기 전에 몇 번에 걸쳐 모래를 섞은 미장반죽으로 압착하면서 메워주어야 한다.

바탕미장을 할 때는 고무장갑을 끼고 손으로 바른다. 미장의 두께는 2센티미터 정도가 적당하다. 흙손보다 손을 사용하는 게 훨씬 편하고 빠르며 재미있다. 손으로 잘 문질러 발라야 흙부대 틈새로 진흙반죽을 메길 수 있다. 바탕미장 때 너무 얇게 흙반죽을 바르면 흙이 마르면서 떨어진다. 엄지손가락으로 눌렀을 때 들어가지 않을 정도로 꾸둑꾸둑 굳으면 2차 미장이 잘 붙게끔 나뭇가지나 손가락으로 바탕 미장면에 요철을 만들거나 쇠스랑으로 긁어 여러 가지 모양으로 홈을 내준다.

2차 미장은 벽체를 튼튼하게 받쳐준다

2차 미장은 본격적인 미장이다. 벽체를 튼튼하게 받쳐주므로 버팀미장이라고 부르기도 한다. 또 1차 미장 후 다시 바른다 하여 재벌미장이라고도 한다. 2차 미장은 흙부대 벽체와 미장 반죽이 서로 맞물려 견고하게 벽체를 잡아주므로 특히 반죽에 신경을 써야 한다. 2차 미장은 '망사부착'과 '버팀미장'으로 구분된다.

▬ 망사부착

본격적으로 2차 미장을 시작하기 전에 균열과 탈착을 막아주는 파이버 매시나 망사, 혹은 그물망을 바탕 미장면에 미리 부착한다. 망사, 그물망, 매시는 태커나 'U'자로 구부린 굵은 철사로 고정시킨다. 유리섬유가 포함된 파이버 매시는 매우 질기고 내구성이 높아서 벽체의 강도와 안정성을 높여준다. 다만, 구멍이 너무 작은 망을 사용하면 미장반죽이 잘 밀려들어가지 않아서 2차 미장과 1차 미장이 잘 붙지 않고 탈착될 수도 있다. 망의 구멍은 최소한 2센티미터 이상이 적당하다. 매시를 붙일 때는 꼼꼼하게 바탕 미장면에 밀착되도록 붙인다.

벽체에 망사를 붙이는 일은 매우 지겹고 시간이 오래 걸리는 작업 가운데 하나다. 파이버 매시나 철망 값도 상당하고, 행여 보다 싼 그물망을 사용한다 해도 작업이 성가실 뿐 아니라 시간이 많이 걸린다. 그래서 종종 섬유 보강재나 꼼꼼한 스크래치, 혹은 요철 작업으로 망사 부착을 대신하기도 한다. 1차 바탕미장을 끝내고 꼼꼼하게 요철을 만들거나 지그재그 금긋기를 해 두었다면 굳이 망사를 부착하지 않아도 좋다. 하지만 2차 버팀미장 전에 반드시 바탕 미장면에 물을 뿌려 두는 것을 잊으면 안 된다. 벽체가 촉촉해야 2차 버팀미장이 잘 붙는다.

2차 버팀미장이 건조될 때도 균열이 생긴다. 이 문제를 해결하려면 섬유보강재를 첨가한다. 가장 생태적인 섬유재는 볏짚이다. 볏짚을 분쇄기로 잘게 썰어 3~4일간 물에 충분히 불려 숙성시킨 다음 2차 미장에 쓰일 미장반죽에 드릴 반죽기로 잘 섞는다. '수사'라고 불리는 열대식물 섬유도 자주 이용된다. 구입 당시에는 엉켜 있으므로 먼저 가위로 잘라 방망이로 누글겨 잘게 민든 후 물에 불려서 사용한다. 볏짚과 마찬가지로 미장반죽과 섞으면 된다. 가능하면 건조시킬 때 직사광선이 직접 닿지 않게 하고, 겨울철에는 서리에 얼어붙지 않도록 주의한다. 톱밥 역시 아주

문틀 주변에 파이버 매시를 부착하고 있는 모습

좋은 섬유보강재다. 톱밥을 물에 불렸다가 미장반죽에 섞어 사용하면 되는데 곰팡이가 생길 수 있으므로 붕사를 첨가한다. 붕사는 중탕해서 녹인 다음 풀처럼 만들어 흙톱밥 반죽과 섞는다. 폐지(종이) 역시 섬유재로 사용할 수 있다. 물에 불려서 미장재와 섞으면 된다.

　망사를 전체 벽면에 사용하지 않는 경우라 해도 창이나 문 주변에는 반드시 매시나 조경용 마테이프를 붙여야 한다. 이렇게 해야 흙과 나무, 새시 등 이질적인 재료의 수축차이 때문에 미장이 떨어지는 것을 막을 수 있다. 목재와 닿는 부분의 미장면에는 반드시 망사와 조경용 마테이프를 사용한다.

― 버팀미장

바탕미장이 완전히 마르기 전 약간 꾸둑꾸둑해졌을 때 망사를 붙인 후(앞서 설명했듯이 망사를 붙이지 않을 수도 있다) '버팀미장'을 한다. 버팀미장을 하기 전 바탕미장 면에 요철이나 지그재그로 금을 긋는다. 바탕미장이 지나치게 건조되었다면 물을 뿌려 적셔 놓고 버팀미장을 시작한다. 2차 미장을 버팀미장이라고 부르는 이유는 반죽에 모래와 같은 구조재를 섞어 벽체에 가해지는 하중을 받쳐주기 때문이다. 버팀미장은 흙을 주재료로 한 흙미장과 석회를 주재료로 한 석회미장 중 한 가지를 선택할 수 있다.

버팀미장을 할 때는 바탕미장이 굳어지면서 생긴 금이나 균열을 꼼꼼히 메우고 전체를 두껍게 발라야한다. 미장의 두께는 2.5센티미터 정도가 좋다. 버팀미장 때에도 마르면서 금이 갈 수 있다. 그럴 경우에는 반죽 안에 수분이 너무 많지 않은지, 모래 함량이 너무 적은 것은 아닌지 점검한다. 버팀미장 때 생기는 균열이나 잔금은 1차 미장 때 생긴 것보다 틈이나 금이 좁다. 균열이 생긴다 해도 그다지 걱정할 필요는 없다. 충분히 바로잡을 수 있을뿐더러 이런 잔금들은 오히려 마감미장이 더 단단하게 붙도록 도와주니까.

흙반죽 버팀미장   서양은 주로 흙부대 건축을 할 때 석회미장을 하지만 우리는 주로 흙미장을 한다. 버팀미장에 쓰는 반죽은 흙과 모래, 석회, 볏짚을 섞어서 만든다. 흙의 성분을 분석하여 접착재인 점토와 석회, 구조재인 모래를 대략 1:3 비율로 혼합해서 사용하는데, 만일 흙 성분을 분석하지 않은 경우라면 대략 흙(3):석회(1):모래(3~4):볏짚(4~5통) 정도로 섞은 다음 실험하면서 배합비율을 조정한다.

버팀미장 때에도 역시 진흙과 석회반죽, 모래, 볏짚을 반죽해서 며칠 동안 숙성시킨 다음, 고운 철망에 걸러 불순물을 제거해서 사용한다. 모래 역시 1차 미장 때보다 조금 더 가는 철망에 거른다. 곱게 거를수록 미장면이 매끄러워지므로 미장일을 하기가 훨씬 수월하다. 볏짚은 미장반죽과 섞기 전에 분쇄기로 잘게 썰어 3~4일 동안 물에 불려 숙성시킨 후 사용한다. 반죽을 섞을 때는 가능하면 소규모 교반기를 이용해서 반죽하는 게 좋다. 여럿이 발로 밟아 반죽하면 재미있기는 해도 시간이 오래 걸리고 쉽게 지친다.

흙미장의 경우에도 접착성과 인장력을 높이고 균열을 방지하기 위해 화학풀을 쓸 수 있다. 가장 대표적인 화학풀은 메도칠Methothyl 이다. 메도칠은 메틸 셀루로오스Methyl cellulose를 주성분으로 하는데 식물 세포벽의 주요 구성성분인 셀룰로오스 에테르를 화학적으로 만든 풀이다. 식품이나 화장품에 배합하기도 하는 무독성 물질이므로 걱정하지 않고 사용해도 좋다. 수축·팽창에 의한 균열을 방지할 뿐 아니라 방수와 항균 효과도 있다. 메도칠은 분말형태로 되어 있는데 석회 1포 분량의 흙을 기준으로 1~2봉지 정도 사용한다. 물과 닿으면 녹말풀처럼 되므로 재빨리 반죽기로 돌려 흙반죽이나 석회반죽과 골고루 섞는다. 목재나 철과 같이 이질적인 재료

봉화 오영미 씨 흙부대 집
위에서부터 1차 미장, 2차 미장,
3차 마감미장을 마친 모습

에 닿는 부분에만 목공용 풀을 섞어 쓰면 수축으로 인한 미장 탈착을 어느 정도 막을 수 있다. 초보자에겐 흙손보다 고무장갑을 끼고 손으로 바르는 게 더 쉽다. 흙미장은 2.5~3센티미터 정도로 바른다. 1차 바탕미장과 2차 버팀미장을 하고나면 미장 두께는 대략 4.5~5센티미터 정도가 된다.

석회반죽 버팀미장 2차 미장 때 망사를 붙이고 나서 석회미장으로 버팀미장을 할 수 있다. 주로 서양에서 많이 채택하는 방식이다. 버팀미장을 석회미장으로 할 때는 석회와 모래를 1:3 비율로 섞는다. 석회가 접착재 역할을 하고 모래는 구조재 역할을 한다. 생석회를 물에 담가 미리 수화시킨 다음 충분히 숙성된 석회반죽을 사용한다.

석회반죽과 모래를 섞은 버팀미장 반죽에 인장력, 접착력, 강도 등을 높이기 위해 물에 불린 볏짚이나 톱밥, 수사, 종이, 또는 가공 섬유재인 나이콘 파이버나 슈퍼콘셀을 섞어 사용할 수 있다. 석회미장에서도 메도칠과 같은 화학풀을 사용하는데 사용법은 흙미장의 경우와 같다. 석회미장은 가능한 한 직사광선에 직접 닿지 않도록 주의하면서 건조시켜야 하고, 겨울철에는 서리에 얼지 않도록 주의한다. 겨울철과 한여름에는 석회미장을 피한다.

석회미장 역시 흙손보다는 긴 고무장갑을 끼고 손으로 바르는 편이 좋다. 이때 석회물이 피부에 절대 닿지 못하도록 주의한다. 아무리 충분히 수화시켰다 해도 모래와 석회가 옷에 묻으면 피부가 벗겨지고 가벼우나마 화학적 화상을 입을 수도 있다. 석회 버팀미장은 2.5센티미터 정도 두께로 바른다.

서양에서는 석회미장 때 손을 직접 쓰지 않는 방법을 개발해서 사용해왔다. 바로 '던져 바른 후 눌러 문지르기'이다. '던져 바르기'나 '눌러 문지르기'는 모두 압력을 가한다는 공통점을 갖는다. '누'자 형태의 판재를 붙여 만든 흙손에 석회·모래 반죽을 담아 조금 떨어진 곳에서 벽으로 강하게 던진 후 일반 흙손으로 눌러 바르는 방법이다. 어느 정도 벽면이 말라 꾸둑꾸둑해지면 나무벽돌이나 뭉근 자갈 등으로 힘 있게 문지른다. 이렇게 하면 1차 바탕미장 때 바른 흙미장 면에 석회미장이 강하게 접착된다.

석회가 양생될 동안은 직사광선이나 바람을 직접 쐬지 않는다. 천천히 마르게 해야 한다. 바탕미장 후 2차 미장을 하기 전에 벽체에 반드시 쇠스랑으로 금을 그어 놓던지 나무꼬챙이로 콕콕 찔러 요철을 만들어 둔다. 그러고 나서 바탕미장으로 바른 흙미장 면에 석회물을 발라 축축하게 적신 후 버팀미장을 한다. 영하의 날씨와 32도 이상의 고온에서는 절대로 석회미장을 하지 않는다.

방수미장   화장실이나 목욕탕처럼 물을 많이 사용하는 곳은 필수적으로 방수처리를 해야 한다. 나는 집을 지으면서 바닥에 비닐을 겹으로 깐 후 방수제를 섞은 시멘트 몰타르 바닥에 타일을 붙였다. 바닥 타일을 붙일 때 시멘트에 방수제를 섞어 시공했다. 벽면에는 타일을 붙이지 않았다. 1~2차까지는 일반 벽체와 똑같이 미장한 후 물이 많이 튀는 벽체 높이(1.5미터)까지만 방수액을 섞은 백시멘트와 석회미장으로 방수미장을 했다. 백시멘트와 모래는 1:3으로 섞었고, 여기에 완결 방수제를 물과 함께 넣고 반죽해서 발랐다. 그리고 다시 일반 벽체와 똑같은 방법으로 석회 페인트를 만들어 마감미장을 하고 마지막으로 발수제를 도포했다.

흙부대 건축에서는 목욕탕과 같은 습식공간을 어떻게 방수처리 할 것인지가 관건이다. 여기엔 다양한 실험과 도전이 필요하다. 벽면에 타일을 붙이려면 1차 또는 2차 미장을 마친 후 방수제를 섞은 시멘트 몰타르로 한 번 더 시공을 하고 타일을 붙이는 게 좋다. 그래도 걱정이 된다면 1차 미장을 끝내고 방수포를 두른 다음, 그 위에 철망매시를 대고 방수제 섞은 시멘트 몰타르 시공을 한 후 타일을 붙이는 방법도 시도해본다. 가장 손쉬운 방법은 주방 개수대 벽면이나 목욕탕과 같은 공간을 시멘트벽돌로 시공하는 것이다.

벽체를 아름답게 치장하는 3차 마감미장

3차 미장을 보통 '마감미장' 또는 '치장미장'이라고 부른다. 미장을 끝마친다는 뜻에서 마감미장, 벽에 예쁘게 색을 입히고 깔끔하게 정리한다는 의미에서 치장미장이라고 부르는 것이다. 3차 미장은 1·2차 미장으로 만든 흙집의 피부를 보호하고 아름답게 하기 위해 바르는 화장에 해당한다. 3차 미장은 다시 '마감미장'과 '코팅'으로 나눌 수 있다. 마감미장은 '황토석회 마감'과 '석회페인트 마감' 중에서 한 가지를 선택할 수 있다.

    마감미장은 버팀미장이 완전히 건조되기 전 꾸둑꾸둑해졌을 때 약 0.3센티미터 두께로 바른다. 버팀미장이 완전히 말랐으면 물을 살짝 뿌려 적셔둔다. 마감미장은 버팀미장이 건조되면서 생긴 잔 균열과 금들을 메우고 미장면을 부드럽게 정리하는 작업이다. 이때 색조를 입힐 수도 있다. 흙부대 건축에서는 '석회페인트' 마감이 일반적이지만 '황토·석회' 마감을 해도 괜찮다. 버팀미장 때 석회모래 반죽으로 미장을 했다면 '석회페인트'로 마감을 하고, 흙미장을 했다면 '황토·석회'로 마감하는 게 자연스럽다.

─ 황토·석회 마감

버팀미장 때 진흙과 볏짚 석회, 모래를 섞어 흙미장을 했다면 마감은 황토·석회로 한다. 곱게 걸러낸 황토물과 석회물을 3:1 비율로 섞어 붓으로 바른다. 이때 2차 미장에서 생긴 자잘한 균열을 메우고 미장을 정리하는 데 주안점을 둔다. 특히 황토석회물이 굳지 않도록 주의하면서 얇게 여러 번 발라준다. 욕심을 내서 한 번에 두껍게 바르면 건조되면서 갈라지고 탈착이 생길 수 있다. 시간이 걸리긴 하지만 2차 미장에 비해 손쉽게 작업할 수 있으므로 천천히 여러 번 바른다. 황토·석회물에 우뭇가사리나 해초를 끓여 만든 풀물, 혹은 찹쌀풀이나 율무풀 등을 섞어 바르면 접착성과 발수성을 높일 수 있다. 또 미장면이 쉽게 부스러지는 것도 막을 수 있다.

─ 석회페인트 마감

흙부대 건축에서는 주로 석회반죽과 물을 1:4~1:5 비율로 섞어 만든 석회페인트를 얇게 여러 번 발라 마감한다. 하얀 석회물을 바른다고 해서 '화이트 워시White Wash'라고 부르기도 하고, 석회(Lime)를 섞은 물이란 뜻으로 '라임워시Lime Wash'라고 부르기도 한다. 석회페인트를 바를 때 욕심을 내서 두껍게 바르거나 너무 되게 바르면 금방 자잘한 금이 생기고 떨어진다. 무조건 여러 번 바르는 수밖에 없다. 앞

석회페인트로 마감한 벽면

에서 말한 메도칠을 섞어 사용하면 잔 균열을 방지할 수 있다. 나무 문틀이나 창문틀, 서까래 도리 등에는 석회페인트와 목공용 풀을 섞어 부분적으로 사용한다. 그러면 나중에 회칠이 떨어지는 것을 어느 정도 막을 수 있다.

석회미장에 생긴 잔 균열이나 틈은 회덧칠을 해서 자연스럽게 메울 수 있다. 석회미장은 어느 정도 발수성능이 있다. 처음 석회미장을 할 때 비가 많은 남부 지역에서는 5회 정도 석회페인트를 칠하고, 그 외 지역에서는 보통 3회 정도 석회페인트를 칠한다. 외벽의 경우 5년마다 석회페인트를 다시 칠해주면 벽면을 견고하게 유지할 수 있다.

흰색이 아닌 다른 색깔을 원할 때는 수성색소를 섞어 쓰면 된다. 처음부터 석회페인트에 색소를 섞어 발라도 되고, 석회페인트 마감미장이 마른 후, 수성색소를 물에 풀어 만든 석회페인트를 덧발라도 좋다. 이렇게 하면 석회미장 면에 색소가 깊이 침투하는데 이것을 프레스코 기법이라고 한다. 3차 마감미장뿐 아니라 2차 버팀미장 때에도 석회모래 반죽을 쓴다면 여기에 색소를 섞어서 다양한 색을 연출할 수 있다.

질감을 표현하려면 가늘게 풀은 볏짚이나 수사, 종이펄프, 또는 약간의 고운모래, 편암가루, 혹은 비누가루나 대리석 가루 등 다양한 재료를 섞어 사용하면 된다. 특히 비누가루를 섞거나 비누로 덧칠을 하면 방수성능을 높이고 광택효과도 낼 수 있다. 특별한 첨가물을 넣지 않고 스펀지나 손질, 붓질, 흙손질만으로도 일정한 패턴과 질감을 표현할 수 있다.

▬ 코팅은 기능성을 높인다

석회페인트나 황토·석회물로 마감미장한 후에 다양한 재료를 써서 코팅을 한다. 외벽의 방수기능이나 발수력을 높이고, 미장이 부서지는 일 없이 접착력을 높이기 위해서다. 보통은 3차 미장 후에 코팅을 하는데 상황에 따라 2차 미장만 마치고 코팅을 하기도 한다.

서양에서는 주로 석회페인트로 마감한 후에 아마인유를 많이 사용한다. 중세에도 석회바탕에 아마인유에 색소를 섞어 만든 유화물감으로 그림을 그렸는데, 이런 그림은 아주 오랫동안 탈색이나 탈착 없이 보존되었다. 아마인유는 건성유로 실온에서는 액체 상태이지만 시간이 지나면서 산소와 결합해 매우 단단하게 굳는 특성이 있다. 그래서 흙벽이나 회벽에 바르면 벽체가 더욱 단단해지고 발수능력도 향상되는 것이다. 아마인유 대신 건성유 계열인 포도씨유, 해바라기유, 오동나무 기름도 사용할 수 있다. 우리나라에서는 회벽을 칠할 때 아예 한지를 풀어 넣고 여기에 도박이, 우뭇가사리, 한천 등 해초풀을 쑤어 석회반죽과 섞어 숙성시켰다가 발랐다. 회벽에 해초풀을 바르는 것도 시도해볼 만하다. 외벽에는 비가 많이 치는 하단 부분에만 발수제를 바를 수도 있다. '황토·석회물'로 마감했다면 아마인유, 해초풀, 찹쌀풀, 기성 발수제 등 다양한 코팅제 가운데 한 가지를 선택하면 된다.

집도 화장을 한다

마감미장이나 페인팅은 집을 아름답게 꾸며주는 화장술이다. 질감과 색채가 조화를 잘 이룬 집을 보면 지은 사람의 미적 감각과 수준을 짐작할 수 있다.

마감미장에 다양한 미장재를 사용할 수 있다. 그러나 대부분이 발수, 방수, 혹은 자가보정이나 양생, 강화, 접착, 통기, 그리고 단열 등 주로 기능적인 면에 치우진 것들이다. 피부를 보호하기 위한 기능성 화장품에 비유할 수 있다. 이제 집의 색조 화장에 관심을 가져보자. 흙부대 집이라고 반드시 황토색일 필요는 없다. 미장의 색조, 공간이나 가구와의 색채적 어울림, 미장의 패턴과 문양, 질감 등을 통해 다양한 미적 욕구를 구현할 수 있을 것이다.

벽면을 백색 캔버스로 만드는 화이트 워시

석회반죽에 물을 섞어 만든 석회페인트로 벽면을 마감하는 것을 화이트 워시라고 부른다. 하얀 물로 씻어내듯 석회물로 씻어낸다는 뜻에서 그렇게 부르는 듯 싶다. 화이트 워시는 얇게 칠하는 마감미장이지만 벽체를 보호하는 동시에 미적인 기능까지 감당한다.

건축에서 석회를 사용한 지는 꽤 오래 되었다. 기능면으로 보나 심미적인 면으로 보나 그렇다. 석회는 물과 섞인 상태에서 공기에 접촉하면 탄화작용을 일으켜 서서히 석회결정으로 변한다. 그러면서 석회암 상태로 굳어지고 점점 커지면서 벽체의 미장층과 결합한다. 특히 부드러운 빛 반사효과를 내어 집을 더욱 아름답게 보이게 한다.

화이트 워시용 석회는 건축용 생석회나 이미 수화 처리된 소석회를 사용한다. 석회는 생산한 지 2년이 지나지 않아야 하며, 밝은 흰색일수록 좋다. 생석회는 물에 반죽하여 질척한 반액체 상태로 만든 뒤 최소 10일 이상 물 속에 담가두어야 한다. 오래 담가둘수록 좋다. 석회페인트는 수화과정을 거친 후 물을 따라낸 반액체 상태의 석회반죽에 물을 타서 만든다. 석회반죽은 사용하지 않을 때는 물속에 보관한다. 그래야만 탄화작용이 중단된다. 석회는 물과 접촉한 후 공기에 닿아서 굳어지는 기경성 물질이기 때문이다. 이미 수화 처리된 소석회의 경우도 최소한 하루 이틀 이상 물에 담가 숙성시킨 다음 사용한다.

▬ 화이트 워시를 위한 벽면 바탕 준비

석회페인트를 바르려면 바탕벽면을 준비해야 한다. 바탕면면은 석회페인트가 굳으면서 확실하게 붙을 수 있도록 작은 기공이 있거나 거친 결이 있으면 더욱 좋다. 이렇게 만드는 것을 일명 요철작업 또는 스크래치Scratch 작업이라고 한다. 우선 벽면의 먼지를 깨끗이 털어내고 떨어진 부분을 말끔히 씻어낸다. 그리고 하룻밤 또는 몇 시간 전에 물뿌리개로 촉촉하게 물을 뿌려 적셔놓는다. 그래야만 벽면이 석회페인트의 물기를 빼앗아 너무 급하게 마르는 것을 방지할 수 있다. 마른 벽면이 물기를 빨아들이면 석회페인트의 탄화작용이 제대로 일어나지 않는다. 그렇다고 지나치게 물을 뿌려서도 안 된다. 촉촉하게 습기를 머금을 수 있을 정도로 충분하다. 물을 적시고 나서 하룻밤 또는 3~4시간이 지난 뒤 석회페인트를 붓으로 엷게 여러 번 바른다.

미장 할 때 바탕 면에 종종 프라이머Primer를 사용하는데, 이것은 바탕벽면의 화학적·물리적 조건을 인위적으로 만들어준다. 프라이머를 접착하도제라 부르기도 하는데 본격적인 칠을 하기 전 밑에 바르는 도색제로 칠과 바탕면의 접착을 돕는다. 천연 프라이머는 밀가루풀과 고운 모래를 섞거나 다른 종류의 천연풀과 모래를 섞어 만든다. 묽기와 접착성이 페인트 수준이면 된다. 이렇게 만든 프라이머는 흙부대에 흙미장을 하거나 석회미장을 하기 전에 사용해도 좋다. 종종 수용성 목공풀에 고운 모래를 섞어 사용하는 경우도 있다.

프라이머 없이 석회페인팅을 할 수 있는 바탕벽면에는 다음과 같은 것들이 있다.

· 석회미장면
· 석회와 시멘트미장의 경우 작은 기공이나 거친 결을 긁은 바탕
· 벽돌, 진흙, 시멘트 블록

반면 석회페인팅을 하기에 부적절한 벽면들도 있다. 참고해 두면 도움이 될 것이다.

- 석면 시멘트
- 드라이월 Dry wall
- 흙손으로 강하게 문질러 다듬은 벽면
- 코팅 마감한 벽면
- 페인트칠한 벽면
- 기공이나 결이 없는 매끈한 벽면
- 석고 블록

─ 화이트 워시에 적당한 온도와 습도는?

석회페인트는 너무 빠르게 건조되면 안 된다. 그러므로 햇빛이 직접 닿지 않게 그늘을 만들어주고 바람이 센 곳이라면 어느 정도 바람을 막아줄 필요가 있다. 석회가 양생하는 데는 영상 5~30도 사이가 가장 좋다. 영상 5도 이하에서는 절대 석회페인트를 칠하면 안 된다. 즉 겨울철 시공은 금지다. 또 30도 이상의 더운 날씨에서는 물기를 축여가며 건조시킨다. 석회페인트를 바르고 난 후의 최초 2~3일은 매우 중요하다. 이때 반드시 적절한 습도와 온도를 유지시켜야 한다. 너무 건조하다 싶으면 물을 뿌려 주어 습기를 머금게 한다.

─ 석회페인트로 다양한 색깔 내기

석회페인트는 흰색이다. 화이트 워시란 말이 이를 직설적으로 말해준다. 여기에 다른 색의 수성 색소나 천연염료를 넣으면 보다 다양한 색상으로 집을 마감할 수 있다. 그러나 색소를 너무 많이 넣으면 오히려 실패하기 쉽다. 통기성과 접착성이 떨어지기 때문이다.

색조 석회페인팅을 하려면 원하는 느낌의 색이 나올 때까지 색소를 다양하게 배합하면서 벽면에 실험적으로 칠해보는 게 좋다. 석회페인팅이 두꺼울수록 색소 배합비율을 낮추고, 석회페인팅이 묽을수록 색소 배합비율을 높인다. 석회페인팅에는 물에 녹는 수용성 천연 색소를 사용하는데 천연 색소를 구하기 어렵다면 페인트가게에서 파는 일반 수용성 색소를 사서 사용해도 좋다. 또 곱게 채에 거른 흙을 석회페인트에 섞어 쓰기도 한다. 흙은 사실 황토만 있는 게 아니다. 색깔이 아주 다양하다. 즉 주요 함유 성분에 따라 백토, 흑토, 적토, 황토 등으로 구분된다. 한 가지 명심할 점이 있다. 석회페인트는 건조되면서 젖은 상태일 때보다 색상이 가벼워진다. 불투명하고 가벼운 색으로 바뀌는 것이다.

▬ 방수 화이트 워시

석회페인트의 방수성능을 높이기 위해 종종 양기름이나 아마인유, 혹은 건성유 계열의 식물성 기름(오동나무 기름, 포도씨유, 해바라기유)을 섞기도 한다. 물 3.8리터에 한 숟가락 정도의 기름을 섞어 석회반죽과 함께 혼합하는 것이다. 생석회를 수화시킬 때부터 아예 소량의 동물성 기름 덩어리를 집어넣는 방법도 있다. 그러면 열이 발생하면서 자연스럽게 기름성분이 섞이게 된다. 요즘에는 도막풀, 해초풀, 아마인유, 발수제, 방수제 도포 등 다양한 방식을 적용하고 있다.

▬ 석회페인트의 접착성을 높인다

대부분의 페인트는 기본 베이스Base, 색소, 접착성분으로 구성되어 있다. 석회페인트는 접착성분을 높여주기 위해 일종의 접착제를 첨가하여 사용한다. 이러한 접착제를 바인더Binder라고 부르는데 석회페인트에 추가하는 친환경적인 바인더에는 아마인유 계열의 수지, 우유 단백질인 카제인, 식물성 접착성분인 메틸 셀룰로오스(건재상에서 유니셀 또는 메도칠이란 상품명으로 판매한다) 등이 있다.

아마인유는 값싼 천연재료지만 시간이 지나면서 화이트 워시한 벽면을 누렇게 만든다. 우유 단백질의 일종인 카제인은 값도 싸고 색상을 변화시키지도 않는다. 물 3.8리터에 카제인 1.134킬로그램을 섞어 하룻밤 묵혔다가 석회페인트와 섞어 사용한다. 목질계 화학풀인 유니셀 또는 메도칠 역시 값싼 데다 습기 보존효과가 있어 석회페인트가 충분한 시간을 갖고 건조되도록 돕는다. 게다가 항균성과 발수성도 높여준다. 목질계 화학풀은 특히 기온이 높고 건조한 기후, 바람이 많이 부는 늦봄, 그리고 초가을에 사용하는 게 좋다. 습도가 높을 때에는 사용하지 않는다. 목질계 화학풀은 물 3.8리터에 약 20g 정도(한 봉지 분량)를 사용하는데 건재상에 가면 한

봉지 당 900~1,000원 정도에 살 수 있다.

  목공풀 등 접착제를 섞을 때는 칠하고자 하는 석회페인트 분량의 10퍼센트 정도를 미리 만들어 여기에 접착제를 잘 섞은 후 다시 나머지 석회페인트 90퍼센트와 함께 섞어서 사용한다. 색소를 넣고자 한다면 색소를 추가하기 전에 접착제를 먼저 넣는다. 접착제는 석회페인트를 잘 붙게 하고, 색소를 안정시키는 역할을 한다. 하지만 통기성과 내구성을 저하시키기도 한다. 그러므로 접착제를 첨가한 석회페인트가 전체 석회페인트의 10퍼센트를 넘지 않도록 주의한다. 접착제 가운데 아마인유나 메틸 셀룰로오스는 상대적으로 통기성 저하효과가 낮다.

─ 네 가지 화이트 워시 효과

석회와 물의 배합비율에 따라 표면 효과도 달라진다. 배합방법은 네 가지가 있으며, 석회반죽과 물을 배합할 때의 비율은 무게를 기준으로 삼는다.

석회코팅 (두꺼운 석회페인팅)   두껍고 불투명한 석회코팅. 붓질을 강하게 하면서 톡톡 치듯 바른다. 사전에 여러 번 얇고 가볍게 석회페인팅을 해준 다음 시공한다. 곧바로 두껍게 석회코팅을 하면 균열이 생기거나 건조되면서 탈착된다. 이때 석회와 물의 배합비율은 1:1로 하고 접착제는 전체 석회페인트(물 섞은 상태)의 10퍼센트가 넘지 않도록 배합한다. 색소는 석회가루 무게와 비교할 때 역시 5~10퍼센트를 넘기지 않도록 한다. 점토계 색소라면 10퍼센트, 광물성 산화물계 색소라면 5퍼센트가 적당하다. 황토벽에 석회마감을 하려면 불투명한 석회코팅을 해야 한다.

화이트 워시   석회코팅보다 얇지만 전반적으로 불투명하고 부분적으로 투명하면서 색상이 강하다. 매번 붓으로 두들겨줄 때마다 석회를 잘 저은 후 붓에 석회페인트를 묻혀가며 바른다. 석회와 물의 배합비율은 1:2~1:3 정도가 적당하고, 접착제는 전체량의 1~10퍼센트 이하로 한다. 색소는 석회가루 무게의 15(산화물계)~22퍼센트(점토계 염료) 이하로 배합한다.

반투명 워시(Lime Wash)   칙칙한 반투명의 수채화 느낌. 붓질은 원형으로 돌려가며 바르거나 일반적인 붓질과 같이 수직 또는 수평으로 바르되 붓을 톡톡 치거나 누른다. 석회와 물의 배합비율은 1:4~1:6 정도가 적당하다. 접착제는 전체 석회페인트의 1~10퍼센트 이하로 하고 색소는 석회가루를 기준으로 했을 때 35퍼센트(산화계 염료)~65퍼센트(점토계 염료) 정도로 배합한다.

투명 워시(Crystal Wash) 붓이나 스펀지를 사용하되 눌러 바르거나 톡톡 치듯 바른다. 석회와 물의 배합비율은 1:20 정도, 접착제 전체 석회페인트의 1~10퍼센트 이하로 섞는다. 색소는 석회가루 무게와 비교해서 산화계일 경우 55퍼센트, 점토계일 경우 95퍼센트 정도 섞는다.

회벽 보수를 위한 세코Secco와 프레스코Fresco 기법

석회페인팅을 하기 전에 반드시 석회페인트와 색소 배합을 실험해보자. 건조되면서 색상이 변하거나 균열이 생길 수도 있고, 접착성에 문제가 생기는 등 예기치 못한 변수가 발생할 수 있기 때문이다. 기후조건, 벽면조건, 배합비율에 따라 결과도 그때그때 달라진다. 일률적으로 적용할 수 있는 석회페인팅 공식이란 없다고 보아야 한다.

 석회페인트를 바를 때 한번에 너무 두껍게 바르지 않는다. 몇 번을 강조해도 지나치지 않을 만큼 중요한 사항이다. 한번에 두껍게 바르면 건조되면서 반드시 균열이 가고 떨어지게 마련이다. 외벽은 최소한 다섯 번 발라주고 내벽의 경우 세 번 정도 발라준다. 사실 바른다는 표현보다는 톡톡 치거나 눌러주면서 문지른다는 표현이 맞을 것이다. 거칠고 긴 붓으로 여러 번 문지르면 석회가 점점 단단해진다. 오래된 느낌을 주려면 스펀지로 문지르고, 매끈하고 단단한 느낌을 주려면 면이 미끈한 고무장갑을 끼고 꽉꽉 눌러주며 문지른다. 아주 고운 미세 모래나 섬유재(한지, 폐휴지, 수사)를 섞어 독특한 질감을 표현할 수도 있다. 가장 기본적인 석회페인팅 기법이 바로 세코와 프레스코이다.

━ 세코 기법

마른 회벽을 보수하고 양생하려면 세코 기법을 사용한다. 우선 마른 벽에 물을 뿌려 적신 후 여러 시간 또는 하룻밤 정도 놔둔다. 석회페인트를 잘 섞은 후 붓으로 톡톡 치거나 꾹 눌러주며 바르는데 이렇게 하면 석회페인트가 표면으로 잘 스며든다. 석회페인트가 너무 되직하면 물을 섞어 희석시키면서 바른다. 석회를 톡톡 치거나 눌러줄 때는 수직방향으로 이동하며 발라준 후 다시 수평방향으로 바른다. 마지막으로 다시 수직방향으로 발라주면 얼룩이 생기지 않게 골고루 바를 수 있다. 1~3일 정도 마르도록 놔두었다가 물을 약간 더 많이 섞은 석회페인트를 분무기로 살짝 뿌려준다. 이런 방식으로 석회물을 덧뿌려 주면 접착성이 높아지고 탄산화 반응이 잘 진행되어 더욱 단단하게 굳어진다.

▬ 프레스코 기법

프레스코 기법은 아직 마르지 않은 회벽면을 부분적으로 보수하거나 양생하고자 할 때 이용한다. 이때 새로 미장한 석회벽에 마치 세코 기법처럼 붓으로 톡톡 치거나 두들겨서 바른다. 단, 석회페인트의 배합은 석회와 물을 1:4~1:6 정도로 묽게 한다. 벽면은 붓질을 해도 기존에 바른 미장이 손상되지 않을 만큼 적당히 굳어 있어야 한다. 절대로 완전히 건조되어 있으면 안 된다. 습기를 적당히 함유하고 있어야 한다는 뜻이다.

베네치안 석회미장법

베네치안 석회미장법은 일종의 겹칠 미장법이다. 초등학교 미술 시간에 배우는 스크래칭(여러 가지 색의 크레용으로 바탕을 칠하고 검은색 같은 아주 진한 색으로 덧칠한 다음 동전이나 칼로 살짝 긁어 그림을 그리는 것)을 떠올리면 된다. 서로 다른 색이나 질감을 가진 소재로 겹칠한 다음 사포질을 하거나 문지르거나 혹은 스크래칭(긁기)하여 독특한 질감과 색감을 표현하는 방법이다. 베네치안 미장법의 기본 방식은 다음과 같다.

1. 헤라를 이용하여 15~30도 정도 기울여 바탕을 바른다. 헤라의 모서리를 사포로 둥글게 다듬어 미장재가 굳어 붙지 않도록 잘 닦아서 사용한다. 4시간 이후 덧칠한다.

2. 바탕칠을 한 다음 4시간 후에 다른 색으로 덧칠한다. 이때도 헤라를 이용하며 60도 정도 기울여 바른다. 덧칠은 같은 색 또는 다른 색(또는 다른 질감)의 미장재나 석회페인트를 사용한다.

3. 덧칠을 한 후 4시간 정도 지나면 방수나 발수 성분이 있는 천연재료로 마감 코팅을 하고 다시 24시간 정도 지난 후 군데군데 사포질을 한다. 사포질 후 천으로 먼지를 털어 내거나 헤라로 지나치게 돌출된 부분을 긁어낸다.

광택과 방수를 위한 타데락트Tadelakt 석회미장법

반짝이는 석회미장에 방수효과까지 높이고 싶다면 타데락트를 시도해보자. 타데락트는 모로코 궁궐이나 모스크에 사용되던 고대의 전통적인 미장법이다. 이것을 간단히 정리하면 다음과 같다.

1. 석회에 안료를 섞어 미장한다.
2. 압력을 주어 누르면서 흙손으로 반질반질하게 문지른다.
3. 어느 정도 양생된 후 약간 꾸둑꾸둑해지면 검은 조약돌이나 반들반들한 차돌로 힘 있게 문지른다. 이렇게 하면 석회미장 면에 광택이 난다. 요즘엔 연마기로 돌려 광택을 낸다.
4. 딱딱한 비누로 힘 있게 문지른다. 전통적으로 올리브 비누를 사용하는데 식물성 기름으로 만든 비누나 일반 비누를 사용해도 된다. 비누를 바르면 급속하게 탄산화 작용이 일어나 방수효과가 높아진다. 목욕탕이나 화장실, 주방 벽면, 샤워장 등에 타데락트 기법을 이용하는 것은 그 때문이다. 작은 붓으로 살짝살짝 비눗물을 칠한 다음 딱딱한 비누와 자갈로 세게 문지른다.

집에서 쉽게 만드는 천연페인트

밀크 카제인Casein 페인트는 목공 DIY족이나 생태주택을 지으려는 사람들이 즐겨 찾는 품목이다. 그러나 몇 가지 문제가 있다. 온통 제품화된 밀크 카제인 페인트뿐인 데다가 수입된 고급 천연페인트임을 내세우며 상인들이 엄청나게 비싼 가격으로 판매하기 때문이다. 작은 가구라면 몰라도 나처럼 건물의 벽면을 미장 도색하려는 사람들에겐 도무지 엄두가 나지 않는다. 사실 밀크 카제인 페인트는 미국 퀘이커 교도들이 전통적으로 집에서 만들어 사용하던 페인트다.

▬ 카제인Casein과 커크Quark, 커드Curds

카제인은 우유에서 추출한 단백질 성분이다. 이것으로 자연스럽고 부드러운 질감의 천연페인트를 만들 수 있다. 카제인 페인트는 내구성이 높으며 장점도 많다. 일단 칠하고 나면 쉽게 곰팡이가 슬지 않고, 남은 페인트를 버려도 자연에 큰 영향을 주지 않는다. 카제인은 단백질의 일종이라 손쉽게 퇴비로 만들 수 있다.

　카제인 페인트는 우유의 단백질을 응고시킨 커드를 이용해서 만든다. 지방이 포함된 우유는 응고되는 데 시간이 걸리므로 주로 탈지유를 이용한다. 커드는 커크라고도 부른다. 커크는 집에서도 쉽게 만들 수 있지만 상업적으로 응축시켜 놓은 카제인 가루를 살 수도 있다. 그러나 밀크 카제인 페인트가 아직 대중화 되지 않은 우리나라에서는 카제인을 소량으로 구하기가 쉽지 않다.

> ✻ **카제인, 커크, 커드 자세히 알기**
> 카제인은 우유에서 추출한 단백질 성분 혹은 우유 단백질로 만든 접착제를 일컫는다. 주로 소시지 파쇄 고기를 붙이는 식용 접착제로 쓰인다. 커크나 커드는 우유에 식초나 무화과즙, 또는 소의 네 번째 위에서 뽑아낸 레닛이란 효소를 넣어 단백질을 분리해낸 덩어리 상태를 말한다. 어떤 목적에 쓰려고 어떻게 추출했느냐에 따라 이름이 조금씩 다르다.

▬ 밀크 커크를 직접 만들어보자

커크나 커드를 만드는 방법은 의외로 간단하다. 레닛 효소를 쓰는 것이 가장 확실하지만 구하기 쉽지 않으므로 집에 있는 값싼 양조 식초를 사용한다. 따뜻하게 중탕한 우유에 양조 식초를 몇 숟가락 넣은 후 몇 시간 놓아두면 노란 물이 나오면서 우유 단백질이 순두부처럼 엉기기 시작한다. 탈지유를 구할 수 없으면 시중에서 파는 우유를 써도 좋다. 응고가 충분히 진행되면 면 헝겊에 받쳐서 단백질 덩어리를 걸러낸 뒤 하루 정도 말린다. 군침이 돈다면 먹어봐도 된다. 살짝 신맛이 난다.

― 밀크 카제인 페인트 만드는 방법

카제인 페인트를 만드는 방법은 아주 다양하다. 여러 가지 혼합물이 들어가며 배합 비율 역시 공식이란 게 없다고 봐야 할 정도다. 이럴 때일수록 페인트의 기본을 잘 이해해야 한다.

카제인 페인트로 덧칠할 때는 반드시 미리 칠한 도색이 완전히 굳은 다음 작업을 시작한다. 카제인 페인트는 굳으면서 점점 불투명해지기 때문에 빛이 통과하지 못한다. 따라서 하부의 칠이 완전히 마르는 것을 방해한다. 그러므로 너무 두껍게 칠하고 싶은 욕심은 버리는 게 좋다. 칠의 기본은 '얇게, 여러 번' 바르는 것이다.

카제인 페인트는 사용하는 접착제와 바탕재 혹은 색소에 따라 만드는 방법이 달라진다. 카제인은 페인트의 3대 요소인 바탕재, 접착제, 색소 중 접착제에 속한다. 산성인 카제인과 알카리성인 석회나 붕사를 섞어 반응시키면 강력한 접착제가 되기 때문이다. 우선 가장 간단한 밀크 페인트 제조 방법부터 알아보자.

커크 석회페인트(Quark-Lime)   접착성이 높은 커크 페인트를 만들려면 석회를 섞는다. 석회를 섞은 커크 페인트가 붕사를 섞은 경우보다 발수성이 높다.

색소를 미리 물에 개어 연고처럼 만든다. 그릇에 커크를 담고 미리 물과 반응을 시켜 만든 소석회반죽과 잘 섞는다. 여기에 색소를 넣어 젓는다. 커크 석회페인트는 흡수성이 좋은 벽에 적합한데 묽게 사용하면 투명한 칠이 되고 되직하게 칠하면 불투명해진다. 목재에도 사용할 수 있다. 덧칠을 여러 번 하면 불투명해져서 목재의 결이 보이지 않는다.

석회는 반죽상태로 커크에 섞는다. 너무 되게 느껴지면 조금씩 물을 섞으면서 덩어리를 없앤다. 색소는 미리 물에 잘 개어 연고처럼 만들었다가 섞는다. 원하는 색상이 나올 때까지 색소의 양을 조절한다. 점성은 바탕재(석고나 백분)의 양에 따라 달라진다.

커크 석회페인트를 바를 때는 작은 판자나 벽체의 작은 부분에 먼저 실험적으로 칠을 해보아야 한다. 쉽게 붓질이 되지 않는다면 물을 더 첨가하고, 완전히 굳은 후에 쉽게 금이 가거나 부스러진다면 접착성을 높이도록 석회나 카제인 혹은 붕사를 조금 더 넣는다. 커크 석회페인트는 주로 큰 붓으로 툭툭 치듯이 칠해야 효과적이다. 칠하는 동안 그릇에 담긴 페인트를 휘저어 준다. 커크 석회페인트는 두어 시간 만에 마르고 하룻밤 후에는 충분히 건조된다. 지속성이 높으며 걸레질을 할 수도 있다. 목재에 바를 때는 초벌이 완전히 마른 후 덧칠한다.

약 2평방미터를 바르는 데 필요한 페인트를 만들려면 아래와 같은 비율로 재료들을 배합한다.

- 커크 250그램
- 소석회반죽 28그램 (약 두 스푼)
- 56그램 정도의 물에 잘 갠 색소
- 적당량의 바탕재 (석고나 백분)

카제인 분말 붕사페인트(Casein-Borax) 카제인 페인트는 미국 퀘이커 교도들이 주로 가구나 실내에 칠을 하기 위해 사용하던 것이다. 이것을 카제인 분말 붕사페인트라 부르는 이유는 상업적으로 대량 생산된 카제인 분말을 이용하기 때문이다.

내수성이 뛰어난 페인트로 보통 이 위에 아마인유나 왁스 코팅을 한다. 먼저 색소를 물에 개어 연고처럼 만들어 놓은 후, 카제인 분말을 그릇에 담아 차가운 물을 붓고 하룻밤을 묵힌다. 하룻밤 물에 불린 카제인을 믹서로 잘 분쇄하여 부드럽게 만든 후 붕사를 넣어 섞는다. 이때 뜨거운 물에 중탕해서 완전히 녹인 붕사를 식혀서 사용한다. 혼합반죽이 치약처럼 될 때까지 섞는다. 그 다음 바탕재(석고, 실리카, 고운 모래, 대리석가루, 백묵가루 등등)를 넣고 잘 섞은 후 한 시간 반 정도 숙성시킨다. 다시 물에 잘 개어둔 색소를 넣고 골고루 섞는다. 필요한 점도에 따라 물을 섞어 크림처럼 만든다. 점성이 떨어지면 붕사와 카제인 또는 바탕재를 더 넣고, 너무 되직하면 물을 추가한다. 원하는 색이 나올 때까지 색소의 양을 조절한다. 두어 시간 지나서 어느 정도 굳으면 덧칠을 한다.

약 12평방미터를 바르는 데 필요한 페인트를 만들려면 아래와 같은 비율로 재료들을 배합한다.

- 카제인 분말 150그램 (1컵과 1/2컵)
- 차가운 물 1리터
- 뜨거운 물에 중탕해서 녹인 붕사 500그램 (1/2컵, 사용할 때는 식혀서)

· 뜨거운 물 250 밀리미터 (1컵)
· 바탕재 백분(석고, 백분, 대리석가루, 실리카, 고운 모래 등등) 500 그램 (2컵과 1/3컵)
· 물에 연고처럼 미리 개어놓은 천연색소 150그램 (1컵과 1/4컵)

> **✳ 천연페인트 재료를 파는 곳**
>
> 붕사는 화공약품 상회에서 구입할 수 있다. 10킬로그램이 2만원~2만 2천원 사이다. 천연 아마인유나 테레빈Turpentine은 신원무역상사(www.swct.co.kr)에서 구매할 수 있다. 화구 전문 사이트 에니스몰(http://www.anismall.com/)도 아마인유를 아주 값싸게 판매한다. 물론 제품별로 가격차가 상당하지만 홀아트사의 테레빈과 쉴드사의 아마인유(Linseed Oil)는 4리터에 16,000원 정도이다. 밀크 카제인은 하남시에 있는 대오라텍스 (www.dae-o.co.kr 031-793-5000)나 Nuri Plus (http://nuri.tv, 031-749-9460)에서 구입할 수 있다. 25킬로그램짜리 한 포 단위로 판매하며 소량은 신원무역상사에서 구매할 수 있다. 유색 점토나 광물성 색소는 석산요업(www.dojaginara.co.kr)에서 살 수 있다. 감귤류 희석제는 인터넷 데코페인트(decopaint.co.kr)에서 구할 수 있다. 레몬이나 귤껍질을 맘껏 구할 수 있는 환경이라면 이것을 압착한 후 물기를 증발시켜 사용하면 된다. 물론 제품화된 정제 감귤류 희석제(Citrus Thinner)보다 질은 떨어진다.

▬ 집에서 쉽게 만드는 밀가루풀 페인트

밀가루 페인트는 집에서 가장 손쉽게 만들 수 있는 천연페인트다. 밀가루풀은 천연 페인트의 접착제 역할을 한다. 색소를 결합시키고 바탕에 잘 붙게 만든다. 유색 점토는 바탕재와 천연색소 역할을 한다. 유색 점토나 광물성 색소는 석산요업에서 구할 수 있다. 바탕재로 점토대신 백분, 석회, 석고, 대리석 가루, 실리카 등을 사용할 수 있다. 독특한 질감을 원한다면 알갱이가 거친 바탕재를 사용하면 된다. 대리석 가루를 섞으면 반짝이는 효과를 얻을 수 있다. 곱게 친 모래를 적당히 사용해도 좋다. 때에 따라 식물성 섬유를 잘게 잘라 섞어 질감을 내기도 한다.

밀가루 페인트를 롤러로 바르면 자칫 두껍게 칠해질 염려가 있다. 그래서 주로 딱딱한 붓을 쓴다. 일단 거친 붓으로 밀가루 페인트를 초벌한 다음 약간 굳으면 젖은 스펀지나 붓으로 부드럽게 문질러서 바탕재의 질감을 드러낸다.

1리터 정도의 밀가루 페인트를 만들려면 아래와 같은 비율로 재료들을 배합한다.

· 밀가루 (찹쌀가루 또는 기타 녹말가루) 1컵
· 5 1/2컵 정도의 차가운 물

- 곱게 채에 친 1컵 분량의 점토

  (전문 화구상에 가면 다양한 색상의 점토가루를 구할 수 있다)
- 1/2컵 분량의 바탕재 (석회, 석고, 실리카, 대리석 가루, 백분 등)

▬ 밀가루 페인트 만드는 순서

1. 밀가루에 차가운 물을 2컵 정도 붓고 덩어리 지지 않게 골고루 섞는다.
2. 뜨거운 물 1컵을 더 넣고 골고루 섞는다.
3. 낮은 불에 올려놓은 후 휘저어 치약처럼 만든다.
4. 불에서 내려놓은 후 2컵 정도의 물을 조금씩 부으면서 묽게 희석시킨다.
5. 다른 그릇에 바탕재로 쓰일 점토(또는 기타 바탕재)를 질감을 표현할 다른 바탕재와 함께 섞어 놓는다. 색깔 있는 점토를 바탕재로 쓸 경우 별도의 색소가 필요 없다. 그러나 석회나 석고, 백분 등과 같은 흰색의 바탕재를 사용할 경우에는 별도의 색소를 혼합한다. 첨가하는 색소의 양은 원하는 색상에 따라 다르다.
6. 바탕재를 묽게 희석한 밀가루풀과 섞는다. 원하는 점도에 따라 바탕재 양을 조절한다.

> ※ **밀가루 페인트를 쓸 수 있는 곳**
>
> 밀가루 페인트는 대부분의 실내가구나 내벽에 사용할 수 있다. 목재, 벽면, 돌, 벽재, 흙이나 석고, 석회미장벽, 벽돌, 이미 한번 칠해진 바탕에 덧칠할 때도 쓰인다. 용도가 아주 다양한 페인트이다. 밀가루 페인트는 특히 흙미장이나 석회미장에 적합하다. 흙벽의 발수성을 높이기 위해 찹쌀풀을 발랐던 경우도 같은 맥락이다. 외벽에 사용하려면 발수성을 조금 더 높일 수 있도록 밀가루 페인트를 칠한 후 우묵가사리나 도박이풀 등의 천연 발수제를 바른다. 곰팡이가 필까봐 걱정된다면 석회나 석고, 소금이나 천연방충제인 연잎 혹은 방아 잎을 섞는다. 쑥이나 모시풀, 혹은 녹차를 우려낸 물로 풀을 쑤거나 그대로 섞어 사용해도 좋다.

그 방에 누워보면 안다

바닥 시공에서 가장 중요한 것 역시 "어떤 방바닥을 원하는가?"를 아는 일이다. 본인이 원하는 바를 정확하게 알지 못한 채 시공 방법에만 신경을 쓰는 것은 어리석은 처사다. 사람에 따라 기준이 다르겠지만, '따끈하고 뽀송뽀송한 방바닥'은 가장 이상적인 방바닥의 모습이다. '따뜻하고 뽀송뽀송한 방바닥'이라는 말을 들으면 기분이 좋아지지만 '눅눅한 바닥'은 생각만으로도 끔찍하지 않은가? 그러나 겨울이 없는 아프리카 사람들이나 입식생활을 하는 서양인들에게는 좋은 방바닥의 조건이 다를 것이다. 서양인들은 '단단한 바닥'을 우선으로 친다. 그래서 나무나 돌바닥으로 바닥을 만들고 그 위에 카펫이나 러그Rug를 깔아 바닥의 차가움을 보완한다.

바닥에 관한 추억과 욕망

'비닐 장판'은 서민들이 가장 많이 사용하는 바닥 마감재다. 예전에는 가장 값싸고 시공하기 편한 마감재였지만, 디자인과 재질이 다양해진 요즈음에는 결코 싸지 않은 바닥재가 되었다.

'기름 먹인 한지 장판'은 80년대까지 부잣집의 상징이었다. 은은한 노란빛이 도는 한지 장판은 깊은 품격과 정성을 느끼게 한다. 그러나 시공하기가 까다롭다. 습기에 약해 쉽게 눅눅해지고 곰팡이가 잘 피고 물걸레질을 오래하다 보면 여기저기 종이가 일어나기도 한다.

주부들은 '강화마루'처럼 나무 무늬가 들어있는 인공 바닥판재를 선호한다. 물걸레질이 쉽기 때문이다. 그러나 흙집에는 강화마루가 어울리지 않는다. 시공방법도 흙집과 어울리지 않는다. 강화마루는 산업자재인데다가 시공법 역시 현대의 건축물에 맞게 발전되어왔기 때문이다. 비용 부담도 크다. 그러나 다양한 나무 무늬는 우리의 미적인 욕구를 자극하고 유혹한다.

표면을 코팅한 강화마루는 차가운 느낌을 준다. 그래서 나는 여유가 생긴다면 옛날 학교에 깔았던 마루와 같은 원목마루를 시공해보고 싶다. 여러 가지 불편한 점이 있는데도 원목마루를 선호하는 것은 아마도 어린 시절에 대한 향수 때문이리라.

바닥이라고 다 같은 바닥은 아니다. 거실, 안방, 다용도실, 화장실, 서재, 작은 방……, 어떤 때는 방바닥마다 서로 다른 소재를 이용해보고 싶은 생각이 굴뚝같다. 그러면 발과 손에 닿는 느낌도 제각각일 터인데. 욕망은 이쯤에서 접어두자. 집을 짓다보면 단순하고 쉬운 게 최고란 생각이 다른 감각적인 욕망들을 압도하니까.

바닥을 깔 때 명심해야 할 여섯 가지 사항
방바닥을 시공할 때 반드시 고려해야 할 기본적인 사항들을 알아보자.

― 습기 차단
'뽀송뽀송한 방바닥'을 원한다면 무엇보다 지면에서 올라오는 습기를 막아야 한다. 습기를 막지 못하면 어떤 방식으로 시공하든 바닥이 들리거나 눅눅해진다.

― 바닥 단열
'따끈한 바닥'에 눕고 싶은가? 그렇다면 난방을 하기 전에 바닥에서 올라오는 냉기부터 차단해야 한다. 난방과 보온보다 더 중요한 것은 바닥 단열이다. 더운 여름철, 습기가 많은 지역에서는 바닥 단열이 더욱 더 중요하다. 지면에서 올라오는 냉기와 더운 여름날의 습한 공기가 만나 응결이 생기는 것을 원하지 않는다면 기초부 외부와 바닥 단열을 빠뜨리지 말아야 한다.

― 난방 보온
난방열의 15퍼센트 정도는 방바닥을 통해 빠져나간다. 구들 난방이나 난방 배관의 열을 빼앗기지 않으려면 보온 처리는 물론 바닥 축열을 통해 난방열이 오랫동안 식지 않도록 한다.

― 배관 경로
난방 배관을 할 경우 보일러 센서는 일반적으로 침실에 설치하게 되는데 이 경우

보일러 가동은 침실 온도에 따라 조정된다. 그 결과 침실은 따뜻해져도 거실이나 작은 방 등 침실 외 공간은 춥다. 침실 보일러는 이미 센서에 설정해놓은 목표 온도에 도달해 가동이 중단되기 때문이다. 물론 방마다 센서를 달고 자동조절 밸브를 설치하면 해결되겠지만 비용이 많이 증가한다. 거실이나 목욕탕처럼 자주 사용하는 공간을 경유해서 난방 배관이 분기되도록 하면 주요 생활공간과 침실의 온도 차이를 줄일 수 있다.

▬ 수평 시공

바닥에 누워서 자면 수평 차이가 얼마 안 돼도 어지럽게 느껴진다. 또 바닥 수평이 맞지 않으면 강화마루 같은 바닥재 시공시 문제가 될 수 있다. 바닥 흙을 다질 때부터 수평을 유지하면서 각 단계를 시공하면 최종적으로 수평을 맞추기가 쉬워진다. 미장 전문가라도 대부분 눈대중과 손짐작으로 수평을 맞추는 경우가 대부분이어서 아주 완벽하게 수평을 맞추기란 어려운 일이다.

수평가로대를 이용해서 시공하면 효과적이다. 먼저 세로 수평칸막이를 적당한 간격으로 수평을 맞춰 바닥에 깔고, 그 사이에 바닥 재료를 깐다. 그리고 세로 수평가로대에 걸쳐 가로 수평가로대를 지그재그로 밀면서 바닥 재료(흙, 모래 등)를 세로 수평칸막이 높이에 맞춰 깐다. 세로 수평칸막이를 걷어낸 빈자리에 바닥 재료를 넣어 깔면 완벽하게 수평을 잡을 수 있다.

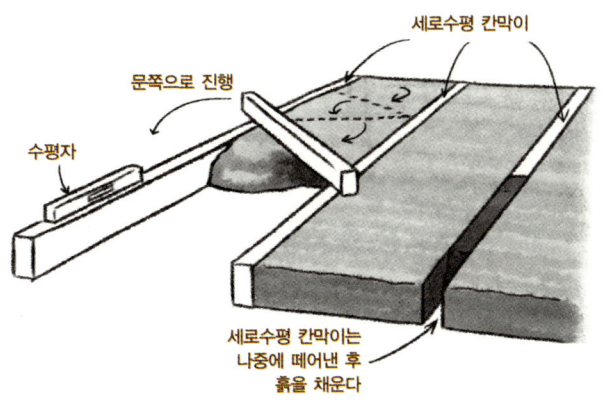

| 바닥 수평 시공 방법 |

─ 바닥 궁합

흙집은 흙집에 맞는 바닥 시공방법이 따로 있다. 목조주택은 목조주택에 맞는 방법이 있고, 한옥은 한옥에 맞는 시공법이 있다. 흙부대 주택은 흙집이다. 그러므로 흙집에 어울리는 바닥을 시공해야 가장 잘 어울리고 비용도 적게 든다. 물론 흙부대 건축에도 다양한 시공법을 적용해볼 수 있다. 강화마루를 깔 수도 있고 시멘트 바닥을 놓을 수도 있다. 구들을 놓거나 장판을 깔 수도 있다. 그러나 흙부대 건축에 가장 잘 어울리는 바닥은 역시 흙바닥이다.

흙으로 만든 방바닥의 단점은 습기에 취약하고 물걸레질이 어려우며 먼지가 많이 난다는 것이다. 그러나 강화처리만 약간 해주면 부드럽고 따뜻한 느낌을 줄 뿐 아니라 관리비용도 적게 들고 걸레질에도 끄떡없으며 광택효과까지 낼 수 있다. 흙바닥에 천연오일을 덧칠하고 강화시키면 먼지나 부스러기가 생기지 않는다.

진흙반죽으로 입식 바닥 만들기

외국의 흙부대 집이나 코브 하우스는 입식문화이기 때문에 공간 난방을 주로 한다. 우리처럼 바닥 난방(구들이나 바닥 보일러 배관)을 하지 않는다. 그래서 방바닥을 까는 방법도 매우 간단하다. 입식 바닥을 만드는 방법은 크게 5단계로 나눈다. 먼저 자갈로 밑바닥을 깐 다음, 흙과 모래(자갈), 볏짚 등을 반죽해서 1차~3차 바닥을 깐다. 위로 올라갈수록 흙이나 모래, 볏짚을 더욱 곱고 가늘고 짧게 하는 게 비법이다. 마지막으로 오일과 왁스로 코팅처리를 하면 습기와 압력에 강한 흙방바닥이 완성된다.

─ 밑바닥 만들기

방수재를 깐 후 흙을 8센티미터 정도 덮는다. 흙을 까는 것은 자

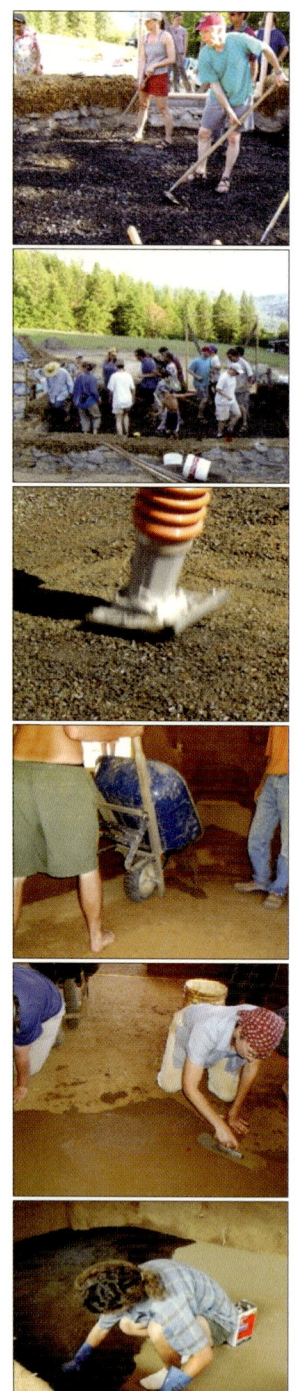

진흙반죽으로 입식 바닥을 만드는 모습

갈을 다질 때 비닐이나 방수재가 찢기지 않도록 하기 위해서다. 흙 위에 30센티미터 가량 자갈을 깔고 단단히 다져 밑바닥을 만든다. 자갈을 깔면 바닥이 단단해지고 자갈 사이 공극으로 인해 바닥의 습기가 올라오는 것을 한 번 더 막아준다. 세게 다져가며 밑바닥을 깔아야 흙바닥에 균열이 생기지 않는다. 이때 전동 탬퍼Tamper나 나무공이를 사용해서 다진다.

─ 1차 바닥 깔기

거친 흙과 거친 모래(와 자갈)를 1:3~1:4 비율로 섞고 여기에 길게 썬 볏짚을 넣고 반죽해서 5~8센티미터 가량 깐다. 거친 모래는 수축, 잔금, 균열을 방지하고 강도를 높여준다. 진흙은 접착제 역할을 한다. 길게 자른 볏짚단은 단열성능을 높여주고 균열이 생기지 않도록 한다. 석회를 섞으면 바닥이 더욱 단단해진다.

─ 2차 바닥 깔기

1차 바닥이 어느 정도 말라 꾸둑꾸둑해지면 채에 거른 흙과 채에 거른 고운 모래를 1:2.5~1:3 비율로 섞고 잘게 썬 볏짚을 넣은 후 반죽해서 흙손으로 여러 번 잘 문지르며 바른다. 이때 볏짚은 충분히 물에 불려 숙성시킨 후 사용한다. 약 3~5센티미터 두께로 깔아준다. 만약 1차 바닥이 너무 말랐으면 2차 바닥을 깔기 전에 물을 적셔준다.

─ 3차 바닥 마감

2차 바닥이 말라 꾸둑해지고 바닥에 균열이 생기면 다시 아주 고운 채에 걸러 숙성시킨 진흙과 고운 모래를 1:2 비율로 섞는다. 여기에 잘게 썰어 숙성시킨 볏짚을 넣고 반죽하여 부드러운 케이크 크림처럼 만든 후 압력을 가하면서 여러 번 흙손으로 바른다. 두께는 0.5센티미터 이하가 좋다. 덧바를 때마다 점점 더 얇게 바른다.

─ 오일과 왁스 코팅

방바닥은 반드시 완전히 마른 후 아마인유를 발라야 곰팡이가 생기지 않는다. 아마인유를 바르기 전 여러 번 흙손이나 빈 병 등으로 꾹꾹 눌러 문지르면서 단단하게 만든다. 이렇게 바닥을 단단하고 반들거리게 해줘야 아마인유와 같은 오일로 코팅을 했을 때 더욱 광택이 나고 단단해진다.

> *** 오일과 왁스를 이용한 흙바닥 강화처리**
>
> 흙바닥이 완전히 마르면 아마인유를 끓인 후 테레빈 오일이나 시트러스 오일과 같은 천연 시너(Thinner, 희석제)로 희석해서 네 번 이상 바른다. 추가로 바를 때마다 희석제를 더 넣어 묽게 만든다. 제일 먼저 아마인유를 그대로 끓여서 천이나 붓으로 얇게 바른다. 그 다음 아마인유와 천연 시너를 75:25 비율로 혼합해서 다시 한 차례 붓으로 발라준다. 그리고 아마인유와 천연 시너를 50:50 비율로 혼합해서 바른다. 마지막으로 아마인유와 천연 시너를 25:75로 혼합하여 얇게 발라준다. 천연 시너 비율을 높여가며 점점 묽게 해주는 이유는 흙바닥에 쉽게 침투하고 쉽게 건조시키기 위해서다. 아마인유가 마르려면 시공 방법에 따라 최소 5일에서 15일 이상 걸린다. 방에 충분히 불을 때며 말린다. 일단 마르고 나면 시멘트 바닥처럼 단단해진다.
>
> 아마인유를 바르기 전에 방바닥을 깨끗이 닦아낸다. 창과 문을 열고, 반드시 보호구(보호안경, 마스크, 고무장갑)를 착용하고 작업한다. 천연 시너가 아닌 화학 희석제를 사용해서 아마인유를 바르면 건조되면서 독소가 방출되므로 바닥이 완전히 마른 다음 방에 들어간다. 아마인유를 바르면 기름이 먹어들어 가면서 흙바닥 색이 조금 더 진하게 바뀐다. 고유한 흙색을 유지하고 싶으면 흙반죽을 시공할 때 중탕해서 녹인 붕사를 섞는다. 그러면 어느 정도 색 침투를 막을 수 있다.
>
> 마지막으로 밀랍왁스를 발라주거나 건성유 계열의 식물성 기름인 포도씨유, 해바라기유, 콩기름, 동백기름, 땅콩기름이나 과실유, 목재기름을 발라준다. 이때 붕사를 중탕으로 녹여 함께 바르거나 진흙반죽에 붕사를 섞어서 바르면 방바닥은 습기에 더욱 강해진다. 게다가 물기에 젖는 것도 막을 수 있다. 붕사를 구하기 어려우면 중탕해서 녹인 밀랍왁스와 아마인유를 50:50으로 섞어서 바른다. 밀랍왁스는 방바닥 온도가 높은 구들바닥일 경우에는 사용하지 않는다. 보일러 배관일 경우도 바닥이 얇게 시공되었다면 바닥 온도가 높이 올라갈 수 있는데 밀랍왁스가 녹을 수 있으므로 부분적으로 실험한 후 사용한다.

흙다짐으로 입식 바닥 만들기

흙과 모래 볏짚 섞은 것을 아주 세게 다져서 바닥을 만들기도 한다. 이 같은 흙다짐 방식은 흙을 반죽하는 수고를 덜어준다. 방법은 흙반죽으로 바닥을 시공하는 것과 비슷하다. 다만 자갈로 밑바닥을 깐 후 1~2차 흙바닥을 깔 때 반죽하지 않고 그대로 강하게 다져서 깐다는 점만 다르다. 3차 마감 때는 반죽한 흙으로 마감한다.

▬ 밑바닥 만들기

진흙반죽으로 입식 바닥을 만드는 방법과 같은 방식으로 비닐을 깐다. 흙을 얹은 후 자갈을 깔고 단단하게 다진다.

▬ 1차, 2차 바닥 깔기

진흙반죽으로 입식 바닥을 만들 때와 같은 비율과 높이로 흙, 모래(자갈), 볏짚을 반죽하지 않고 마른 상태로 섞어서 깐 다음, 전동 탬퍼나 공이로 강하게 두들겨 다진다. 바닥의 넓은 부분은 전동 탬퍼로, 구석은 공이나 각목과 고무망치로 구석구석 다져준다. 1차보다 2차 바닥을 깔 때 더욱 곱고 가는 모래와 흙을 섞어 사용한다. 볏짚 역시 더욱 짧게 잘라 쓴다. 볏짚은 건조되면서 흙바닥 안에 공극을 만들어 단열성능을 높이고 균열을 방지한다. 모래는 바닥의 강도를 높여주는 역할을 한다. 석회를 넣으면 바닥의 강도를 더욱 높일 수 있다.

▬ 3차 바닥 마감

진흙반죽 입식 바닥을 만들 때와 같이 아주 곱게 채에 거른 흙과 모래, 아주 잘게 썬 볏짚을 섞어 반죽하고 숙성 시킨다. 그런 다음 부드러운 케이크 크림처럼 만들어 압력을 가하면서 여러 번 흙손으로 발라준다. 두께는 0.5센티미터 이하가 적당하다. 덧바를 때마다 더 얇게 바른다. 만약 다짐 방식으로 마감하려면 아주 곱게 거른 마른 흙과 고운 모래를 1:2 비율로 섞은 후 전동 탬퍼나 나무공이로 강하게 두들기며 다진다. 두께는 1센티미터 정도가 좋다.

▬ 오일과 왁스 코팅

아마인유나 밀랍 왁스로 코팅하는 방법은 '진흙반죽으로 입식 바닥 만들기'에서 설명한 방식과 같다. 단 바닥 마감을 흙반죽으로 했을 경우엔 아마인유를 바르기 전 여러 번 흙손으로 문지르거나 빈 병을 문질러서 미리 반들거리게 다듬어야 한다. 다짐방식으로 마감한 경우라면 빨래 방망이나 작은 공이로 여러 번 두들겨서 반들거리게 만들어준 다음 아마인유를 발라야 효과가 있다.

좌식 바닥을 위한 흙바닥 시공

좌식 생활을 하는 한국의 흙집은 구들이나 보일러 배관을 해서 바닥 난방을 한다. 이 같은 난방법을 적용하려면 시공방식이 입식과 분명하게 달라야 한다. 흙을 이용해서 방바닥을 만드는 방법은 매우 다양하다. 어떤 한 가지 방법만을 최상이라고 장담할 수 없다. 그러나 바닥 난방을 할 때 고려해야 할 기본적인 사항을 이해한다면 창조적이며 다양한 방법을 시도해볼 수 있을 것이다.

바닥 시공은 크게 네 개 층으로 구분한다. 습기를 막기 위한 방습층, 땅의 냉기를 막기 위한 단열층, 난방 배관이 들어가는 난방층, 그리고 바닥면을 말끔하고 단단하게 보호하기 위한 마감층이다.

▬ 방습층

방습층은 습기를 막고 방바닥의 기초 바탕을 마련하는 데 목적이 있다. 밑바닥 흙을 잘 다진 후 2센티미터 이하 크기의 자갈을 10~30센티미터 두께로 깔아준다. 자갈 사이의 공간이 만들어내는 공기층이 습기를 빨아올리는 모세관 현상을 막아준다. 즉 습기가 상승하는 것을 막는다. 이 방법만으로도 충분히 습기를 막을 수 있다. 그러나 서양 사람들과 달리 우리는 방바닥에 누워서 자기 때문에 약간의 습기조차 문제가 될 수 있다. 그러므로 자갈 위에 살짝 흙을 덮은 후 비닐을 깔아 확실하게 습기를 막아주는 게 좋다. 비닐을 깔기 전에 흙을 덮는 이유는 비닐이 자갈에 찢어지는 것을 방지하기 위해서다. 비닐은 벽면과 바닥이 만나는 부분에서 위로 접어 벽으로부터 들어오는 습기도 확실하게 막는다.

▬ 단열층

단열층은 바닥에서 올라오는 냉기를 막고 바닥 난방열을 빼앗기지 않도록 하는 데 목적이 있다. 천연재료만으로 단열하는 방법과 화학단열재를 사용하는 방법 두 가지가 있다.

▬ 천연재료를 이용한 단열층 만들기

방습층 비닐 위에 잘 마른 볏짚을 10센티미터 이상 두께로 충분히 촘촘하게 깐다.

볏짚을 까는 이유는 볏짚 위의 진흙이 자갈 속으로 밀려 내려가지 않게 하고 충분한 공기층을 만들기 위해서다. 볏짚 위에 볏짚을 넉넉히 섞은 진흙반죽을 10센티미터 정도 깐다. 이렇게 만든 단열층은 두터운 공기층을 형성해 바닥에서 올라오는 냉기를 막아준다. 볏짚이 충분히 들어가고 또 잘 건조된 경우에는 두드릴 때 '퉁' '퉁' 하는 빈 소리가 난다. 충분히 마르면 난방층 시공을 한다.

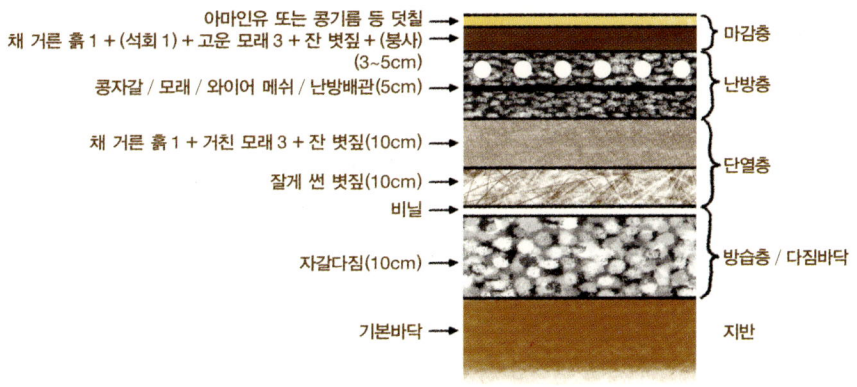

| 보일러 배관 시 볏짚이용 흙바닥 시공방법 1 |

━ 화학 단열재로 단열층 만들기

열반사 단열재인 은박 보온포와 부피 단열재인 압축 스티로폼만 이용해서 단열층을 만들 수 있다. 반사 단열재인 은박 보온포는 유연성이 있기 때문에 빈구석 없이 깔 수 있다. 그 위에 10센티미터 두께의 압축 스티로폼을 깔아 간단히 단열층을 만든다. 종종 은박 보온포를 밑에 깔지 않고 압축 스티로폼 위에 까는 경우도 있다. 이렇게 하면 빈 공간이 생기므로 바닥이 잘 다져지지 않거나 균열이 생기는 원인이 된다. 은박 보온포는 반드시 부피 단열재인 압축 스티로폼 밑에 깔아야 한다. 일반 스티로폼을 사용하는 경우에도 바닥이 강하게 다져지지 않으므로 꼭 압축 스티로폼을 사용한다.

━ 난방층

보일러 난방 배관은 난방층에 깐다. 난방 배관을 보호하고 보온하기 위해서다. 방습층, 단열층 시공을 끝낸 후 그 위에 바닥용 철망을 깔고 여기에 난방관(주로 엑셀관)

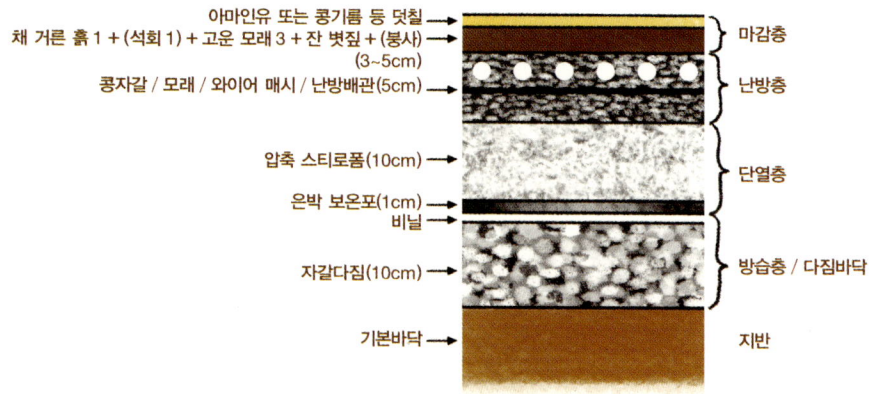

| 보일러 배관 시 보온재 사용 흙바닥 시공방법 2 |

을 성근 철망에 묶어가며 고정시키면 된다. 난방 배관 주위로 난방열을 축열할 수 있도록 콩자갈과 모래를 섞어 촘촘히 깐다. 콩자갈과 모래의 두께는 난방 배관을 살짝 덮을 정도면 충분하다. 약 5~10센티미터가 좋다. 그리고 나서 반드시 충분하게 다져준다.

─ 마감층

방바닥을 매끄럽게 정리하고 단단하게 만든다. 배관과 콩자갈과 모래를 깔아 난방층을 만들고 그 위에 곱게 채에 거른 황토와 고운 모래를 1:2~2.5 비율로 섞는다. 여기에 아주 가늘게 썬 볏짚을 넣어도 좋다. 바닥을 더욱 단단하게 하려면 석회를 황토 분량만큼 섞어주면 된다. 이렇게 만든 흙반죽을 3~5센티미터 정도 흙손으로 압력을 주면서 문질러 깐다. 반죽이 마르면서 작은 금들이 생길 수 있는데, 이때 아주 곱게 채에 거른 황토와 고운모래를 1:2 비율로 섞고 잘게 썬 볏짚을 반죽하여 여러 날 숙성시킨 다음 발라주면 잔금을 없앨 수 있다. 물기가 바닥에 스미지 않게 하고, 벌레가 들지 않게 방충 성능을 높이려면 중탕한 붕사를 흙반죽에 섞는다.

─ 오일과 왁스 코팅

바닥이 완전히 마른 후 아마인유를 끓여서 네 차례 정도 바른다. 흙바닥이 시멘트처럼 단단해질 뿐 아니라 물걸레질에도 끄떡없다. 단, 아마인유를 바르기 전에 흙손질을 여러 번 해서 흙바닥을 반들거릴 정도로 단단하게 만들어야 한다. 또한 흙바닥을 충분히 말려야 한다. 진흙반죽을 하지 않고 흙다짐 방식으로 바닥을 마감한 뒤 아마인유를 발라도 좋다. 흙다짐의 경우도 충분히 말린 다음 나무 방망이로 두들겨서 반질거릴 정도로 만들어 놓는다. 그런 다음 오일이나 왁스 코팅을 한다. 아마인유나 밀랍 왁스를 바르는 방법은 입식 바닥을 만드는 방법에서 설명한 바와 같다. 밀랍 왁스가 없다면 건성유 계열인 오동나무 기름, 땅콩기름, 포도씨유, 해바라기씨유 등을 사용한다. 밀납 왁스칠은 바닥온도가 높은 구들바닥에는 적합하지 않다.

> **※ 시멘트 바닥과 흙바닥 결합**
>
> 보일러 배관을 하고 흙반죽 또는 흙다짐 마감을 하게 되면 쉽게 다져지지 않거나 건조 후 균열이 생기는 경우가 있다. 난방 배관(엑셀관 등) 주위를 감싸는 난방층 콩자갈과 모래가 충분히 다져지지 않았거나 난방 배관(엑셀관)을 충분히 감쌀 정도의 높이까지 콩자갈이나 모래를 깔지 않았을 때 균열이 생긴다. 이런 경우 쿠션이 생겨서 잘 다져지지 않는다. 흙반죽일 경우에도 단단하게 받쳐주는 힘이 적기 때문에 바닥에 균열이 생긴다. 사실 흙바닥 시공은 어떤 방법이든 쉽지 않다.
>
> 대안으로 난방 배관과 콩자갈, 모래를 깔아 난방층을 만든 후에 시멘트와 모래를 1:3 비율로 섞어 엑셀관을 살짝 덮을 정도로 바른다. 시멘트 바닥이 건조되면 살짝 물을 뿌려 적셔주고 다시 3~5센티미터 정도로 곱게 채에 거른 흙과 모래, 볏짚을 섞어 숙성시킨 후 바른다.

구들 난방을 위한 흙바닥 시공

구들을 깐다면 벽체의 기초부는 돌기초로 하거나 흙과 모래·석회(시멘트)를 사용한 강화흙부대를 구들돌 높이 이상 쌓는다. 그리고 불길에 영향을 받지 않도록 강화흙부대를 충분한 두께로 여러 번 흙미장한다. 기초부는 벽체보다 너비가 넓은 강화흙부대를 이용하거나 충분한 너비로 돌기초를 쌓아서 턱을 만든다.

▬ 방습층 및 다짐바닥

구들 시공의 경우 방습층 시공은 기본바닥 위에 비닐을 깐 후 흙과 석회, 모래를 1:1:3 비율로 섞어 20센티미터 이상 깔고 강하게 다져 만든다.

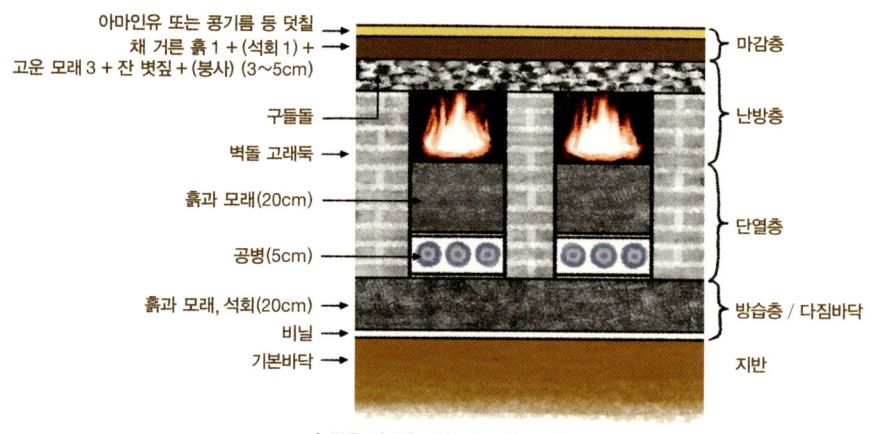

| 구들 난방을 위한 흙바닥 시공 |

▬ 단열층

방습층 위에 공병을 깔고 다시 흙과 모래를 1:3 비율로 섞어 20센티미터 정도 두께로 깐 후 단단하게 다진다.

▬ 난방(가열)층

벽돌이나 막돌로 고래둑과 함실, 개자리 등을 만들고 그 위에 구들돌을 꼼꼼하게 얹고 구들돌 사이사이를 황토 반죽 새침으로 메운다. 구들 시공의 세부적인 방법에 대해서는 이 책에서 다루지 않는다.

▬ 마감층

구들돌 위에 곱게 채에 거른 황토와 고운 모래, 가는 볏짚, 석회 등을 섞은 흙반죽을 3~5센티미터 정도 흙손으로 압력을 주면서 바른다. 세부적인 혼합비율과 아마인유, 왁스 코팅 및 붕사를 이용한 마감 방법은 보일러 배관 시 흙바닥 시공 방법에서 설명한 바와 같다.

> ※ **지역과 기후에 따라 달라지는 바닥 시공법**
> 나무나 흙벽돌, 점토 타일, 편편한 돌 등 다양한 자연자재를 이용해서 바닥을 만들 수 있다. 중요한 점은 사용하고자 하는 재료가 집을 짓는 지역에서 흔하게 구할 수 있는 자연자재인가 하는 것이다. 기후에 따라서도 바닥 시공법이 달라진다. 어떤 자재나 시공법을 택하든, 바닥 시공의 기본을 충분히 이해한다면 상황에 맞게 응용할 수 있을 것이다.

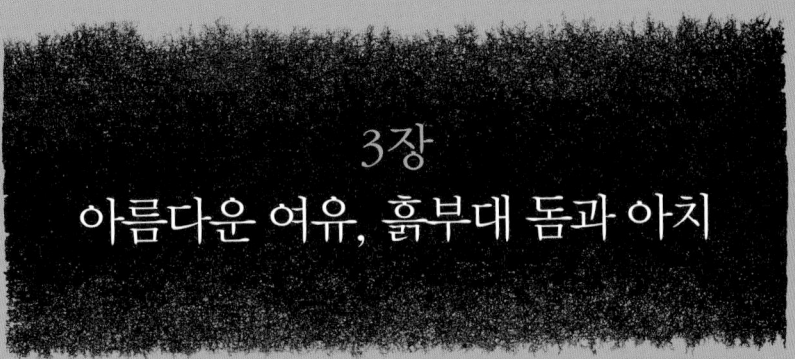

3장
아름다운 여유, 흙부대 돔과 아치

벽과 지붕이 하나로

흙부대 건축은 기둥이나 보를 사용하지 않는 무골조 건축으로 시작되었다. 기본형은 벽과 지붕이 하나로 연결되어 지붕골조가 따로 필요 없는 돔Dome형 주택이다. 돔이야말로 흙부대 건축이 지향하는 가장 경제적이고 단순한 형태이기 때문이다. 돔 형태에는 벽체 골조는 물론 별도의 지붕골조나 지붕 마감재가 따로 필요 없다. 따라서 비용 절감이 가장 어렵다는 지붕 시공비를 줄일 수 있다. 게다가 들어가는 자재도 몇 가지 안 되고, 시공 방법 역시 단순하다.

구조적 안정성과 공간적 미가 돋보이는 돔

돔과 아치Arch는 오랫동안 사용되어온 기하학적 건축형태이다. 돔은 구조적으로 안전할 뿐 아니라 공간 내외부의 단순함과 미학적 아름다움을 근거로 확장성까지 경험하게 해준다. 돔 건축은 오늘날에도 여전히 많은 사람들에게 선택받고 주목받는 건축방법이다.

─ 돔이란 무엇인가?

돔은 수평과 수직면의 두 곡선이 결합되어 만들어진다. 원형 벽체는 일반적인 직벽체에 비해 구조적인 안정성이 높다. 아치 역시 구조적 특징으로 인해 수직 하중을 분산시키기 때문에 구조적으로 안전하다. 돔은 벽체와 지붕을 구분할 수 없는 하나의 연결체로서 원형 벽체와 아치의 장점을 결합한 형태라고 볼 수 있다.

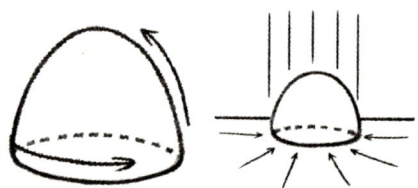

| 돔의 구조와 힘의 작용 |

─ 아치와 돔

아치는 단면이고, 돔은 아치의 입체적 형태이다. 돔 역시 아치처럼 수직 하중을 좌우앞뒤 사방으로 분산시킨다. 사방으로 벌어지려는 강한 횡력이 작용한다. 경사가 가파를수록 수직 하중은 좌우로 분산되면서 횡적 팽창력이 커지고, 경사가 완만할수록 수직 하중이 커지는 반면 횡적 팽창력은 작아진다. 아치의 좌우에 버팀 지지벽이 필요한 것처럼 돔 역시 둘레에 횡적 팽창력을 버텨줄 지지물이 필요하다. 사실 돔은 버팀 지지벽이 없어도 어느 정도 횡적 팽창력을 버틸 만큼 구조적으로 안전하다.

─ 횡적 팽창력을 막아주는 지지물

돔 건축 사례들을 자세히 보면 창이나 문 주위에 날개처럼 튀어나온 버팀벽이 있거나 돔 아랫부분 둘레에 흙부대를 두껍게 덧 쌓아놓은 것을 알 수 있다. 이들은 모두 수직하중이 분산되면서 벌어지려고 하는 횡적 팽창력을 막아준다. 긴 흙튜브 돔의 하단부에 덧쳐진 흙튜브도 횡적 팽창력을 막아주는 역할을 한다. 이런 지지물 대신에 돔의 수직면 곡선이 시작되는 기준선을 지면 아래에서 시작해서 흙부대를 쌓아 흙부대 주위의 지면이 그 자체로 지지물 역할을 하게 만들 수도 있다. 돔 건축에서는 이처럼 횡적 팽창력을 막아주는 지지물 시공이 매우 중요하다.

돔 하단부의 횡적 팽창력을 막아주는 지지물을 보여주는 사례들

━ 돔은 기준 반지름이 5미터 이하일 때 가장 안전하다

흙부대 돔은 기준 반지름을 5미터 이하로 할 때 구조적으로 가장 안정하다. 5미터 이상이면 버팀벽 시공을 해야 한다. 이러한 제약 때문에 흙부대로 돔을 만들 때는 작은 돔들을 여러 개 연결해서 공간을 구성한다. 큰 돔 내부를 여러 개의 공간으로 분할하여 구성하고자 할 때는 내벽을 외벽과 단단하게 연결하여 돔 구조를 내부에서 받치도록 하면 안정성을 높일 수 있다.

| 돔의 다양한 공간 분할과 구성 방식 |

안전한 흙부대 돔 건축을 위한 설계

돔은 아래로 내려갈수록 직경이 커지고 위로 올라갈수록 작아진다. 그러므로 돔을 흙부대로 쌓으려면 사전 설계에 따라 정확하게 계산해야 한다. 전체 높이, 높이에 따른 지름의 변화, 그에 따른 돔 내외면 곡률의 변화, 돔의 수직면 곡선이 시작되는 기준선의 위치 등 모든 것이 정확한 비율에 따라 구현되지 않으면 돔이 붕괴될 수 있다.

▬ 돔의 기준선과 설계 요소들

돔 건축에서는 돔 내외부의 곡면이 시작되는 위치인 기준선이 매우 중요하다. 먼저 이 기준선에 따라 위치를 잡고 그에 적합한 돔의 높이, 높이에 따른 반지름의 변화, 그리고 기초부의 깊이와 두께 등을 면밀하게 계산해서 적용한다.

기준선이 낮을수록 돔은 구조적으로 더욱 안정된다. 돔 곡선의 경사가 급해지면 수직 하중이 옆으로 분산되기 때문에 구조적으로 안정된다. 그 반대의 경우, 수직하중이 강하게 작용한다.

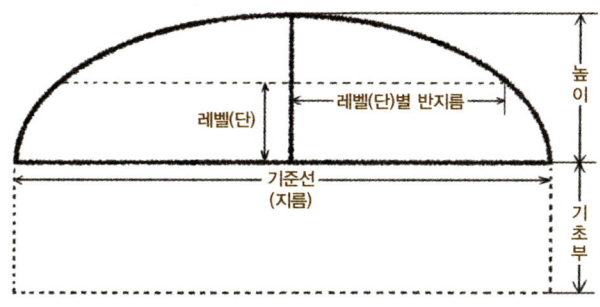

| 돔 설계의 기본 요소인 기준선과 지름, 높이, 레벨별 반지름 |

흙부대 돔 건축에서는 무게로 인한 수직 하중을 최대한 줄이기 위해 기준선 지름과 높이를 같게 만든 가파른 형태의 돔을 주로 만든다. 사실 흙부대만 아니라면 돔은 기준선과 반지름에 따라 반구형, 펑퍼짐한 형, 오목형 등 다양한 형태로 구현할 수 있다.

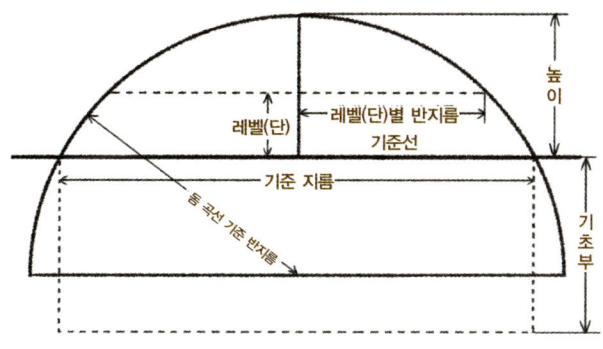

| 돔 Dome 그릴 때 고려할 각 요소들 |

━ 흙부대 돔 그리기

돔을 짓기 전에 종이 판지 위에 1/10 비율로 축소된 돔을 그려보자. 여기서 얻어진 값은 돔 건축에 실제로 적용되는 중요한 기준이 된다.

> ※ **돔 계산기를 이용하자**
>
> 돔에 대해 더 공부하고 싶은 사람들은 모노리틱 돔 연구소(Monolithic Dome Institute) 사이트를 참조하기 바란다. 이 연구소에서 서비스하는 사이트의 돔 계산기(http://www.mono-lithic.com/plan-design/calcs/advanced.html)를 이용해서 여러 가지 수치를 얻을 수 있다. 단, 돔 건축에 사용하는 재료가 무엇이냐에 따라 변수가 생긴다는 점을 잊지 말아야 한다. 특히 흙부대로 돔을 지으면서 이 사이트에서 얻은 계산 값을 적용할 때는 여러 측면을 신중히 고려한다. 돔 계산기의 기본 단위가 다르다는 점 역시 잊지 말아야 한다.

1. 두꺼운 판지 위에 수평으로 기준선을 그린다. 기준선은 돔의 바닥 넓이인 동시에 돔 곡선이 시작되는 기준이다.
2. 기준선 정중앙에 수직으로 기준선 길이와 같은 높이로 수직선을 긋는다. 이 수직선이 돔의 높이가 된다.
3. 수평 기준선 양쪽 바깥으로 기준선의 1/4 길이로 연장한 지점을 기준으로 실이나 컴퍼스를 이용하여 반대편 수평 기준선 끝에 맞춘 길이로 원을 그린다.
4. 반대편도 같은 방법으로 곡선을 그린다. 그러면 양쪽에서 그린 곡선이 돔 높이를 표시하기 위해 그려놓은 수직선과 교차한다. 이렇게 생긴 곡선이 돔의 내부 곡선이다.
5. 흙부대나 흙튜브 넓이를 더해서 돔 외곽선을 그린다. 이때 돔 내부 곡선을 그릴 때 기준으로 잡았던 기준점을 그대로 이용한다. 다만 기준선의 반대쪽 끝에서 흙부대 또는 흙튜브 두께 만큼 더 연장한 곳에서부터 곡선을 그린다.
6. 돔 정중앙에 있는 수직선을 대략 1센티미터 간격으로 분할한다(그림의 1센티미터는 실제의 10센티미터다. 흙부대나 흙튜브를 쌓다보면 밑부분이 더 많이 눌리게

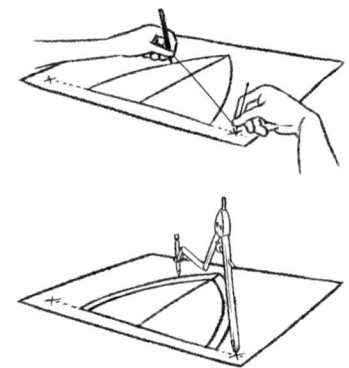

| 돔 기준선과 내외부 곡선 그리기 |

마련이다. 그러므로 흙부대나 흙튜브의 평균 두께를 기준으로 수직선을 분할하면 실제 적용할 때 오차가 생긴다. 그래서 10센티미터 단위로 잘게 나누는 것이다).

7. 수직 분할한 레벨(높이)마다 자를 이용해서 수평으로 돔 내부 곡선까지 직각으로 선들을 그린다. 이 선의 길이가 돔 내부의 반지름이다.

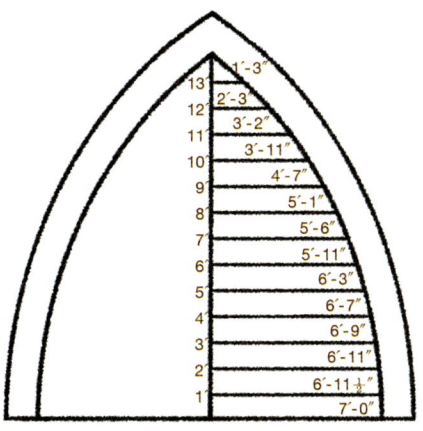

| 돔 높이 변화에 따른 내경 반지름의 변화 |

이렇게 그린 그림을 참조해서 실제 흙부대(흙튜브)를 쌓다보면 기준선으로 잡은 위치부터 흙부대가 한 단 한 단 올라갈 때마다 직경이 좁아지는 것을 알 수 있다. 실제로 돔을 쌓을 때는 금속 파이프나 쇠사슬 등으로 만든 대형 컴퍼스를 이용한다.

빠르고 간단한 흙부대 돔 시공

이제 본격적으로 그 어떤 건축보다 빠르고 간단한 흙부대 돔 건축방식을 살펴보자. 돔 건축은 일반 흙부대 건축과 달리 기초, 창호, 지붕과 처마, 방수처리에 약간의 차이가 있다. 기초부터 미장에 이르기까지 돔 건축의 차이들을 살펴보며 세부적인 공정들을 하나씩 알아가보자.

낮은 바닥과 기초 놓기

흙부대 돔의 바닥을 만들고 기초를 놓는 방법은 크게 두 가지인데, 방바닥을 지면보다 낮출 것인가 높일 것인가에 따라 달라진다. 방바닥 높이는 결국 돔의 기준선 위치에 영향을 준다. 기준선을 지면 가까이로 낮출수록 돔의 안정성은 높아진다. 반대로 기준선을 지면 위에 높게 잡으면 그만큼 안정성도 낮아진다.

    흙부대 돔의 경우 바닥 지름과 돔의 높이가 같아야 하므로 집 크기에 비해 상대적으로 높은 집이 된다. 기초를 닦을 때 바닥을 낮게 잡으면 그만큼 전체 돔의 높이를 낮출 수 있다. 우리나라는 비가 많이 오는 편이기 때문에 일반적으로 바닥의 높이를 지면보다 높게 잡는다. 그렇다고 돔 주택의 바닥을 높게 잡으면 전체 건물의 높이가 지나치게 높아진다. 그만큼 미장면도 많아진다.

▬ 낮은 바닥 기초 만들기

흙부대 돔의 바닥면이 될 가상의 원 중심에 쇠말뚝을 박는다. 중심 쇠말뚝에 쇠사슬이나 고리달린 노끈을 묶은 후 돔 기준선의 반 정도 길이에 흙튜브 너비(흙을 담아 다졌을 때 평균 너비)와 외벽 단열재 두께를 더한 길이를 반지름 삼아 땅바닥에 원을 그린다. 즉, 돔 주택의 바닥 외경(외벽 둘레까지의 반지름)을 기준으로 원을 그린다. 원을 그린 후 원 내부에 있는 흙을 모두 적절한 기초 깊이까지 파낸다. 낮은 바닥 기초를 만들 경우 바닥과 기초부 방수 처리에 꼼꼼히 신경을 써야 한다.

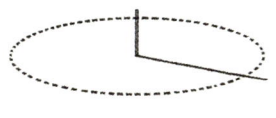

| 낮은 바닥 기초 만들기 |

■ 쇠파이프 컴퍼스 설치하기

기초 바닥을 다 팠다면 한가운데에 돔을 쌓으면서 내외경 기준을 잡을 쇠파이프 컴퍼스를 설치한다. 쇠파이프 컴퍼스는 수직 파이프 기둥에 고정할 수 있는 'T'자 브라켓Bracket을 이용하여 또 다른 파이프를 직각으로 매단다. 이 쇠파이프 컴퍼스를 이용해서 흙부대나 흙튜브를 정확히 내외경에 맞춰 쌓을 수 있다.

■ 흙부대 다지기

흙부대나 흙튜브를 다지면 평평해지면서 퍼지는데 이때 흙부대(또는 튜브)의 너비가 약 2.5센티미터 정도 늘어난다는 것을 반드시 감안해야 한다. 따라서 공이로 다지기 전에 돔의 내경보다 바깥쪽으로 늘어나는 만큼 더 밀어서 쌓는다.

■ 기초부 흙부대(흙튜브) 쌓기

낮은 바닥을 다 팠으면 돔의 기초부 흙튜브나 흙부대를 쌓는다. 기초부 맨 아래 첫 단 흙부대는 두 겹으로 하여 자갈을 채워 깐다. 이렇게 하면 습기가 올라오는 것을 방지할 수 있다. 두 겹 자갈채움 흙부대 위에 석회 또는 시멘트를 흙과 섞어 만든 강화 흙부대를 지면 높이까지 쌓는다. 지면에서 올라오는 습기를 막기 위해서다. 기초부 바깥쪽 지면과 닿는 부분에는 단열과 방수를 위해 방수포와 스티로폼을 댄다. 그리고 기초부 윗부분 바깥쪽에 막돌자갈을 다져 깔아 빗물을 빼낼 프렌치 드레인 French Drain을 만들어 둔다.

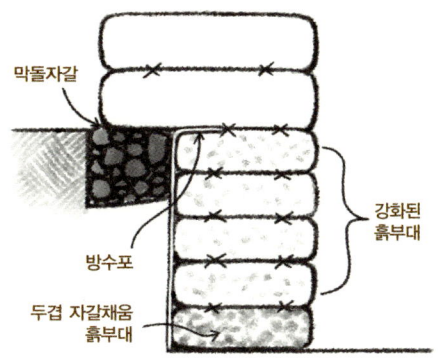

| 낮은 바닥 기초부 쌓는 방법 |

▬ 기초부 폐타이어 쌓기

지면 위 기초부에서 최소 2~3단 이상은 일반 흙부대보다 넓은 흙부대(약 50센티미터 이상)나 자갈을 채워 다진 폐타이어를 쌓는다. 이렇게 하면 돔의 횡적 팽창력을 잡아둘 수 있다. 기초부의 강화흙부대와 벽체 하단부의 큰 너비 흙부대(또는 폐타이어) 사이에 방수포를 깔아 습기 상승을 막는다. 큰 너비 흙부대(또는 폐타이어) 위에 다시 맨흙을 담은 일반 크기의 흙부대나 흙튜브를 쌓아 올린다.

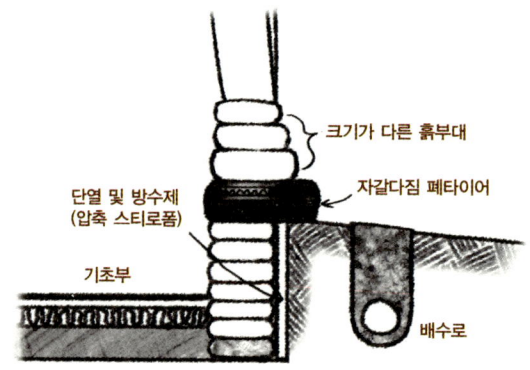

| 자갈다짐 폐타이어를 이용한 낮은 바닥 기초 |

높은 바닥 기초(자갈도랑 줄기초)

높은 바닥 기초는 우리나라와 같이 비가 많이 오는 지역에 적합한 돔의 기초 방식이다. 일반 흙부대 건축에서 사용하는 자갈도랑 줄기초 방식과 같다.

▬ 줄기초 만들기

흙부대 돔의 바닥면이 될 가상의 원 중심에 쇠말뚝을 박고 여기에 쇠사슬이나 고리 달린 노끈을 묶는다. 이 끈을 이용해서 돔 기준선의 반지름을 기준으로 원을 그린다. 반지름에 흙부대나 흙튜브의 두께와 외벽 단열재 두께를 더해 다시 한 번 원을 그린다. 돔의 내경과 외경을 기준으로 두 개의 원을 그리고 두 원 사이의 흙을 파내어 줄기초를 놓을 도랑을 만드는 것이다.

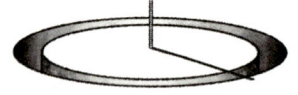

| 높은 바닥 줄기초 방식 |

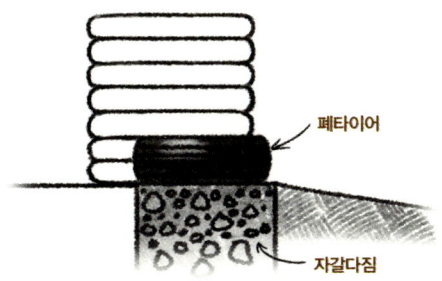

| 높은 바닥 자갈다짐 줄기초와 폐타이어 기초부 |

— 자갈 다져 넣기

줄기초 도랑을 다 팠으면 도랑 안으로 지면 높이까지 잡석 자갈을 단단하게 다져 넣는다. 자갈다짐한 도랑에 다시 자갈을 다져 넣은 폐타이어를 놓고 그 위에 일반 흙부대보다 너비가 넓은 흙부대(또는 튜브)를 최소 2~3단 이상 쌓는다. 이 위에 일반 크기의 흙부대나 흙튜브를 쌓는다.

> ※ **돔 주택에 기초를 놓을 때 주의할 점**
> 위에서 설명한 두 가지 기초 방식 외에도 흙부대 주택에 사용하는 여러 가지 방식을 응용할 수 있다. 차이가 있다면 돔 주택의 경우 벽체 하단부에 돔의 횡적 팽창력을 저지하기 위한 큰 너비의 흙부대나 흙튜브를 사용한다는 점이다. 폐타이어를 쓰지 않고 석회나 시멘트를 흙과 섞어 만드는 강화흙부대를 사용할 수도 있다.

흙부대 돔 벽체 쌓기

돔은 벽체와 지붕이 구분되지 않은 채 이어진다. 여기서는 편의상 구분하지 않고 벽체라고 표현한다. 돔의 벽체를 쌓을 때는 곡선이 시작되는 기준선, 즉 돔 벽체의 흙부대나 흙튜브를 들여쌓기 시작하는 기준선이 매우 중요하다. 이 기준선은 지면 아래 기초부터 시작될 수도 있고 지면 위 기초 위에서 시작될 수도 있다.

— 들여쌓기

돔의 곡선이 시작될 때는 앞서 설명했던 높이별 반지름의 변화, 즉 중앙에 세운 컴퍼스에서 돔 벽체까지의 거리의 변화에 따라 들여쌓기를 한다. 벽체는 단마다 높아

지면서 점점 안쪽으로 기울어지다가 결국 한가운데 맨 꼭대기에서 만나게 된다.

들여쌓기를 하면 아랫단 흙부대(튜브)보다 윗단 흙부대(튜브)가 안쪽으로 더 나온다. 윗단 흙부대(튜브)는 아랫단에 일부만 걸치게 된다. 아랫단에 걸치지 않고 나오는 너비는 10센티미터 이하일 때 안정적이다. 물론 아랫단에 걸치는 정도는 기본적으로 돔을 설계할 때 계산한 높이에 따라 반지름 값에 변화를 준다. 중앙에 세운 컴퍼스는 높이에 따른 반지름 변화를 정확하게 맞춰주는 도구이다.

▬ 외경을 반지름으로 삼는다

흙부대나 튜브를 쌓을 때는 돔의 내경이 아니라 외경, 즉 바깥쪽까지의 반지름을 기준으로 삼는다. 흙부대를 다지면 아랫단에 걸리지 않고 허공에 내민 부분이 밑으로 쳐지면서 안쪽으로 퍼진다. 흙부대를 다질 때 안쪽으로 퍼지는 정도가 바깥쪽으로 퍼지는 정도보다 많기 때문에 변화가 적은 바깥쪽을 기준으로 흙부대를 쌓는 것이다.

▬ 흙부대 너비를 다르게 한다

돔의 특성상 윗단으로 갈수록 곡률의 변화(경사도)가 커지기 때문에 허공에 돌출되는 부분이 많아진다. 그래서 아랫단으로 갈수록 너비가 넓은 흙부대를, 위로 갈수록 너비가 좁은 흙부대를 사용한다. 하지만 흙부대(튜브)의 너비를 점진적으로 다르게 만들기가 어려우므로 돔 하단부에서 횡적 팽창력을 막아주는 서너 단 정도만 두터운 것을 사용하고 나머지는 일반 너비(흙을 담아 살짝 다졌을 때 35~40센티미터)의 것을 사용한다. 물론 흙부대 사이사이에 철조망을 한두 줄씩 까는 것과 중간에 철근쐐기를 박는 것도 잊지 말아야한다.

▬ 꼭대기 처리법

흙부대(튜브)는 돔의 맨 꼭대기에서 서로 만나 꽉 조이게 된다. 이때 꼭대기에 환기구를 끼워 넣거나 천창을 만들어준다. 때로 갓을 씌우기도 한다. 철망매시나 철조망을 얹은 다음 흙부대를 올려 막아버리기도 한다.

긴 흙튜브와 창호틀을 이용해서
돔에 창과 문을 만드는 모습

창과 문 만들기

흙부대 돔은 모두 곡선으로 이루어져 있다. 그래서 창호를 다는 방법이 수직벽에 설치하는 방법과 조금 다르다. 간단히 말하자면 첫째, 직선의 나무 상인방을 사용하지 못한다. 돔은 옆면이 곡선으로 돌아가기 때문이다. 둘째, 일반적으로 아치형 창호를 사용한다. 곡선벽에는 아치 창호가 자연스럽기 때문이다. 셋째, 돔은 아래에서 위로 가면서 안쪽으로 기울어져 있다. 경사가 있다는 뜻이다. 따라서 창문 위아래의 경사로 인한 깊이 차를 고려하여 두께가 넓은 박스형 틀을 사용한다.

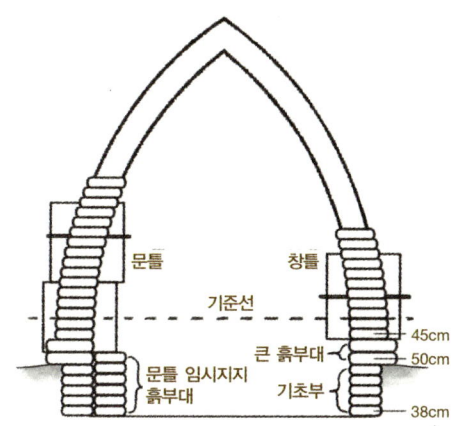

| 돔에 창호틀을 설치하는 방법 |

▬ 버팀벽 세우기

창과 문, 창과 창, 문과 문 사이 벽체의 간격이 좁다면 다음 그림처럼 버팀벽을 세워야 한다. 문이나 창 주위가 구조적으로 취약하기 때문이다. 버팀벽을 세울 때는 버팀벽과 돔 벽체를 하나로 연결하기 위해 수평연결판을 중간 중간 박아 고정시키거나 맞물리게 한다. 돔 주택에서는 아치문을 주로 사용하는데 문 주위 역시 구조적으로 취약하므로 버팀벽을 세운다. 이때 문틀을 고정할 수평고정판을 미리 삽입하고 지지목을 대어 아치문을 만든다.

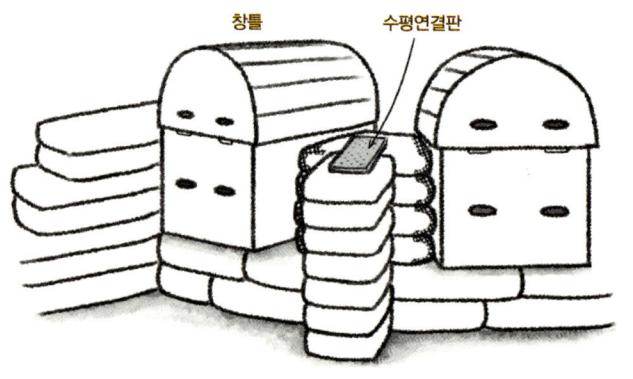
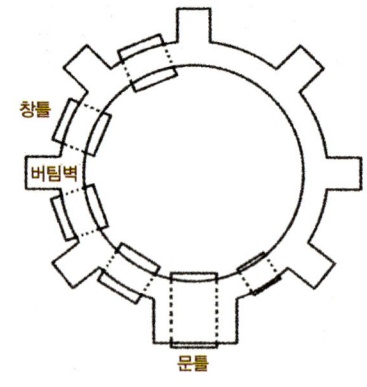

| 창 주위의 버팀지지벽 설치 |

─ 경사가 심하면 캐노피를 단다

돔의 경사가 심하면 아치문 위에 눈썹을 얹듯이 캐노피 Canopy를 달아야 한다. 캐노피를 달려면 아치를 쌓을 때 돔의 경사로 인한 깊이 차이를 충분히 만회할 정도의 길이로 확장 지지판을 넣어가며 만든다. 그리고 확장 지지판을 받침대로 사용해서 그 위에 흙부대나 튜브 또는 흙과 모래 볏짚반죽을 쌓는다. 이때 방수제나 발수제를 코팅한다. 긴 흙튜브를 그대로 사용하여 캐노피 덮개로 쓰기도 한다. 목재와 합판 또는 함석판으로 틀을 만들고 아스팔트 싱글이나 그 밖의 다른 재료를 덮어서 간단하게 만들 수도 있다.

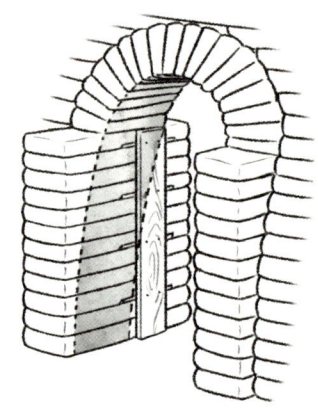

| 문 주위의 버팀벽과 지지목 설치 |

다락방 또는 2층 만들기

돔은 바닥 면적에 비해 천정이 높기 때문에 다락이나 2층을 만들어서 공간을 보다 효율적으로 사용할 수 있다. 흙부대(튜브)로 집을 지으면 다락방이나 2층을 만들기가 별로 어렵지 않다. 주의할 것은 아치창이나 문을 만든 후 최소한 2~3단 이상 흙부대(튜브)를 쌓아 전체 돔을 하나로

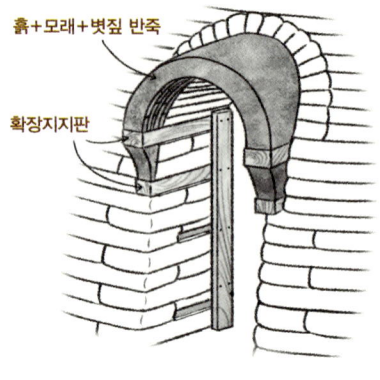

| 문 위의 캐노피 만드는 방법 |

묶은 다음, 장선을 깔아서 다락이나 이층을 만들어야 한다는 점이다. 이렇게 만든 다락이나 2층은 흙부대를 높이 쌓을 때 혹은 돔 천장을 미장할 때 좋은 발판이 된다.

▬ 다락(2층) 만들기

흙부대(튜브) 돔 벽체에 적당한 굵기의 통나무로 장선을 걸친 후 그 위에 마루 판재를 깐다. 장선을 흙부대(튜브)에 걸칠 때는 수평연결판을 받치고 까는 게 좋다. 장선 사이사이에 철조망을 깔고 다시 흙부대를 꼭꼭 끼워 넣어 좌우로 움직이지 않게 한다. 이때도 컴퍼스로 정확히 측량하며 작업한다.

▬ 바닥 마감

다락방 판재 위에 다시 각목으로 받침목을 깐다. 그 사이에 압축 단열재를 넣은 후 다시 합판이나 기타 판재를 덮고 장판이나 카펫, 멍석 따위를 깐다. 다락이나 2층의 바닥을 마감할 때는 여러 가지 방법을 적용해 볼 수 있다.

| 장선을 깔고 판재를 얹어 다락방 만들기 |

처마가 달린 돔 지붕

맨살을 드러낸 돔의 지붕은 아무래도 우리나라 건축 정서에 잘 맞지 않는다고 생각하는 사람들이 많다. 하지만 비단 취향의 문제만은 아니다. 우리나라처럼 비가 많이 오는 경우에는 아무래도 지붕에 처마가 있는 게 좋다. 미니스커트처럼 돔에 곁처마를 달아보면 어떨까?

▬ 곁처마 달기

곁처마를 달려면 처마 받침용 확장 서까래를 돔에 부착해야 한다. 수평연결판을 이

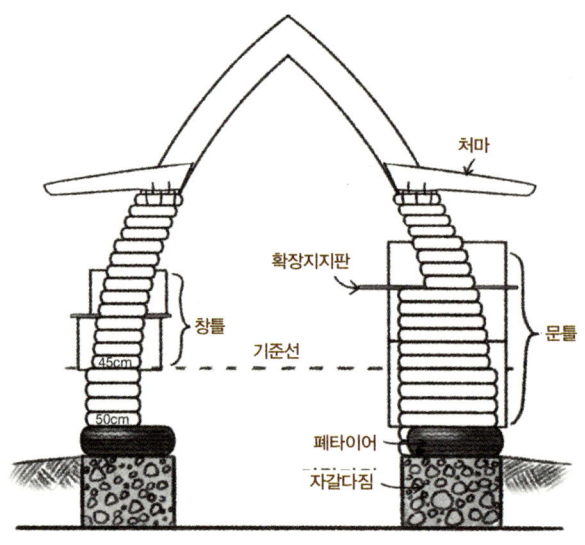

| 돔에 곁처마 달기 |

용해서 동일한 높이의 흙부대(튜브) 벽체 위에 빙 둘러 처마 받침(처마 서까래)을 고정시킨다. 수평연결판을 쓰는 이유는 처마 받침대가 놓이는 부분에 가해지는 하중을 가능한 한 넓게 분산시키기 위해서다. 처마 받침을 끼워 넣을 때에도 컴퍼스 막대를 이용해서 정확한 각도와 간격을 조정한다. 일반 주택의 서까래처럼 지붕골조와 연결되는 게 아니라 돔 벽체에 끼우기 때문에 하중을 분산시키려면 상대적으로 촘촘하게 받침을 만들어야 한다. 물론 처마 받침의 두께와 처마의 길이, 목재의 무게, 돔 둘레의 길이 등 여러 가지를 고려하여 만든다.

─ 처마 받침 끼우기

돔의 처마 받침은 모로 세워 벽체에 끼워 넣는다. 벽에 걸리는 부분은 턱을 만들어 처마 받침이 수직수평으로 걸리도록 만든다. 처마 받침은 수평연결판에 의지해 흙부대에 단단히 고정시키고, 수평연결판은 아연도금 대못으로 흙부대에 박아 고정시킨다. 수평연결판 위에 철조망을 둥글게 돌려서 깐 다음 처마 받침 사이사이에 흙부대를 놓아 좌우로 고정시킨다.

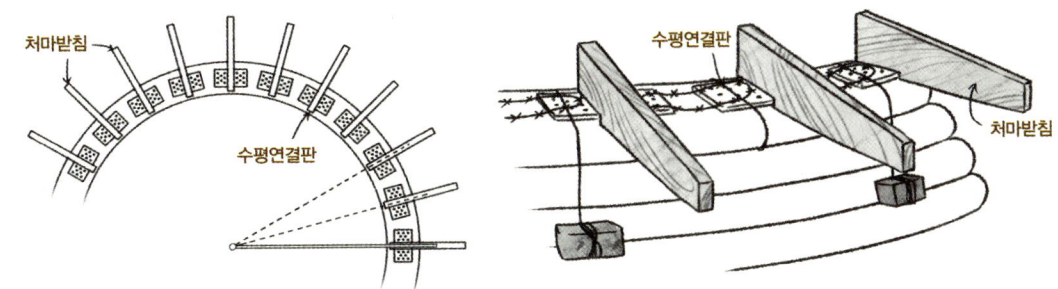

| 겹처마를 달기 위해 처마 받침을 수평연결판을 이용해 끼워 넣은 모습 |

─ 겹처마 마감

처마 받침을 잘 고정했으면 그 위에 합판, 송판 등을 이용해서 처마를 올리고 다시 방수포를 깐 후 싱글을 덮거나 이엉을 올린다. 함석판이나 기타 지붕 마감재를 덮어 만들어도 된다. 물론 처마와 돔 벽체가 닿는 부분은 실리콘이나 방수포를 이용해서 꼼꼼히 메운다. 틈 사이로 물이 새어들지 않도록 각별히 주의한다.

돔 지붕의 단열과 방수 마감

처마 위에서 돔 맨 꼭대기까지 진흙·석회·모래·볏짚을 섞은 반죽으로 두껍게 미장하고 비누칠이나 발수제를 발라 그대로 마감할 수 있다. 비누칠은 석회와 탄화반응해서 훌륭한 방수제 역할을 한다. 또 다른 방법으로는 진흙·석회·모래·볏짚 반죽으로 미장한 후 그 위에 아스팔트 타르를 바르고 아연도금 못을 이용해 아스팔트 싱글을 부착해서 마감할 수도 있다. 물론 이때는 처마 위에도 아스팔트 싱글을 깐다. 돔의 정중앙엔 함석이나 항아리 솥뚜껑 등으로 꼭지를 만들어 얹는다.

─ 돔 지붕 단열하기

돔 지붕에 추가적으로 단열을 해야 할 경우, 황토와 석회를 섞은 물에 볏짚단을 흠뻑 적셔서 처마에서부터 맨 꼭대기까지 올린다. 볏짚단 위에 황토·석회·모래·볏짚 반죽으로 두껍게 미장한 후 발수 코팅을 하거나 비누칠을 한다. 가능하면 볏짚단이 자연스럽게 습기를 빨아들였다가 다시 뱉어낼 수 있도록 통기성을 저해하지 않는 재료를 사용한다.

▬ 건조 지역의 돔 지붕 방수 처리

건조한 지역에서는 맨지붕을 그대로 사용한다. 진흙과 모래 볏짚을 섞은 흙반죽으로 미장을 두텁게 하고 끝내버리는 경우가 대부분이지만, 조금이라도 강우량이 걱정되는 지역이라면 석회로 한 번 더 마감한다. 그러나 지붕 경사 때문에 빗물이 고이지 않고 그대로 흘러내리기 때문에 지나치게 염려할 필요는 없다. 만일 지붕에 방수 처리를 더 하고 싶다면 백반과 물을 섞어 석회 마감 위에 바르거나 비눗물을 바른다. 백반물과 비눗물은 석회와 반응하여 발수 성능을 높여준다. 해초풀이나 아마인유로 코팅을 하거나 별도의 발수제나 방수제 도포도 생각해볼 만하다.

▬ 강우량이 많은 지역의 방수 처리

비가 지나치게 많이 오는 기후라면 진흙볏짚 반죽으로 1차 미장을 한다. 1차 미장 위에 아스팔트 타르를 바르고 굳기 전에 타르 위에 모래를 뿌린다. 모래를 뿌리는 이유는 타르 위에 2차 흙미장이 잘 붙게 하기 위해서다. 다시 2차 흙미장을 한다. 3차로 석회미장을 한 다음 위에서 설명한 방식으로 방수 처리를 해도 좋다. 해외에서 아스팔트 타르를 사용할 때는 주로 시멘트미장으로 마감하는 경우가 많다. 우리나라에서는 흙집 지붕 위에 깨진 항아리나 도기를 올리기도 한다. 외국에서도 돔 위에 깨진 타일이나 옹기 조각을 석회와 진흙에 혼합한 몰타르나 시멘트진흙 몰타르로 고정시키기도 한다. 이때 몰타르에 방수제를 섞어서 시공할 수도 있다.

흙부대 돔 건축 사례들

이제 흙부대 돔 건축의 사례들을 알아보겠다. 돔 건축방법에 대한 설명은 앞에서 충분히 다뤘으므로 여기서는 몇 개의 흙부대 돔 건축 사례를 살펴본다. 환경운동가인 롭 웨인라이트와 흙부대 건축가인 카키 헌터 부부, 일본 텐리 대학의 아키오이노우에 교수, 마크 레빼트의 흙부대 돔 건축 사례들은 다양한 각도에서 흙부대 돔 건축의 실제를 엿볼 수 있게 한다.

롭 웨인라이트Rob Wainwright의 돔

가장 먼저 소개할 사례는 환경운동가인 롭 웨인라이트의 돔 건축이다. 그는 야외 활동공간인 동시에 창고로도 쓸 수 있는 흙부대 돔을 설계했다. 물론 지역 기후를 충분히 감안한 것이다. 이를 위해 작은 돔을 먼저 지어 지역 조건을 연구하면서 지역 내에서 구할 수 있는 자재들의 활용성도 함께 점검했다. 그가 살고 있는 지역은 아열대기후에 속한다. 매해 1200~1500밀리미터 이상 비가 온다. 여름은 덥고 축축하며, 겨울은 춥고 건조하다. 그러나 흙부대 돔으로 지은 '지속가능 교육센터'는 섭씨 40도를 넘나드는 한여름의 더위와 영하의 추운 날씨도 충분히 견딘다.

웨인라이트와 그의 아내 스테파니는 긴 흙튜브를 이용해서 돔을 만들었다. 돔 건축의 장점에 매료되었기 때문이다. 그들은 돔 건축이 충분한 곡선을 살릴 수 있고, 기존의 담틀공법과 달리 특별한 흙배합이나 반죽이 필요 없으며, 지역에서 구할 수 있는 흙을 손쉽게 사용할 수 있다는 점을 장점으로 꼽는다. 게다가 돔 건축은 대형 기계를 사용하지 않고 사람의 손으로 직접 지을 수 있다.

━ 기초 만들기

기초 밑으로 흘러드는 빗물을 빼기 위해 타공관을 보온포로 감싼 후 자갈을 덮는 '프렌치 드레인'과 도랑을 파고 자갈을 다져넣는 '자갈도랑기초'를 결합해서 시공했다. 이것은 다양한 흙집에 적용되었던 방법으로 역사적으로도 충분히 검증된 바 있다. 힘과 에너지가 비교적 덜 든다. 20밀리미터 자갈을 이용한 자갈도랑기초는 콘크리트 기초와 달리 자갈 사이에 충분한 틈이 있어서 모세관 현상에 의한 습기의 이동을 막는다. 기초 아래로 흘러온 빗물은 타공관 안으로 들어가 언덕 아래 배출구 쪽으로 빠져 나간다. 이때 타공관은 배출구를 향해 약간 경사지게 깔아야 한다.

돔이 들어설 지면에 수평을 잡은 후 기계로 도랑을 파는 데는 몇 시간 걸리지 않았다. 70센티미터 깊이에 너비가 1미터인 도랑에 얇게 자갈을 다져 넣은 후 그 위에 적당한 간격으로 구멍을 뚫은 일반적인 폴리파이프를 놓고 진흙이 밀려들지 않도록 플라스틱 재질의 천으로 감쌌다. 주의할 점은 폴리파이프에 구멍을 뚫을 때 구멍이 위쪽을 향하면서 수평을 이루어야 한다는 것이다. 그리고 다시 주위에 자갈을 채워서 자갈도랑기초를 완성했다. 자갈은 전동 탬퍼로 단단하게 다져서 채웠다.

롭 웨인라이트의 돔 건축과정

― 바닥

흙부대 돔이 들어설 자리를 만들기 위해 지름 4미터의 원형 구덩이를 넓게 팠다. 기초부를 쌓을 때 첫 4단까지는 흙에 시멘트 10퍼센트를 섞은 강화 흙부대를 이용했다. 강화 흙부대는 나중에 돌처럼 단단해지기 때문에 빗물의 침투를 잘 막아주고 기초에 안정성을 제공한다. 뿐만 아니라 습기를 토해내는 속도도 훨씬 빠르다. 방수재로는 검고 두꺼운 비닐을 사용했다. 물론 강화흙부대 안쪽도 감쌌다.

― 돔 벽체 쌓기

건축방법은 아주 간단했다. 기다란 PP재질의 흙튜브에 자연 상태에서 적당히 습기를 먹은 흙을 채워 넣고 공이로 다졌다. 그리고 각 단과 단 사이에 철조망을 깔았다.

철조망은 벽체에 인장력을 제공하고 벽체를 하나로 묶어준다. 흙튜브 한 롤이면 70센티미터 길이의 낱장 흙부대를 200장 가량 만들 수 있다. 긴 흙튜브는 작업하기도 편하고 틈새 없이 벽을 쌓는 데 좋으며, 미장할 때 흙이 덜 들어가고 힘도 덜 든다.

흙을 채울 때는 흙더미에서 벽체까지 손수레로 실어 나른다. 손수레의 흙은 작은 페인트 깡통에 담아 벽체로 올린 다음 긴 흙튜브에 담는다. 이때 채우는 흙은 맨흙이다. 일손은 세 명 정도가 적당하다. 가장 효율적으로 조를 이룰 수 있기 때문이다. 한 명은 흙을 퍼 나르고, 두 번째 사람은 흙을 받아 튜브에 넣고, 나머지 한 명은 흙튜브를 잡고 있으면 된다. 일이 시작되니 마치 침대에 올라 선 것처럼 재미있었다고 한다. 건설 현장이라기보다 서커스 마당 같았다는 것이다. 깡통은 땅에서 벽 위로 날아다녔고, 사람들은 35센티미터 두께의 긴 흙튜브에 흙을 채우고 철조망을 깔면서 노는 것처럼 일했다.

롭 웨인라이트가 완성한 돔

흙은 몇 번의 성분 테스트를 거친 후 그 지역에서 나는 흙을 사용했다. 모래가 많이 섞인 흙이었다. 여기에 두 트럭 분량(약 20큐빅 미터)의 모래를 추가로 구입해서 사용했다. 긴 흙튜브는 PP재질이었고, 폭 41센티미터짜리 UV코팅된 PP튜브를 1,000미터 정도 사용했다. 낱장 PP부대는 창과 문 주위의 아치를 만드는 데 이용했다. 흙튜브와 흙부대는 단단하게 그리고 꼼꼼하게 다졌다.

돔을 쌓을 때는 대형 컴퍼스를 사용했다. 컴퍼스는 돔에 구조적 안정성을 보장해주는 아주 중요한 도구다. 흙튜브 돔은 이글루처럼 반구형이 아니다. 위로 뾰족한 원추형에 가깝다. 뾰족한 돔 형태는 위에서 내리누르는 중력을 분산시킨다. 돔을 튼튼하게 지으려면 정확히 계산해서 작은 규모의 돔 축척 그림을 미리 그려놓아야 한다. 이 돔 축척그림을 참조하면서 실제 돔의 높이에 따른 반지름 크기를 정해야 한다. 이때 쇠 파이프로 만든 대형 컴퍼스를 이용해서 돔의 높이에 따른 반지름 크기를 측량한다. 대형 컴퍼스는 정확하게 흙튜브(부대)를 쌓는 데 잣대 역할을 한다. 컴퍼스는 쇠 파이프 두 개를 브라켓으로 연결해서 만들 수 있다. 컴퍼스는 돔 중앙에 수직으로 세운 파이프에 브라켓을 이용해서 수평팔 역할을 하는 파이프를 고정시켜 만들었다. 수직 파이프는 땅 밑으로 1미터 이상 박아 튼튼하게 고정했다. 수평팔은 빙글빙글 수평으로 돌아갈 수 있게 하면서 위 아래로 이동시켜 고정시킬 수 있도록 만들었다. 수평팔 끝에는 선반 받침용 철물을 매달아 반지름 변화에 따라 수평팔의 앞뒤로 조정할 수 있게 했다. 선반 받침용 철물은 흙튜브를 쌓을 위치를 가리키는 지시자 역할을 한다.

— 아치 창

미적인 면과 기능적인 면을 고려해서 돔에 몇 가지 부착물을 달았다. 높이가 적당해지자 재활용 창틀과 몇 개의 각재와 합판으로 만든 아치형 창틀도 달았다. 아치 창의 깊이는 약 1미터 정도였다. 창을 깊게 판 것은 돔의 수직면 곡선이 위로 올라가면서 안쪽으로 기울어 벽체의 깊이에 차이를 만들어내기 때문이다. 아치를 만들 때 맨 위 가운데에는 종석(Key stone) 흙부대를 넣기 위해 20~25센티미터 정도 비운 다음 양옆에서 대칭으로 쌓았다. 마지막으로 미리 비워둔 정수리 부분에 종석으로 쓰일 흙부대를 단단히 채워 넣었다. 이때 세 개 정도의 흙부대를 놓고 천천히 흙을 넣어가면서 밑에서부터 작은 공이로 다져가며 종석 흙부대를 끼워 넣었다.

— 계단

돔의 위쪽에는 작은 다락을 만들었다. 다락을 놓기 위해 장선을 수평연결판을 이용해 흙튜브 벽체에 바로 고정시켰다. 다락으로 올라가는 계단 발판도 수평연결판을 이용해 흙부대 벽체에 고정시켰다. 돔 안쪽으로 계단 발판 한쪽이 약 70센티미터쯤 혀를 내민 것처럼 나오도록 흙부대 벽체에 끼워 넣었다. 벽체에는 약 30센티미터 정도 나무로 된 계단 발판을 넣어 끼웠다. 계단은 무척 안전했지만 미장에서 문제가 발생했다. 계단 주위로 미장에 금이 갔기 때문이다. 그래서 계단을 조금 더 보강해야만 했다.

▬ 차양, 추녀, 지붕, 그리고 방바닥 만들기

창과 문 위에 차양(또는 추녀)을 만들기 위해 차양 길이 만큼의 철근을 흙튜브 벽체에 미리 끼워 고정시키고 철근 위로 철망매시를 깔았다. 여기에 콘크리트를 부어 철근 콘크리트 물받이와 차양을 만들었다. 지붕은 풀을 얹은 리빙루프를 택했고, 방바닥은 흙을 다져 만들었다.

▬ 공사기간

롭 웨인라이트와 스테파니는 돔을 지으면서 파머컬처 센터에서 공부하는 학생들의 도움을 받았다. 계획을 세우고, 자재를 구입하고, 인근에서 자재를 주워 모으고, 도구와 틀을 만들고, 기초와 돔을 세우는 데 들어간 맨 아워 Man hour는 약 700 시간이었다. 세 명이 하루 8시간씩 29일 동안 일한 꼴로, 사실 공부하고 일하고 놀면서 돔을 지은 셈이다. 건축에 투입된 학생들을 교육시키는 데 시간이 가장 많이 들어갔는데, 손이 착착 맞는 사람끼리 세 명 정도 함께 일했다면 아마도 20일 만에 끝날 수도 있었을 것이다. 물론 여기엔 미장을 포함한 마감작업과 돔 위에 리빙루프를 올리고 창과 문을 만들고 방바닥을 만드는 데 들어간 시간은 포함되지 않았다. 구조적인 안정성을 확보하기 위해 수평과 반지름을 정확하게 측정하고, 흙튜브에 담을 흙의 습기를 적절한 수준으로 맞추는 데 특히 주의했다.

▬ 공사 비용

공사하는 데 든 총 비용은 약 2,500달러다. 이 정도 자재 비용이면 사실 돔의 크기를 두 배로 만들 수도 있었다. 물량 계산을 조금 더 정확히 했다면 비용을 절감할 수 있었을 것이다. 내역은 다음과 같다.

- 30 입방미터 정도의 미장혼합물(석회, 모래 등) – 750달러 (운송료 포함)
- 10톤 정도의 20밀리미터 골재 – 250달러 (운송료 포함)
- 1,000미터 정도의 PP튜브 – 600달러 (운송료 포함)

- 인건비 – 300달러
- 400미터짜리 철조망 2롤 – 130달러
- 재활용 창문 2개 – 85달러
- 컴퍼스와 공이 제작 – 100달러

카키 헌터Kaki Hunter 부부의 허니 하우스Honey House

흙건축으로 유명한 OKOKOK 프로덕션의 허니 하우스는 흙부대 전문가인 카키 헌터 부부가 자신들의 집 앞마당에 지은 작은 흙부대 돔 사무실이다. 이 돔의 건축과정을 간단히 살펴보자.

카키 헌터 부부의 허니 하우스

▬ 하루 4시간씩, 19일 동안 만든 돔

허니 하우스는 1996년도에 지은 것으로 실내 직경이 3.6미터 정도 된다. 카키 헌터 부부는 흙부대 건축을 함께 배울 수 있도록 가족과 친구들을 초대해서 허니 하우스를 지었다. 흙부대로 돔을 쌓는 데만 하루 4시간씩 일해 총 19일이 걸렸다. 미장은 이후 여름 내내 계속되었다. 자재 값만 약 1,500 달러. 이것은 기초를 파기 위한 포클레인 비용, 창과 문, PP부대자루, 창호 가틀, 직접 만든 문에 들어간 비용 모두를 포함한 금액이다.

▬ 낮은 바닥 기초와 흙부대 벽쌓기

기초공사 때 낮은 바닥과 도랑을 파기 위해 포클레인을 사용했다. 기초는 땅이 얼지 않는 깊이로 60센티미터 정도 팠고, 방바닥이 지면 아래로 내려가게끔 했다. 기초에 사용한 흙부대부터 돔 꼭대기까지 부대자루 속에 맨흙을 넣어 다졌다. 첫 번째 단부터 흙부대를 다지고 난 후 가시가 네 개 달린 철조망을 단마다 깔아 벽체의 장력과 결합력을 높이면서 쌓았다.

─ 비누칠과 아마인유 마감

창 위 높이에서 장선을 깔아 작은 다락방을 만들고 외부 미장은 볏짚단을 많이 섞은 흙반죽으로 1차 미장을 한 후 흙반죽으로 미장을 하고 비누칠을 해서 발수성을 강화했다. 내벽과 창틀 주위는 석회미장으로 마감했다. 방바닥은 흙반죽을 깔아 만들고 여기에 아마인유를 발라 마감했다.

아키오 이노우에Akio Inoue 교수의 대나무 골조 흙부대 돔

일본 텐리 대학(천리교 대학)은 '국경 없는 건축자(Builders Without Borders)'와 함께 2001년 국제협력 프로젝트의 일환으로 지진피해를 입은 인디아 자망가Jamangar 인근 마을에 15명으로 구성된 건축 팀을 파견했다. 팀의 책임자는 이노우에 교수였고, 학생들과 그 밖의 사람들이 참가했다. 이들은 2주간 그곳에 머물면서 부분적으로 흙부대를 사용한 20미터 규모의 제방을 쌓고 볏짚 지붕을 얹은 두 개의 흙부대 돔을 모다Moda 마을 근처에 세웠다.

─ 초등학교 도서관이 된 세 개의 돔

이 팀들은 거의 1천 그루의 대나무를 심었다. 이후 자망가 북동부 지역 마을 보라차디Bolachadi에 있는 초등학교에 세울 세 채의 흙부대 돔을 만드는 데 사용할 목적이었다. 이 지역은 지진피해로 고통을 받고 있었다. 세 채의 돔은 그 후 3년 동안 후속 팀으로 파견된 학생들에 의해서 완성되었는데 지금은 초등학교 도서관으로 사용되고 있다. 이 돔들은 직경 3미터에 높이가 4미터 정도다. 이들은 때때로 인디아 일꾼들을 고용했다. 그러나 관심을 가진 인근 지역의 학생들과 지역 주민들 역시 돔에 시멘트미장을 할 때 많은 도움을 주었다.

실내에 만들어진 흙부대 벤치는 아이들이 앉을 수 있도록 만들었다. 내부 벽은 마감을 하지 않은 채 흙부대를 그대로 두었다. 실내의 흙부대는 햇빛에 직접 노출되지 않아 상대적으로 쉽게 부식되지 않기 때문이다.

▬ 대나무와 흙부대로 쌓은 돔

엔테베Entebe와 우간다Uganda에서도 텐리 대학교 선교센터 부교수인 이노우에와 몇몇의 학생들이 흙부대 집을 짓는 데 참가했다. 그들은 지역 내에서 구할 수 있는 풍부한 흙으로 흙자루를 채웠다. 이들 돔은 난민 대피소로 이용될 것이다. 흙부대 집은 분쟁이 많은 이 지역에서 총탄이나 화재, 바람, 비 등을 막아주는 피난처가 될 수 있다.

이노우에 교수팀은 이외에도 일본에 23개의 다양한 크기의 흙부대 돔을 지었다. 가장 유명한 것이 텐리 대학교에 있는 환경디자인센터 모델이다. 그런데 이노우에 교수팀이 짓고 있는 흙부대 돔의 특징은 긴 흙튜브 대신 낱장 흙부대를 사용하고, 대나무를 골조로 이용한다는 점이다. 텐리 대학교에 있는 흙부대 돔 역시 대나무 골조를 받치고 흙부대를 쌓아 돔을 만들었다.

인도 모다 마을의 이노우에 팀이 만든 흙부대 돔

캘리포니아의 여호수아 나무집(Joshua Tree Home)

집세나 집을 구입하는 데 들어간 융자금을 상환하느라고 직장에서 일하는 시간에 비하면 흙부대로 집을 짓는 일은 사실 아무것도 아니다. 흙튜브로 돔을 쌓는 데 약 3개월이 걸렸다. 돔 하우스는 캘리포니아 사막과 잘 어울린다. 다른 집들에 비해 독특해 보이지만, 곡선으로 되어 있어 주변 환경과 잘 어울린다.

― 이중 에코돔(Eco Dome) 방식으로 지은 여호수아 나무집

여호수아 나무집의 건축주는 마크 레뻬트Mark Reppert이다. 이 집은 칼어스 센터에서 설계한 이중 에코돔(Eco Dome) 방식으로 지어졌는데 설계도는 칼어스 센터 웹 사이트를 통해 구매했다. 상 베르나디노San Bernardino주는 마크에게 건축허가를 내주었다. 이곳의 건축법령은 좀 느슨한 편이다.

깡통에 흙을 담아 올리고 있는 여호수아 나무집 돔

제프 브스킷Jeff Bousquet을 비롯한 건축 팀들은 모두 국제적으로 실력을 인정받고 있다. 이들 팀은 다섯 명의 핵심 기술자와 그 밖의 자원봉사자로 구성되었다. 그들은 이안 로지Ian Lodge 소개로 모였다. 이안은 원래 고전음악을 하다가 흙건축가로 변신한 사람이다. 멕시코에서도 이미 프로젝트를 진행한 바 있다. 칼어스 센터의 강사이기도 하며 때때로 독립적으로 일거리를 맡아 한다.

2개의 큰 돔과 6개의 작은 돔이 연결된 여호수아 나무집

▬ 8개의 돔이 연결된 여호수아 나무 집

흙튜브로 지은 여호수아 나무 집은 약 46센티미터 너비의 PP튜브로 지은 두 개의 큰 돔과 45센티미터 너비의 튜브로 지은 여섯 개의 작은 돔으로 이루어졌다. 흙튜브엔 현장의 흙 70퍼센트, 자갈 22퍼센트, 시멘트 8퍼센트 정도를 섞었다. 큰 돔은 4핀 철조망을 두 줄 깔았고 뒤쪽은 한 줄만 깔았다. 돔을 교차시킬 때는 철조망이 60센티미터 이상 겹치도록 해서 흙튜브를 바짝 붙였다.

▬ 목재값을 줄일 수 있는 강화 흙튜브 인방

창들은 모두 로만 아치 방식으로 만들었다. 아치창을 만들기 위해 나무틀을 사용했다. 대부분의 문 위에는 나무 인방 대신 철근과 시멘트로 강화시킨 흙튜브 인방을 올렸다. 인방용 강화 흙튜브는 일반 흙튜브에 비해 시멘트를 더 섞어 넣고 두꺼운 철근을 세 가락씩 넣어 만든다. 강화된 흙부대 인방을 사용하면 나무 인방을 대신할 수 있기 때문에 그 만큼 목재값을 줄일 수 있다.

▬ 방수와 배관 및 난방

집은 현관을 제외하곤 전체적으로 지면 아래 1미터 20센티미터 정도에 묻혀 있다. 방수를 위해서 아스팔트 타르와 타르 방수포를 바닥에 사용했다. 여호수아 나무 집은 기본적으로 사막 지대에 건축되었기 때문에 사실 물이나 습기의 침투를 걱정하지 않아도 된다.

난방은 바닥에 보일러 배관을 했다. 모든 전기선을 땅 밑으로 배관한 후 각 방에서 벽체 위로 뽑아 배선했다. 전선, 배관, 난방은 건축 전부터 충분히 계획을 세워두었다. 이런 것을 나중에 하게 되면 무척 골치 아픈 일이 생기기 때문이다.

▬ 작업을 고려한 건축현장 준비

건축과정에서는 전체적인 건축현장을 준비하는 일이 매우 중요하다. 흙부대는 많은 노동력을 필요로 한다. 그래서 흙이나 공구 튜브, 흙부대, 철조망 등을 적절한 위치에 갖다 놓으면 훨씬 효과적으로 작업할 수 있다. 이때 작업 동선을 고려해서 각각의 건축자재와 공구들을 적당한 위치에 놓아야 한다. 이런 일은 주로 보조 인력이 담당했다.

포클레인을 불러서 땅을 팔 때는 계획한 돔의 지름에 맞춰 정확하게 파야 한다. 포클레인 기사에게 일임하면 예기치 못한 실수가 생길 수 있고, 돔을 보호할 수 있는 주변 지형을 파헤쳐 버릴 수도 있다.

▬ 건축비용을 줄일 수 있는 공동체 건축

흙튜브로 돔을 쌓는 데만 3개월이 걸렸다. 정확히 크기와 지름을 맞춰가며 쌓느라 예상보다 시간이 많이 걸린 셈이다. 건축비용은 골조부분만 한화로 약 5천만 원 정도 들었다. 당초 건축주인 마크가 생각한 인건비를 넘어선 금액이다. 전문 건축자들에게 맡겼기 때문에 비용이 더욱 많이 들었다. 흙부대 건축에 성공하려면 다소 사업적인 감각을 지녀야 한다. 공정을 정확히 계획하고 자재를 마련해야 불필요한 작업과 인건비를 줄일 수 있기 때문이다. 제3세계 저소득층을 위한 주택뿐 아니라 일반 건축에서도 흙부대로 집을 지을 때는 공동체 내에서 서로 도우며 지어야 한다. 그래야만 흙부대 건축의 장점을 완벽하게 구현할 수 있고 보다 경제적으로 집을 지을 수 있다.

아치로 곡선의 여유를 만끽한다

흙부대 집의 모양은 전체적으로 반듯하지 않다. 여기저기 울퉁불퉁하다. 모난 곳보다 둥근 데가 더 많다. 딱 부러지는 직선미가 아니라 흐르는 듯한 곡선미를 자랑한다. 따라서 마음이 편안해진다. 창과 문도 마찬가지다. 직선과 원이 함께 구현되면 훨씬 자연스럽고 부드럽다. 아름다움과 부드러움, 그리고 여유를 드러내는 창과 문을 만들기 위해 건축에서는 예로부터 아치를 즐겨 사용했다.

구조적으로 안전한 아치

아치란 '활이나 무지개처럼 한가운데가 높고 길게 굽은 형상'을 이른다. 형태적인 특성상 구조적으로 견고하므로 사람들은 예로부터 창이나 문을 아치형으로 만들었다. 수많은 사람과 말들, 마차가 다니는 다리의 교각에도 주로 아치를 사용했다. 건축을 뜻하는 'Architecture'라는 단어에도 'Arch'가 들어갔을 만큼 아치는 건축에서 빼놓을 수 없는 요소였다.

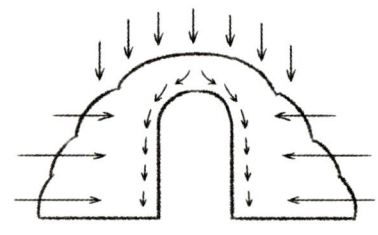

| 아치의 형태와 중력의 분산 |

　아치를 사용하면 창호를 시공할 때 상인방을 올릴 필요가 없다. 흙부대 벽체가 내리누르는 하중을 충분히 견뎌내기 때문이다. 아치가 구조적으로 안전한 것은 수직으로 내리누르는 중력이 형태적 특성상 옆면으로 분산되고, 이처럼 분산된 중력에 대해 아치의 양 옆을 지지하는 벽체가 저항력을 제공해주는 덕분이다. 튼튼한 아치를 만들려면 좌우로 균형을 맞추는 것 외에도 양쪽으로 튼튼하게 지지벽체를 세워줘야 한다.

아치의 종류

건축물에 자주 사용되는 아치는 고딕 Gothic 아치와 로만 Roman 아치이다. 물론 이밖에도 다양한 아치가 있다. 로만 아치는 반원형 아치로 무려 6,000년 이상 사용되었다. 고딕 아치는 이집션Egyiptian 아치라고도 부르며 반원형 아치에 비해 높고 경사가 가파르다. 또 피침 아치라는 것도 있는데, 이것은 고딕 아치보다 높고 가파르다. 흙부대 건축에서 창호는 주로 로만과 고딕 아치를, 돔은 피침 아치를 기본형으로 적용하고 있다.

아치를 설계하는 방법을 몇 가지 살펴보자.
1. 로만 아치는 임의의 반지름 넓이로 컴퍼스를 이용하여 반원을 돌리면 그릴 수 있다.
2. 고딕 아치는 밑면을 8등분 한 후 양쪽에서 한 칸 안쪽의 분점을 기준점으로 잡아 컴퍼스로 원을 그린다. 이때 컴퍼스 다리의 넓이는 기준점으로부터 반대편 밑면 끝까지 벌린다. 양쪽 분점을 기준으로 그린 두 원이 교차하는 안쪽 면이 고딕 아치가 된다.
3. 피침 아치는 밑면을 4등분 한 후 양 끝점에서 각각 1분선 길이 만큼 바깥쪽에 기준점을 잡고 역시 반대편 밑면 끝까지 컴퍼스 다리를 벌려 원을 그린다. 이렇게 그려진 두 원이 교차하는 안쪽이 피침 아치가 된다. 이처럼 아치의 내부 중심으로부터 컴퍼스 기준점이 멀어질수록 아치는 높고 가파르게 된다.

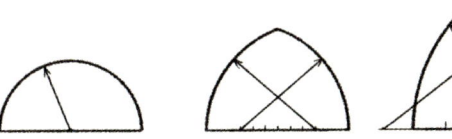

| 순서대로 로만, 고딕, 피침 아치 |

낱부대로 아치 쌓기

아치 형태의 창이나 문을 만들려면 먼저 아치 틀을 만들어 올려놓고 그 위에 사다리꼴로 흙부대를 쌓는다. 작업 순서와 각각의 방법은 다음과 같다.

■ 합판에 아치 모형을 그려 오려낸다

창문 크기에 맞춰 합판이나 두꺼운 판지 위에 컴퍼스로 아치 모형을 그린 다음 오려낸다.

■ 각목과 합판, 함석을 이용하여 아치 틀 만들기

그려낸 아치 모형을 기준으로 각목과 합판, 함석을 이용하여 아치 틀을 만든다. 아치 틀을 만들면서 함석이나 판재에 못을 박을 때는 못이 튀어나오지 않게 해야 틀을 뺄 때 흙부대가 걸리지 않는다.

■ 사다리꼴로 흙부대를 만든다

아래 그림과 같이 틀을 만들어 사다리꼴 모양으로 흙부대를 만든다. 사다리꼴 흙부대를 만들 때는 작은 공이로 단단하게 다지면서 흙을 담는다.

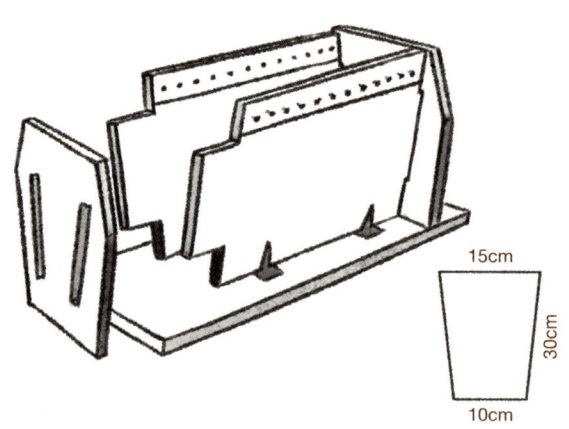

| 사다리꼴 흙부대 제작 틀 |

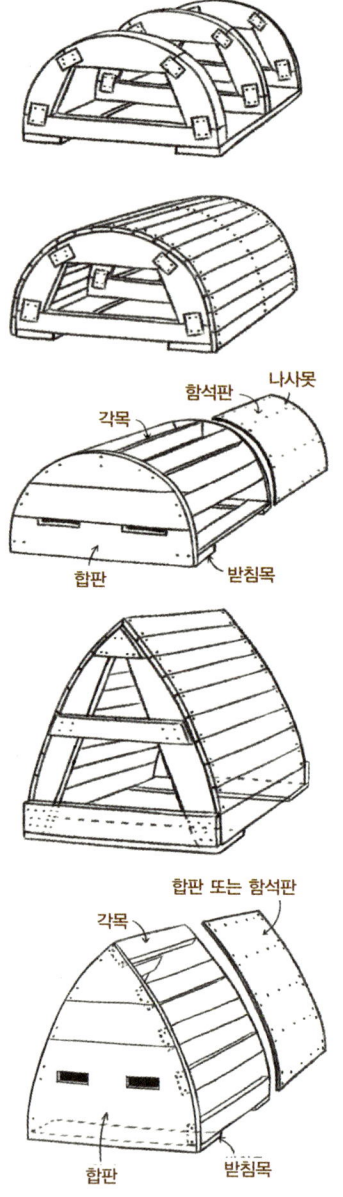

| 다양한 형태의 아치 틀 |

■ 사다리꼴로 흙부대 쌓기

나중에 틀을 쉽게 뺄 수 있도록 흙부대 위에 나무 쐐기를 놓고 아치 틀을 올려놓는다. 아치 틀을 놓은 후 양 끝에서

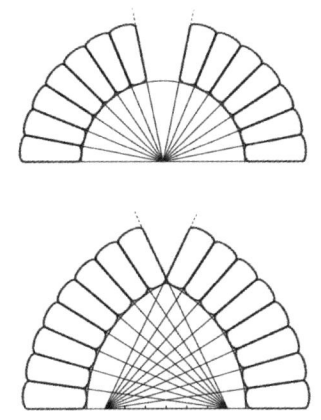

| 로만 아치와 고딕 아치의 기준점과 기준각 |

부터 사다리꼴 모양으로 흙부대를 다지며 쌓는다. 이때 아치 틀에 접한 흙부대 안쪽 면과 바깥쪽 면이 이루는 각을 맞춰가며 쌓아야 아치 형태가 된다. 로만 아치의 경우에는 아치 틀 하단 중앙에 못을 박고 여기에 줄을 매단다. 아치 중앙 중심점에 매단 줄을 바짝 잡아당겨 줄이 만드는 각을 기준 삼아 흙부대를 사다리꼴로 다진다. 기준각을 잡기 위해 매는 실의 위치는 로만 아치인가 고딕 아치인가에 따라 다르다. 아치를 만들 때 좌우의 사다리꼴 흙부대는 같은 크기여야 하고 양쪽에 같은 갯수로 쌓아야 한다. 아치에 걸리는 하중을 균형 있게 양쪽으로 분산하기 위해서이다.

아치 틀 주위에 사다리꼴 흙부대를 쌓을 때는 철망이나 매시를 흙부대에 단단히 대면서 쌓는다. 아치 주변 사다리꼴 흙부대 위에 철조망을 원형으로 만들어 깐다. 아치 틀 윗면에다 매직으로 금을 그어 흙부대가 정확하게 자리 잡을 수 있게 한다. 미장을 할 때 매시가 떨어지지 않도록 흙부대에 못이나 굵은 철사로 단단히 고정한다.

━ 마룻돌(종석) 흙부대로 쐐기 박기

아치 틀의 양쪽 아래부터 같은 개수로 흙부대를 쌓은 후 아치의 한가운데 윗부분에 마룻돌(종석, Keystone) 흙부대를 단단하게 다져 끼운다. 아치의 윗부분에 놓일 사다리꼴 흙부대 역시 공이로 일일이 다져가며 흙을 담는다.

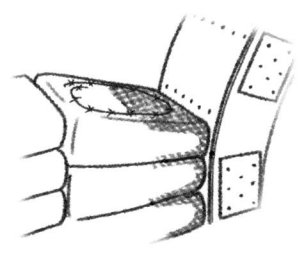

| 아치 주변 사다리꼴 흙부대와 철망, 원 철조망 |

━ 아치 옆면에 지지벽체를 쌓는다

사다리꼴 흙부대를 쌓으면서 아치 주변에 지지벽체를 쌓아올린다. 마룻돌 흙부대를 끼우고 아치 양 옆의 지지벽체도 함께 쌓았다면, 아치 위에 흙부대를 더 쌓아 단단하게 누른다. 지지벽체는 다른 어떤 벽체보다 수평과 균형을 맞추는 게 중요하다.

| 마룻돌 흙부대를 아치 한가운데 다져 끼우고 있다 |

| 아치 주변 지지벽체를 함께 쌓아올린다 |

- **형태가 잡힌 후 아치 틀 제거하기**

아치 양쪽의 지지벽체와 위쪽까지 흙부대를 잘 쌓았다면 아치 틀을 빼내도 좋다. 미장을 하기 전 아치 형태의 창틀과 창이나 문을 달아 완성한다.

긴 흙튜브로 아치 만들기

긴 흙튜브로 아치를 만드는 방법은 훨씬 간단하다. 아치 틀을 만들어 끼우는 과정까지는 낱부대로 만들 때와 동일하다. 먼저 아치 틀 위에 그대로 긴 흙튜브를 올린다. 단, 긴 흙튜브를 아치 양쪽 끝에서 끊어지지 않게 지지벽체 속에 끼운다. 그림 23-9를 자세히 보면 아치를 이루는 긴 흙튜브가 끊김 없이 양쪽 지지벽체에 끼어 있는 것을 확인할 수 있다. 긴 흙튜브로 아치를 만들 때는 흙부대로 아치를 만들 때와 달리 마룻돌도 필요 없고, 사다리꼴로 흙부대를 다듬을 필요도 없다. 기준점에 따라 정렬할 필요도 없다. 다만, 흙튜브 아치의 양쪽 위아래에 쌓은 흙튜브를 수평으로 균형 있게 쌓는다. 이때 아치 양쪽, 위아래의 흙튜브가 아치 형태를 잡고 있는 흙튜브를 단단히 눌러주도록 쌓아야 한다. 낱부대를 이용해서 흙부대 집을 지을 때도 창이나 문 주위에 긴 흙튜브를 사용하면 보다 수월하게 아치 창호를 만들 수 있다.

| 긴 흙튜브로 만든 아치 문 |

4장
전 세계 흙부대 건축의 도전과 모험

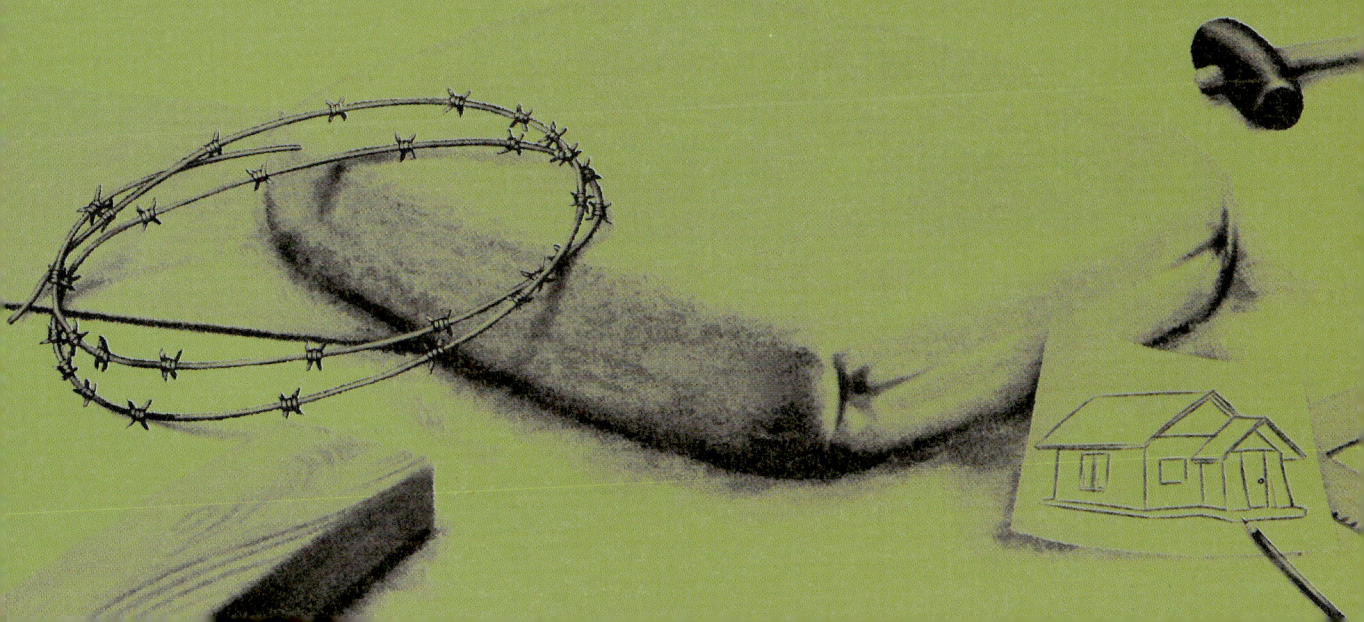

가난한 이들을 위한 희망의 건축

흙부대 건축은 지역에서 나는 자연 건축자재를 이용할 수 있고, 지역사회의 노동력을 참여시킬 수 있으며, 다른 건축법에 비해 쉽게 배울 수 있다. 이러한 특성 때문에 흙부대 건축은 가난한 이들에게 '희망의 건축'으로 자리 잡고 있다. 남아프리카 데닐톤과 케이프타운의 프로젝트는 가난한 이들에게 희망을 주는 건축의 대표적 사례이다.

'국경 없는 건축가'의 넥스트 에이드 Next Aid 지원센터

이것은 남아프리카 빈곤층을 위한 거주모델 개발차원에서 진행된 흙부대-볏짚단 건축 프로젝트의 결과물이다. 2003년 '국경 없는 건축가'의 창립 멤버 중 한 명인 조 케네디Joe Kennedy는 세계적인 구호단체 넥스트 에이드로부터 요하네스버그Johannesburg 외곽의 데닐톤Dennilton이라는 시골 마을에 아동지원센터를 세우자는 제안을 받는다.

데닐톤은 극심한 빈곤 지역이다. 주민의 95퍼센트가 실업 상태인데다 에이즈 감염률이 40퍼센트에 이른다. '비전을 가진 청년(Youth With a Vision)'이란 모임을 위한 이 센터는 결과적으로 고아들을 위한 공간, 생태마을(Ecovillage), 공연장, 학습 공간, 소기업 사무실, 지속가능한 음식생산 시설 등을 합친 복합시설이 될 것이다. 조 케네디와 함께 프로젝트에 참가한 사람들은 이 센터가 에이즈에 감염된 아프리카의 2천7백만 명의 고아들을 위해 세워질 모든 시설의 첫걸음이 되길 소망하고 있다.

2004년 11~12월 조 케네디는 남아프리카로 기초 조사를 하러 떠났다. 여기서 그는 센터를 설계하기 위해 아이들과 지역사회 지도자들을 만나 앞으로 세워질 센터에 대한 주민들의 요구와 희망사항을 파악하기 위해 집중적으로 논의했다. 그는 아이들이 바라는 게 무엇인지 알기 위해 '그림 그리기'를 이용했다. 이러한 작업은

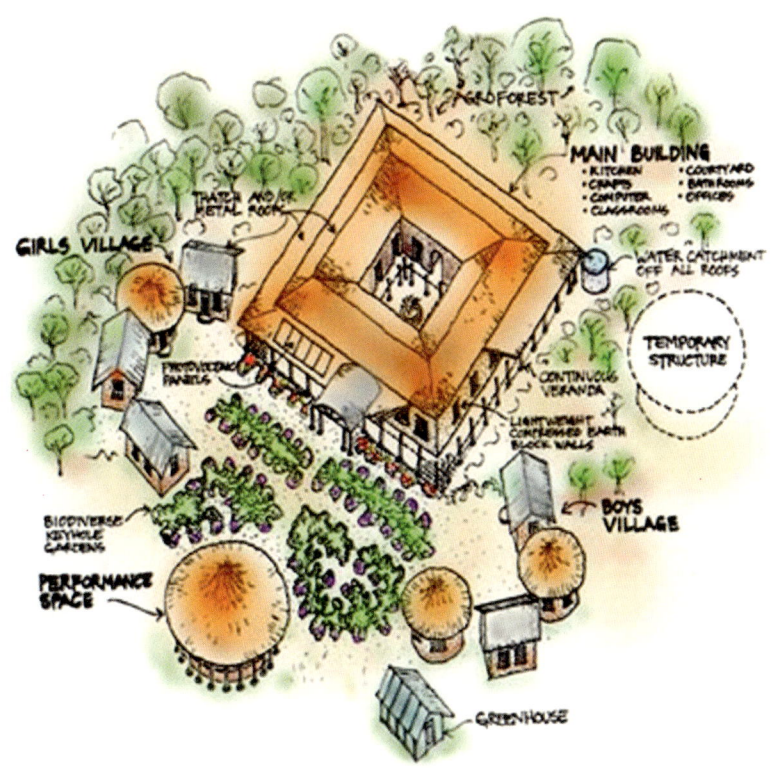

넥스트 에이드 지원센터 조감도

센터에 들어가 살게 될 아이들을 건축과 설계의 참여자로 만드는 과정이다.

　마을 지도자들은 벽돌과 나뭇가지, 씨앗 등을 이용해 센터 전체의 건물 배치에 대해 논의했다. 그는 언어적 표현에 의지하는 대신 거칠지만 어디서나 구할 수 있는 소도구를 이용해 센터에 대한 주민들의 의견을 수렴했다.

　조 케네디는 워크숍에 참가한 교육생들과 건축가 팀을 함께 이끌었다. 넥스트 에이드는 센터를 짓기 위해 먼저 2만여 평의 땅을 구매했다. 그리고 2005년 6월 2주 반 동안 설계와 건축, 훈련 과정을 거쳐 주택과 공공시설, '비전을 가진 청년'이 사용할 사무실 설계안을 만들었다.

　프로젝트에 참가한 이들은 건축비용을 최소화할 수 있도록 흙, 갈대와 같이 지역 소재 자연 건축자재를 사용했다. 그리고 흙부대와 볏짚단 건축방법을 적용했다. 지붕은 갈대를 이용했다. 극빈층이 모여 사는 지역사회에서 현실적으로 건축 가능한 모델을 세우기 위해서다. 또 그곳에서 계속 살아가며 일할 수 있는 사람들이 건축기술을 배우도록 독려했다. 이 사례에서 우리는 지역 공동체가 내부의 자원으로 건축을 하려면 무엇을 어떻게 준비해야 할 것인지를 알 수 있다. 무엇보다 중요한 것은 생태적 대안건축법을 익힌 인력, 수급이 원활한 지역 공동체의 자연자재, 그리고 모든 과정에 대한 이해이다.

케이프타운의 빈민들을 위한
에코빔 모래부대 연립주택

2008년 2월부터 현재에 이르기까지 남아프리카 공화국의 케이프타운Cape Town 변두리 판자촌 인근 자유공원(Freedom Park)에서 '10×10 프로젝트'가 진행 중이다. 이 프로젝트는 판자촌의 빈민들에게 공급할 100채의 주택을 모래부대와 에코빔을 이용해 짓는 복지사업이다. 집 한 채 당 건축비용을 100만 원 이하로 설정한 초저가 프로젝트다. 주요 자재는 판자촌 어디서나 구할 수 있는 모래이고, 노동력은 집이 지어진 후 살게 될 판자촌의 주민들이 제공한다. 이 프로젝트는 남아프리카 공화국의 대표적 건설사인 피지비손드PG Bisond와 대표적인 건설자재 공급사

완공된 넥스트 에이드 센터 공연장과 사무실

인 페니핀처스Pennypinchers가 후원한다. 라비 나이두Ravi Naidoo가 설립한 인다바Indaba사가 설계를 맡고, 시공은 루얀다 음팔와Luyanda Mpahlwa가 대표로 있는 MMA 건설사가 맡았다. 그 밖에도 다국적인 자원봉사자들이 대거 참가하고 있다.

건물은 2층짜리 다세대 주택 또는 연립주택 방식으로 짓는다. 2층을 올리기 위해 모래부대를 쌓은 1층 벽체 위에 거푸집을 만들고, 콘크리트 도리 위에 2층 골조를 올렸다. 모듈화할 수 있으므로 대규모 프로젝트에도 경제적이고 효과적으로 적용할 수 있다. 골조로 사용된 에코빔은 각재에 얇은 금속졸대를 붙인 트러스로 현장에서 바로 만들어 사용할 수 있다. 이 에코빔을 박스빔(Box Beam, 합판과 각재로

만든 기둥으로 박스 형태임)과 같이 기둥, 장선, 보, 서까래 등 모든 골조에 사용한다. 에코빔 골조 사이사이 모래주머니를 채워 쌓은 벽체에 그물망을 덮은 후 미장하거나 판재로 외벽을 마감해서 완성한다.

케이프타운 판자촌 주민들의 에코빔 모래부대 주택 건설 현장

남아프리카 공화국의 에코빔 모래부대 주택들

건조하거나 무더운 지역의 흙부대 주택

비가 자주 오지 않는 건조한 지역에서는 지붕이 평평한 슬래브 흙부대 건축을 많이 시도한다. 또한, 무더운 지역에는 간단하게 지붕을 얹거나 건물 통기를 고려해 창을 넓힌 흙부대 건축물들이 많다. 흙부대 건축은 이처럼 지역의 기후에 조응하며 다양한 형태로 발전하고 있다. 우리나라의 경우 기후변화 때문에 뚜렷했던 사계절이 조금씩 건기와 우기로 나누어지기 시작했다. 이러한 변화에 걸맞게 우리나라에 보급되기 시작한 흙부대 건축도 바뀌어 갈 것이다.

멕시코의 로빈 하우스 Rovin House

로빈 하우스는 멕시코 남서부 인디언들의 전통적인 흙벽돌 집 디자인을 모델로 삼아 흙부대 무골조 공법으로 지은 집이다. 이 집의 특징은 슬래브 형태, 즉 지붕이 평평하다는 것이다. 흙부대 집에 평지붕을 올린 것은 기후가 건조하기 때문이다.

멕시코에 세운 로빈 하우스

사진은 내부 미장이 완전히 끝나지 않은 듯한 침실과 도기 타일을 바닥에 깐 주방이다. 내부는 대부분 석회미장으로 마감했고, 주방에는 적토를 섞은 천연페인트를 발랐다.

흙부대로 벽을 쌓고 있는 로빈 하우스 건설 현장

자마이카의 슬래브 흙부대 집

자마이카에 또 한 채의 흙부대 슬래브 집이 세워졌다. 이 흙부대 집은 흙부대로 벽체를 쌓은 후 거푸집을 대고 콘크리트를 부어 도리를 만든 것이다. 지붕은 합판을 받치고 철근을 깐 후에 다시 콘크리트를 부은 평지붕이다. 벽체가 흙부대란 것 말고는 일반적인 슬래브 집의 전형적인 시공 방법을 적용했다.

자마이카의 흙부대 슬래브 주택 건축현장

코스타리카 거북이 해안(Playa Tortuga)의 흙부대 렌트 하우스

거북이 해안이라고 불리는 코스타리카 남서 해안에 흙부대로 지은 렌트 하우스가 있다. 더운 지방이기 때문에 지붕도 간단하게 썬라이트 슬레이트Sunlight Slate와 함석 패널로 얹었다. 이 렌트 하우스는 다락방 침실을 포함해서 방 두 개, 욕조와 샤워

4장 _ 전 세계 흙부대 건축의 도전과 모험   217

기, 변기, 세면대를 갖춘 목욕실 하나, 세면대와 변기만 있는 화장실 하나, 그리고 큰 거실 겸 주방으로 쓸 수 있는 공간으로 구성되었다. 집 모양은 긴 중앙 현관을 중심으로 양쪽이 대칭을 이룬다.

기후 특성상 바람이 잘 통하도록 하고, 한쪽 벽의 전면에 큰 창을 달아 전망이 좋게 했다. 흙부대 집이라도 목구조를 적절하게 결합한다면 이처럼 큰 창을 달 수 있다. 전형적인 무골조 흙부대 건축방식으로는 큰 창을 내기 어렵기 때문이다. 부분적으로 골조를 결합하면 이런 문제를 해결할 수 있다.

코스타리카 거북이 해안의 흙부대 렌트 하우스

이 렌트 하우스는 무척 견고하다. 부대 속에 진흙 성분이 많은 흙과 모래를 함께 넣었기 때문이다. 지붕은 나무 기둥을 골조로 쓰거나 흙부대 벽체를 내력벽으로 삼았고, 지붕과 벽체가 만나는 도리 부분은 시멘트 콘크리트로 만들었다. 시멘트 콘크리트로 도리를 만든 것은 다락방을 올리기 위해서다. 콘크리트 도리 위에 수평으로 긴 장선들을 깔고 판재를 얹은 후 2층 다락방을 만든 것이다. 이처럼 2층 이상의 구조물을 지으려면 흙부대 벽체 위에 콘크리트 도리를 올려야 한다. 강철 빔이나 목구조를 결합하기도 한다.

이 집은 '흙부대 집은 울퉁불퉁하다'는 통념을 깬다. 미장을 얼마나 반듯하게 했는지 시멘트벽에 미장한 것처럼 보일 정도다. 화장실이며 실내 벽도 너무 반듯해서 흙부대 집 같지가 않다. 이 집은 1차로 흙미장을 하고, 여기에 매시를 대고 2차 석회미장을 한 후, 3차로 천연 황토페인트를 발랐다.

흙부대 렌트 하우스의 실내외 모습

 흙바닥으로 시공한 거실은 최종적으로 아마인유를 발라 깔끔하게 마감했다. 마치 짙은 색 대리석을 깐 것처럼 느껴진다. 부처상이 있는 주방의 싱크대 상판 소재도 진흙이다. 나무기둥을 세우고 합판을 놓은 뒤 그 위에 진흙과 모래 반죽을 깔고 아마인유로 깔끔하게 마감한 것이다. 더운 지방이라 2층의 다락방에는 곳곳에 창문을 냈다. 그리고 2층은 흙부대를 사용하지 않고 경량목조로 지었다. 2층짜리 흙부대 주택은 대부분 1층은 흙부대로, 2층은 목구조로 짓는다.

'S' 곡선이 아름다운 브라질의 흙튜브 집

브라질의 환경단체 에코센트로는 생태주택 워크숍의 일환으로 'S' 곡선이 아름다운 흙튜브 집을 지었다. 긴 흙튜브로 집을 지으면 유연한 곡선을 충분히 구현할 수 있다.

 창문틀은 '콘크리트 원형 하수관'을 잘라 재활용했다. 환경단체다운 발상이다. 원형창을 만들 때 이렇듯 견고한 콘크리트 하수관이나 플라스틱 주름관을 틀로 재활용하면 별도의 인방이 없어도 된다. 사각형 콘크리트 하수관이나 차도와 인도를 구분하는 경계석 등 다양한 건축 폐기물을 재활용할 수도 있다.

이 사례의 특징은 긴 흙튜브로 쌓은 벽체의 중앙부분과 양쪽 옆 부분의 높이를 달리해서 벽을 쌓고 여기에 그대로 보나 서까래를 걸쳐 지붕구조를 만들었다는 점이다. 흙부대 벽체는 자체로 내력벽 역할을 할 뿐 아니라 벽체의 높낮이를 달리해서 지붕의 물매(경사)를 만들 수 있다. 기후 특성상 지붕 밑의 통기성을 유지한 상태에서 그대로 지붕 마감재를 얹었다.

긴 흙튜브를 이용해서 S자 곡선의 주택을 짓고 있다.

완공된 S자 형태의 흙부대 주택

악조건을 극복한 흙부대 건축자들

여기서 소개할 두 가지 사례는 악조건을 극복한 흙부대 건축자들의 이야기다. 바하마 섬에 사는 스티브 켐블Steve Kemble과 캐롤 에스콧Carol Escott은 건축자재를 쉽게 구할 수 없는 지역 조건을 고려하여 모래 흙부대로 집을 지었다. 콜로라도 산 위에 사는 바라카 부릴Baraka Burrill 역시 흙부대에 부분적으로 목구조와 볏짚단 건축 방식을 결합하여 집을 지었다.

모래자루를 다져 쌓은 1층 벽체

바하마 럼 케이Rum Cay 섬의 모래성

스티브 켐블은 2층 구조에 모래를 사용한 육면체 무골조 흙부대 주택을 설계하고 직접 시공했다. 건축현장에 참여한 캐롤 에스콧은 도전 정신이 뛰어난 여성이다. 이 건물을 지을 때 그녀의 나이는 55세였다. 이들은 1층을 모래부대로, 2층은 추녀가 달린 지붕을 얹은 목구조로 지었다. 1층의 모래부대 벽체는 완전한 무골조 방식이다. 2층에서 내려온 물은 안쪽에 달린 콘크리트 빗물 저장통으로 모이고, 빗물 저장통을 모래부대 벽체로 감쌌다.

부대자루는 해안의 아름다운 하얀 모래와 인근 부둣가 준설 작업 때 나온 부서진 산호모래로 채웠다. 줄기초는 60센티미터 넓이에 30센티미터 깊이로 도랑을 팠고,

자갈과 거친 모래를 다져 넣었다. 모래부대는 자갈기초 위에 곧바로 쌓았다. 이들은 미리 모래부대를 만들었다가 쌓지 않고 벽체 위에 부대자루를 그대로 올려놓고 모래를 담았다. 밑에서 산호모래를 담은 깡통을 던지면 벽체 위에서 두 명이 한 조가 되어 부대자루에 모래를 담는 방식이었다. 이렇게 하면 무거운 모래부대를 들어 올리는 수고를 덜 수 있지만, 최소 세 명 이상이 있어야 한다. 창문 위는 아치 주변을 제외하고 좁은 모래튜브를 사용했다. 문 주위는 보강을 위해서 폭이 넓은 부대자루를 사용했다. 이처럼 섬세하게 부대자루 작업을 하면 미장할 때 충분한 보상을 받는다. 미장하기가 훨씬 편하고 구조적으로도 안전하기 때문이다.

벽체 맨 윗부분은 콘크리트 도리를 만들기 위해 모래부대에 철근을 박았다. 그리고 윗부분 모래부대 서너 단을 박스 밴딩Banding으로 묶어 단단히 고정시켰다. 벽체 위에 나무판재로 거푸집을 만들고 거푸집에 콘크리트를 부어 도리를 만들었다. 콘크리트 도리는 전체 벽체를 하나로 단단하게 연결하는 역할을 할 뿐만 아니라 2층 목구조를 위한 단단한 기초가 된다. 콘크리트 도리에는 미리 앵커볼트를 박아두었다. 2층에 목구조를 세우기 위해서다. 1층 흙부대 벽체 윗부분 콘크리트 도리 위에 2

스티브 켐블, 캐롤 에스콧과 2층의 목구조 주택 전경

층 목조주택을 지었고, 2층 주변에는 목조 데크를 만들어 전망대로 활용하고 있다.

모래부대 벽은 두 번에 걸쳐 시멘트미장을 한 후 다시 석회미장을 했다. 이때 매우 성근 미장용 매시를 사용했다. 건축자재를 쉽게 구할 수 없는 외딴 섬이었으므로 현지에서 부서진 산호모래를 구해 부대자루를 채웠다. 이러한 방식은 매우 친환경적인 선택이면서도 그 지역에 적합한 방식이었다. 말하자면 바하마에 가장 적합한 생태적인 주택을 지은 셈이다. 이 건물은 최근까지 몇 번의 허리케인에도 끄떡없이 잘 버티고 있다.

스티브 켐블과 캐롤 에스콧은 전반적으로 최대한 친환경적인 건축을 시도했다. 허리케인으로 폐허가 된 식당에서 나온 서빙 트레이Serving Tray를 모래부대 담는 틀로 재활용했고, 버려진 플라스틱 물주전자는 흙부대를 다질 때 사용하는 콘크리트 탬퍼Tamper를 만드는 데 사용했다. 탬퍼를 만들 때 필요한 철사는 버려진 침대의 스프링과 토끼장에서 나온 폐철사를 이용했다. 쓰레기장은 돈을 지불하지 않고 자재를 쉽게 구할 수 있는 아주 즐거운 쇼핑 장소가 되었다. 재활용 건축은 생태건축의 또 다른 이름이기도 하다.

콜로라도 산에 세운 흙부대 집

바라카 부릴은 집 모양과 방 배치에 대한 자신만의 특별한 아이디어를 흙부대 건축에 시도했다. 특히 패시브 솔라Passive Solar 개념을 도입해 자연채광을 통해 난방효율을 높이고자 했다. 바라카는 부대자루를 파쇄한 화산석으로 채워 집을 지었다. 산업 건축자재를 구하기 어려운 콜로라도 산에서 화산석은 가장 손쉽게 구할 수 있는 자연재료였기 때문이다.

흙부대 집은 8,000 피트가 넘는 콜로라도 고산지대의 악천후 속에서도 매우 훌륭한 단열효과를 낸다. 이 집은 기본적으로 무골조 공법으로 지었는데 남쪽 벽면에 특히 창을 많이 만들었다. 벽면에는 골조를 넣지 않고 집 내부에만 부분적으로 나무 기둥과 보를 사용했다.

북쪽의 식품저장실은 경사면에 놓여있다. 집 바깥 경사면으로부터 올라오는 습기를 차단하기 위해 검은 플라스틱 비닐로 흙부대 아래를 덮었다. 파란색 홈통 안에는 전선관을 넣어 배선했다. 지붕 꼭대기에 창을 달아 자연광을 충분히 들어오게 하

콜로라도 산에 세워진 바라카 부릴의 흙부대 주택

면서 통기도 잘 되도록 만들었다. 지붕 가운데 부분의 박공벽이 높기 때문에 흙부대를 쌓아올리는 것 자체가 큰 고역이었다. 또 흙부대 벽체가 높아서 하중 부담도 매우 컸다. 그래서 그녀는 윗부분을 볏짚단으로 시공했다. 하부는 흙부대, 상부는 볏짚단으로 시공한 셈이다.

집의 외벽은 파쇄종이, 시멘트 모래를 섞어 만든 종이시멘트(Papercrete)로 미장했다. 경사면 바깥쪽은 아래쪽에서 습기가 올라오는 것을 막기 위해 주변에 자갈과 바위를 둘렀다. 경사면 아래로는 빗물이 빠져나가도록 바위들을 놓았는데 이것은 지반의 흙이 씻겨 내려가는 것을 방지하는 역할도 한다.

그녀는 인부를 몇 명 고용해서 집을 짓기 시작했다. 몇몇은 전문가였고, 나머지는 비전문가였다. 흙부대를 쌓는 일은 바라카와 그녀의 친구 몇몇이 직접 했다. 그 중에는 스페인에서 작은 흙부대 오두막을 만들어본 사람도 있었다. 일꾼들이 종종 자신의 생각을 고집하는 바람에 벽체 일부를 완벽하게 수직으로 쌓지는 못했다. 바라카는 몇 개의 버팀벽을 세워 벽체의 안정성을 높였다. 하지만 벽체 모서리의 버

흙부대, 볏짚단, 나무 골조를 결합한 건축 모습

    팀벽은 사실 과잉시공이다. 모서리 버팀벽이 없었더라면 미관상 더 좋았을 것이다.
    지금 집을 짓고자 하는 현장이 건축을 하기에 악조건인가? 새들과 곤충, 동물들은 자신들이 사는 곳 주변에서 둥지를 만들 재료를 모아 스스로 짓는다. 잠깐 주변을 살펴보자. 그리고 자연 속의 건축자재를 발견해보자. 사람들은 옛부터 그 어떤 악조건에서도 집을 짓고 살아왔다.

흙부대 건축의 또 다른 용도

흙부대 건축은 주택 이외에도 저온저장고, 차고, 기초 등 다양한 용도로 활용된다. 높은 단열과 축열성능 때문에 흙부대 건축은 식품저장고를 만드는 데 적합하다. 또한 지붕 단열재로도 활용된다. 이뿐 아니라 흙부대 벽체가 견고하기 때문에 다른 건축물의 하부 지지물이나 기초로도 활용할 수 있다.

강철 주름관을 이용한 흙부대 차고 주택

켈리 하트가 설계한 흙부대 주택은 차고와 상점, 사무실, 창고로 쓰인다. 90평 정도의 2층 구조물로 흙부대와 군대막사 조립용 주름철판, 그리고 종이시멘트를 이용했다. 바닥은 콘크리트로 마감했고 내벽은 나무판재로 마무리했다. 주름철판은 흙부대로 완전히 덮혀 있어서 완벽하게 단열된다. 이 건축물은 주방과 침실 기능을 추가하여 주택용으로 변경할 수 있다. 강철 주름관 지붕은 석고보드나 나무 루바, 천 등으로 마감할 수 있다. 이렇게 지으면 일반적인 흙부대 주택보다 비용이 덜 든다.

  1층은 차고와 상점, 창고 용도로 쓸 수 있다. 차고로 들어가는 문 이외에 출입문이 따로 분리되어 있어서 작은 RV(레저용 자동차)를 입고시킬 수 있다. 올라가는 계단은 폭이 60센티미터 정도다. 2층은 1층 보다 옆면이 줄어든다. 대기 공간은 없다. 2층은 사무공간과 작은 창고로 사용된다. 남쪽과 북쪽의 창문은 각각 채광과 환기를 고려하여 설계했다. 강철 주름관 지붕은 테크노 스타일Techno Style을 느끼게 한다. 2층의 계단은 1층으로 이어진다.

  이 건물은 특히 높이를 충분히 주어 강철 주름관이 흙부대 기초 위에 고정되게 했다. 기초는 흙부대 기초로 단열을 보강했으며, 1층 바닥은 단열재 위에 콘크리트를 부어 만들었다. 층간 판재를 철골 장선 위에 올렸고, 철골 장선은 강철 주름관과 흙부대와 함께 결합된다. 이것이 설계의 핵심이다. 반원형 지붕형태를 유지하면서 하중을 버티게 하는 역할을 하기 때문이다.

주름 강철관을 지붕골조로 이용한 흙부대 차고 주택

흙부대 반지하 저온저장고

흙부대는 집을 짓는 데만 사용되지 않는다. 저온저장고를 만드는 데도 많이 활용된다. 두꺼운 벽체가 단열성능이 좋기 때문이다. 저온저장고를 지을 때 명심해야 할 것이 있다. 하층부에는 차가운 공기가 들어오는 유입구를 만들고, 지붕에는 뜨거워진 공기가 나갈 수 있도록 반드시 배기구를 갖춰야 한다는 점이다. 지붕에는 마사포를 덮었다.

기초는 바닥에 비닐을 깔고 그 위에 자갈을 채운 폐타이어를 놓았다. 단열성을 높여주는 이중문을 달기 위해 입구 쪽에 두 개의 문틀을 세웠고, 지붕을 얹을 수 있는 기둥 겸 칸막이 틀을 만들기 위해 가운데에 간벽기둥을 세웠다. 문틀 주위에는 흙부대 사이사이로 수평연결판을 넣어 문틀과 벽체를 고정시켰다.

4장 _ 전 세계 흙부대 건축의 도전과 모험 227

흙부대로 짓는 반지하 저온저장고

지붕구조는 두 개의 문틀과 칸막이 틀, 그리고 벽체 도리 등에 장선을 걸쳐서 만들었다. 장선 위에는 합판을 대고 방수포를 얹은 다음 그대로 흙을 붓고 마사포를 얹었다. 반지하 저장고이므로 벽체 부분을 비닐과 부직포로 덮고 벽 주위를 흙과 돌로 채웠다. 내부만 매시 없이 곧바로 시멘트로 미장했다. 지붕 위에는 네 개의 환기구 파이프를 올렸다.

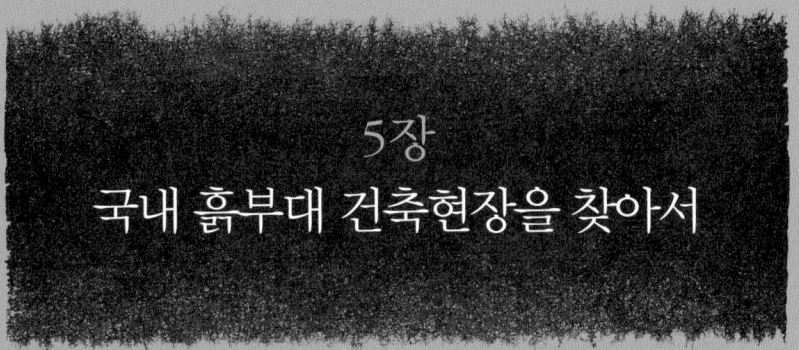

5장
국내 흙부대 건축현장을 찾아서

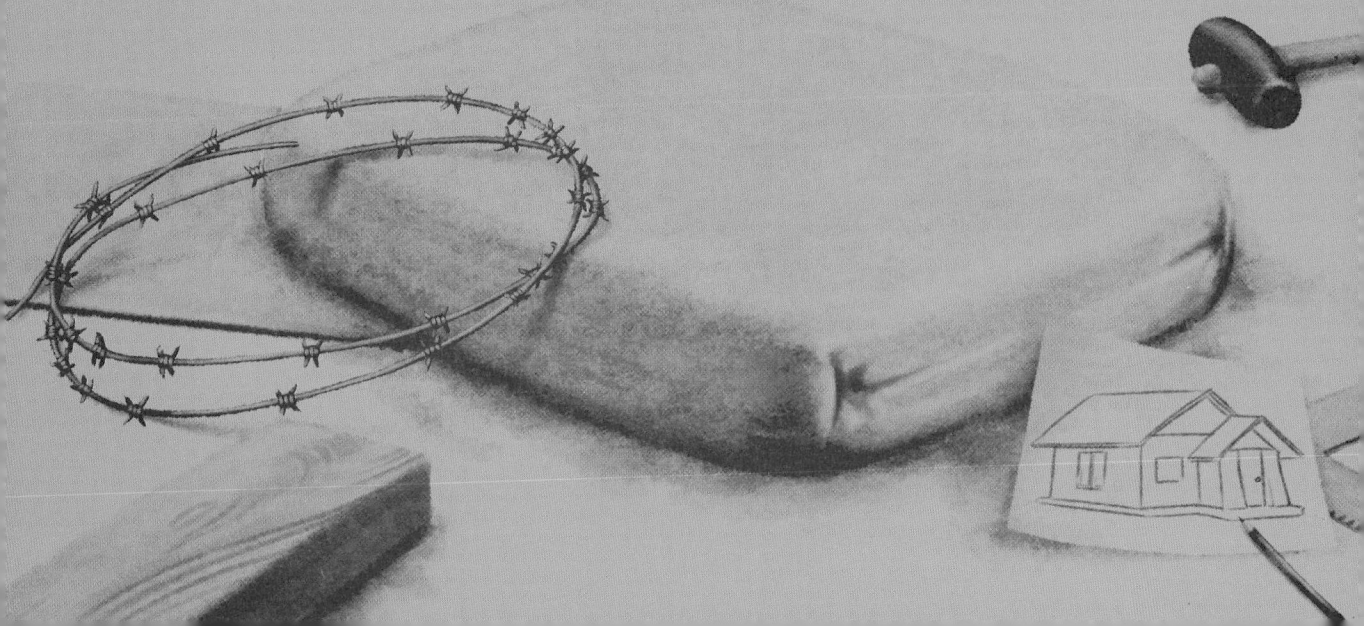

무모한 도전 – 전남 장흥

2007년 3월, 우리 부부는 직장을 그만두고 무작정 전남 장흥으로 내려갔다. 특별한 계획이나 준비는 없었다. 말 그대로 무작정 귀농한 셈이다. 먼저 용산면 관지리 정장마을에 400여 평의 땅을 구한 다음 6개월 정도 살 수 있는 임시 거처를 마련했다. 그리고 무모할 만큼 용감하게 집을 짓기 시작했다.

흙부대 건축과의 만남

처음엔 압축 볏짚단을 이용하는 스트로베일 하우스를 지을 생각이었다. 하지만 이른 봄이라 볏짚단을 구하기가 어려웠다. 그동안 건축 책도 여러 권 읽고, 생태건축에 대해서도 공부했지만 막상 시작하려니 스트로베일 하우스엔 자신이 없었다. 그러던 중 인터넷에서 보았던 흙부대 건축이 생각났다. 하지만 자료라고 해봐야 흙부대 건축에 대한 4쪽 가량의 요약 가이드가 전부였다. 하는 수없이 그 동안 공부한 얄팍한 지식과 기타 건축법을 다룬 몇 권의 전문서적에 의지해 일을 시작했다. 집을 짓는 동안에도 매 공정을 시작할 때마다 인터넷을 뒤졌고 흙부대 건축방법과 사례들을 찾아 나섰다. 나는 두어 달 간의 준비과정을 거친 후 4월 말부터 흙부대로 집을 짓기 시작했다. 나의 첫 집짓기 공사는 10월이 되어서야 끝났다.

흙부대 건축 전도사가 되다

집을 짓는 동안 실수도 많았고 부족한 점도 많았다. 하지만 흙부대 건축은 분명 접근하기 쉽고 단순한 건축방법임에 틀림없다. 나 같은 초보자도 거뜬히 해낼 수 있었으니까. 흙부대 건축은 대안적인 생태건축이다. 나는 경험을 통해 그 사실을 확인했다. 하지만 엄격한 잣대로 가늠하자면 내가 지은 집은 완벽한 생태건축물이 아니다.

나는 다른 이들이 보다 경제적이면서 생태적인 방법으로 자기 집을 짓게 되기를 바란다. 내가 범한 여러 가지 실수도 반복하지 않았으면 좋겠다. 그래서 나는 집을

흙부대로 쌓은 벽체 위에 철조망을 깔고 있다.
벽체 위에 흙부대를 다질 때 사용한 공이가 놓여 있다.

짓고 난 뒤로 1년 이상 해외 흙부대 건축사례와 자료들을 모으고 정리해서 인터넷 동호회에 공개하기 시작했다. 그 이후 2008년 12월까지 전국적으로 열세 채의 흙부대 집이 세워졌다. 지금도 계속해서 흙부대 집이 늘어나는 추세다. 나는 요즘도 흙부대로 집을 짓겠다는 사람들에게 부족하나마 조언을 하고 정보도 나누어준다. 국내에서 처음으로 흙부대 집을 지었다는 의무감도 있지만, 무엇보다 흙부대 주택만이 지닌 많은 장점들을 몸소 경험했기 때문이다.

멀고도 험한 길

막돌 기초를 놓고, 흙부대로 벽체를 쌓고, 그리고 지붕을 올리는 데 걸린 시간은 고작 10일 정도. 부대자루에 흙을 담는 일은 동네 아짐(아주머니의 전라도 사투리)들과 아내가 거들었다. 흙부대를 쌓고 철조망을 깔고 다지는 일은 나와 동네 형님들과

나무로 만든 공이로 흙부대를 다지기

흙부대를 고정시키는 철조망 깔기

아재(아저씨의 전라도 사투리)들의 몫이었다. 동네 분들은 약소한 품삯만으로 기꺼이 힘든 일들을 맡아주셨다.

하지만 문제는 건축주인 나 자신이었다. 그동안 책상머리 일만 해오다 귀농한 터라 집짓는 일이 고달팠다. 흙부대를 쌓는 것도 철조망을 까는 것도 일머리 없는 몸놀림이라 어설펐지만 내 집을 짓는 터라 남들보다 더 열심히 했다. 지금도 가끔 아내는 "당신처럼 힘없고 둔한 사람이 매일 밤 끙끙 앓으면서도 아침이면 벌떡벌떡 일어나서 어떻게 일하러 갔는지 알 수 없다"고 말한다. 집짓기는 몸만 쓰는 게 아니라 마음까지 써야 하는 힘겨운 일이다. 집을 짓는 게 그처럼 힘든 일인지 알았다면 아마 시작하지도 못했을 것이다.

게다가 사람들의 반응도 마음을 무겁게 했다. 쌀부대에 흙을 담아 집을 짓는 모양을 보며 빈정거렸고 잔소리를 해대기 일쑤였다. 그러나 막상 흙부대 벽체가 올라가고 창과 문 인방이 놓이자 사람들의 수군거림도 줄어들었다.

뼈가 없어도 튼튼한 흙부대 집

가장 후회가 되는 것은 흙부대 집을 지으면서 철골빔을 사용했다는 점이다. 흙부대 건축은 원래 골조를 사용하지 않는 무골조 방식으로 시작되었다. 그러나 나는 처음 도전하는 집짓기인데다가 주변에서 하도 무너진다고 겁을 주는 바람에 뒤늦게 흙부대로 벽을 다 쌓아놓고 주변에 빔 골조를 세웠다. 내벽 안쪽을 25평 남짓한 정방

철골빔 골조와 하얀 흙부대 벽체가 제법 집꼴을 갖추기 시작했다.

형 구조로 설계한 탓에 한쪽만 6미터 이상 되는 지붕 서까래 등 골조에 쓸 만한 목재를 구하기가 어려웠다. 게다가 비용을 줄여야 해서 지붕은 샌드위치 패널로 하고 아스팔트 싱글로 마감했다. 그 때문에 또 철골빔과 C형강을 이용해서 지붕골조를 올려야 했다.

집을 다 짓고 난 뒤에야 나는 비로소 무골조 흙부대 건축의 안정성을 확신하게 되었다. 그 이후부터 나는 흙부대 집을 짓겠다는 사람들에게 무골조 방식을 권한다. 비용이 덜 들고 구조적으로도 안전하니까. 현재 화순 홍상래 씨의 집과 인천 자월도 흙부대 펜션을 제외하고는 모든 흙부대 건물이 무골조로 지어졌다. 물론 안전하다.

손수 집을 짓는 즐거움

정장마을의 집들은 대부분 최소한 50~60년 전에 지은 것들이다. 그때만 해도 광산 김씨 집성촌인 이곳 사람들은 서로 품앗이로 집을 지었다고 한다. 솜씨 좋은 목수를 중심으로 마을의 청장년들이 함께 뒷산에서 나무를 베어오고 흙반죽을 하고 기와를 올리면서 말이다. 하지만 젊은 사람들이 도시로 떠나고 마을이 노령화되면서 급

마을 주민 모두가 품앗이로 흙미장을 하고 있다.

기야 빈집을 헐어내야 할 형편이 되어버렸다. 40여 호 되던 마을 가구가 지금은 20여 호 정도에 불과하다.

우리 부부의 집짓기는 실로 50년 만의 사건이었다. 이장님을 포함한 마을 사람들은 새 집이 들어서는 기념이라며 모두가 나서서 하루 품앗이로 흙미장 일을 도왔다. 일을 끝낸 뒤에는 모두들 함께 모여 잔치 아닌 잔치를 벌였다. 마치 재미있는 놀이가 한판 벌어진 것 같은 분위기였다. 흙집은 이처럼 마을 공동체가 함께 지을 때 가장 빛나는 생태건축이다. 그 이후, 젊은 사람들이 두 가구 늘었는데, 나 역시 품앗이로 그들의 집수리를 도왔다. 요즘엔 이 마을 토박이 친구가 집수리를 하기 시작해서 틈틈이 찾아가 일을 거들고 있는 중이다.

국경 없는 생태건축 현장

나는 집을 짓는 동안 마을 사람들뿐 아니라 장흥의 문화단체와 환경단체 회원들의

캐나다 퀘벡에서 온 니껄라 루쏘

도움도 많이 받았다. 그들 역시 하루 품앗이로 미장일을 도왔다. 농민회에서는 질 좋은 흙을 구해주었고, 장흥 한우협회에서는 공사장에서 나온 돌을 가져다주었다. 광주대 신방과 학생들과 서울에서 온 아내의 제자들도 힘을 보탰다. 귀농하기 전 내가 속해 있던 시민단체의 간사들도 내려와 일손을 거들었다. 아주 먼 곳에서도 도움의 손길이 왔다. 캐나다 퀘벡 출신의 니껄라 루쏘Nicolas Roussseau다. 그는 20대 후반의 젊은 아나키스트로 나의 동지이다. 니껄라와 나는 예전에 함양에 있는 녹색대학에서 '쿠바의 에너지위기 극복' 사례를 다룬 DVD에 한글 자막을 넣어 배포한 적이 있다. 그때의 인연이 이어진 것이다. 2미터가 넘는 장신의 니껄라는 주로 높은 지붕 밑쪽 미장을 도맡았다. 그는 최근 어여쁜 한국 여인과 결혼해서 깊은 산속 마을로 귀농했다.

모든 마무리는 아름답다

사람들의 도움으로 1차 흙미장을 끝낸 후 우리 부부는 나머지 작업을 손수 해냈다. 장마철 내내 해가 비치길 기다렸다가 '쥐가 소금 먹듯' 조금씩 흙과 볏짚을 섞어 2

석회로 마감미장을 한 현관 외벽과 테라스

흰색 벽 굴곡에 비치는 전등 빛이 아름답다.

지붕 안쪽은 미송 루바로 마감했다. 침실과 화장실, 다용도 실 위쪽에 다락을 만들어 수납공간으로 사용한다.

침실과 거실 바닥에는 강화마루를 깔았고 창은 나무 갤러리 식으로 만들어 달았다.

차 미장을 했다. 3차 미장은 흙미장 위에 파이버 매시를 촘촘히 박고 그 위에 물에 담가 수화시킨 생석회와 모래를 섞어 발랐다. 마감미장은 석회반죽에 물을 섞어 만든 석회페인트를 여러 번 발라 하얗게 마무리했다. 그래서 처음에는 모두들 우리 집을 '하얀집'이라고 불렀다. 편지봉투에도 한동안 '장흥군 용산면 관지리 정장마을 하얀집'이라고 썼을 정도다. 하지만 지금은 테라스를 따라 목조 외벽을 둘러 친 터라 하얀집이라는 말을 쓰기가 조금 무색하다.

흙부대로 집을 지은 지 벌써 두 해가 넘었다. 우리 집은 여름에는 시원하고 겨울에는 따뜻하다. 귀농 연륜이 짧아서 아직 농사를 제대로 짓고 있지는 못하지만 나는 요즘도 새로 마련한 다랑이 밭과 텃밭에 나가 틈틈이 농사를 짓는다. 흙부대 건축의 장점과 건축법을 널리 소개하면서.

슈퍼맨 토가 부부의 흙부대 카페 – 무안 물맞이골

2008년 3월의 일이다. 아내가 서울로 나들이를 간 사이 혼자 집을 지키고 있었다. 늦은 잠에서 깨어나 창밖에 어른거리는 봄기운을 바라보고 있는데 인기척이 났다. 마당에 깔아놓은 자갈 밟는 소리. 문을 열어보니 챙 달린 모자를 가볍게 눌러 쓴 사십대 중반의 남자가 계면쩍은 웃음을 지으며 서 있었다. 그의 뒤로 온몸이 새까만 차우차우 강아지를 품에 안은 여인이 보였다. 그들이 바로 서형진, 정명희 씨 부부다. 우리는 새로 달아낸 마룻방에 앉아 차를 마시면서 흙부대 건축에 대해 두런두런 이야기를 나누었다. 그날, 부부가 선물로 주고 간 차우차우 '깜깜이'는 이제 진돗개 '양말이' 보다 훨씬 커버렸다. 좋은 인연은 그렇게 시작되었다.

남의 손을 빌리니 내 뜻이 달아나다

서형진 씨는 서울에서 패션의류 전문점을 운영했고, 부인 정명희 씨는 카페를 운영했다. 그들이 전남 무안 초당대학교 뒤편 물맞이골로 귀농한 것은 2007년의 일이다. 1996년에 구입한 2천여 평의 땅에 허름하나마 집이 한 채 있었던 터라 귀농을 하면서도 집 걱정은 하지 않았다. 그러나 워낙 쇠락한 집이었으므로 귀농한 해부터 건축업자

서형진, 정명희씨 부부가 새로 지은 흙부대 카페 안에서 활짝 웃고 있다.

에게 맡겨 19평 규모의 흙벽돌집을 새로 지어야 했다. 이후 두 부부는 자신들의 힘만으로 9평짜리 별채를 지었다. 물론 흙벽돌로 말이다. 이때 들어간 돈이 약 7천만 원 정도. 집 두 채를 지으면서 건축업자와 관계가 틀어지기도 했고 힘도 많이 들었다고 한다. 하지만 벽두께가 얇게 지어진 흙벽돌집은 별로 따뜻하지 않았다. 겨울에는 결로가 생겨 벽을 타고 물이 줄줄 흘러내렸다. 바닥 일부는 구들로, 일부는 보일러로 시공했지만 단열이 잘 되지 않았다. 덕분에 그들은 다음부터는 집을 지을 때 절대 남의 손을 빌지 않으리라 마음먹게 되었다.

흙부대로 실험 삼아 지어본 작은 야외 화장실

화장실로 실험한 흙부대 건축

이들은 물맞이골 텃밭에 농사를 지으면서 흙집 펜션과 카페를 운영하고 싶어 했다. 무안은 광주나 목포에서 가까울 뿐 아니라 근처에 대학도 적지 않았고 경관이 매우 수려해서 펜션이나 카페를 운영하기엔 제격이었다. 그들 부부는 2008년 봄에 카페 건물을 지으려고 준비하던 중 흙부대 건축에 대해 알게 되었고, 무안에서 그리 멀지 않은 장흥을 방문한 터였다. 그들은 우리 흙부대 집을 다녀간 뒤 나의 권유대로 우선 화장실부터 지어보기로 했다.

서형진 씨가 인터넷 동호회에서 사용하는 이름은 '토가土家'이다. 이름처럼 그는 흙집을 위해 태어난 사람 같다. 그 역시 "저는 건축의 건자도 몰랐던 사람입니다. 나한테 이런 능력이 있었는지 저도 놀랄 정도입니다. 집을 짓다보니 '바로 이거다' 싶더군요. 아무래도 체질인 것 같습니다"고 말한다. 토가 부부는 나의 권고대로 2008년 4월 초부터 흙부대로 화장실을 짓기 시작하여 23일 만에 완공했다.

토가 부부가 이루어낸 55평의 기적

작은 규모의 화장실을 지어보고 흙부대 건축에 자신감이 생긴 토가 부부는 5월 초부터 35평 크기의 카페를 짓기 시작했다. 7월 초순에는 20평 규모의 바닥 난방이 되는 좌식 홀을 추가로 쌓아 모두 55평 규모로 벽체를 쌓아 올렸다. 전체 건물의 규모는 폭 11미터, 너비 17미터. 이들 부부는 2008년 말까지 지붕 올리기를 비롯해 흙미장에 이르기까지 전문가가 혀를 내두를 만큼 훌륭한 솜씨로 작업을 마쳤다. 오직 부부의 힘만으로 대규모 흙부대 카페를 완성한 것이다. 동호회 사람들은 이들 부부를 슈퍼맨이라고 부른다. 체력과 건축 속도가 남달랐기 때문이다. 건축비용은 55평 규모의 건물을 짓는 데 현재까지 평당 50여만 원이 들었다. 완공돼도 평당 80만 원을 넘지 않을 것으로 예측하고 있다. 400여만 원짜리 중고 포클레인을 사서 직접 운전했고, 터에 있는 흙과 돌을 건축자재로 썼다. 부부 둘만의 힘으로 공사를 했다고 하지만 이 정도면 놀라울 만큼 경제적으로 카페를 지은 셈이다.

서형진 씨의 건축 일기

토가 서형진 씨는 자신의 손으로 지은 흙부대 카페를 자랑스러워하며 인터넷에 건축과정을 자세히 올려놓았다. 또 그 과정을 사진에 담아 공개했다.

"전문가에게 돌을 쌓는 데 필요한 기본 사항들을 배운 다음 혼자서 돌기초를 놓았다. 생각만큼 어렵지는 않았다. 절대 돌이 움직여서는 안 되고, 줄을 띄우고 반듯이 쌓아야 한다! 그래서 배운 대로 쌓았다."

"20킬로그램짜리 쌀부대에 집터에서 나온 흙을 담고, 철조망을 칸칸이 두 줄로 놓으면서 쌓았다. 무골조로 하다보니 양쪽 사각 모서리가 특히 신경이 쓰였다. 그래서 두꺼운 철근을 서너 개씩 꽂아가며 쌓았다. 문틀을 먼저 올려놓고 쌓는 게 쉬울 것 같아서 미리 문틀을 세운 다음 흙부대를 쌓았다. 문틀 위의 상인방에는 두께 10센티미터 정도의 나무를 더 받쳤다."

"처음엔 철쐐기를 박지 않고 흙부대를 쌓았다. 그런데 높게 쌓을수록 반드시 철쐐기를 박아야 한다는 것을 깨달았다. 무골조 흙부대 건축에서는 철쐐기와 가시 철조망의 역할이 매우 중요하다."

흙부대 집에는 버팀벽이 꼭 필요할까?

나와 서형진 씨, 그리고 동호회 회원들은 그가 올린 사진들을 보면서 인터넷으로 의견을 주고받았다. 특히 폭이 11미터, 길이가 17미터나 되는 긴 흙부대 벽체에 버팀벽을 하지 않은 것에 대해 많은 이야기를 주고받았다. 흙부대 건축에서는 직벽의 경우 5.7미터마다 버팀벽을 세우도록 권고하고 있기 때문이다.

나는 조심스럽게 버팀벽에 대한 의견을 밝혔다.

"장방형이라 벽체 중간에 버팀벽이 있어야 하지 않을까 생각합니다. 내벽과 외벽 이음벽이 없는 상황이라 횡력이 상당히 많이 작용하게 됩니다. 서까래와 지붕을 올리면 벽체를 바깥쪽으로 미는 힘도 생기고요. 이에 대한 점검과 조치가 필요치 않을까 생각하는데, 혹시 다른 방안이 있으신지요?"

내 의견에 대한 서형진씨의 답변은 이러했다.

"바깥쪽으로 벽체가 밀려나는 건 생각해보지 않았습니다. 아시다시피 흙부대 공법은 벽체 위에서 다짐을 하며 쌓아가는 방식이니까요. 밀리는 현상이 있었다면 이

장독대 너머로 미장을 거의 다 끝낸 흙부대 카페의 전경이 보인다.

카페 좌식홀 바깥쪽 원형창 앞에 선 서형진 씨와 필자

미 무너졌을 거라고 생각합니다. 수직으로 쌓아 올라가면 흔들림은 있어도 밀림 현상은 없습니다. 흔들림을 막는 것도 철쐐기를 박아주는 이유 가운데 하나입니다. 벽체 도리가 올라가고 서까래 등 지붕골조가 올라가서 벽체 전체를 잡아주면 비로소 구조적 안정성도 더해지고 벽체 전체가 하나가 되어 더욱 견고하게 된다는 게 저의 판단입니다.

버팀벽을 세우지 않고도 버팀벽을 대체할 수 있는 방법은 여러 가지가 있을 듯합니다. 카페에 올린 사진을 보면 굵은 하우스용 원형 파이프 두 개가 한 쌍이 되어 벽체 중간 중간에 붙어 있는 게 보일 겁니다. 바깥벽과 안쪽 벽에 파이프 두 개를 서로 맞대고 굵은 철사로 고정해서 버팀벽 역할을 대신하도록 한 것이죠. 충분히 제 역할을 다할 것 같습니다. 고정관념을 버리면 조금 더 쉬운 해결책을 찾을 수 있을 것입니다."

미장은 어렵고도 가슴 뿌듯한 작업이다

1차 미장을 끝내고 토가 서형진 씨는 인터넷 카페에 다음과 같은 글을 올렸다.

"그 동안 아내와 둘이서 미장하는 데만 한 달 보름정도 걸린 것 같다. 나는 흙부대 건축을 하는 동안 미장이 가장 힘들었다. 미장하는 데 모래는 12루베 정도, 흙이 7루베 정도, 생석회는 20킬로그램짜리 30부대 정도가 소모되었다."

1. 카페 홀 입구 앞에 선 토가 서형진 씨
2. 카페 홀 중앙에 대들보를 받친 기둥이 있다.
3. 대형 홀과 좌식 홀 사이 간벽에 시야를 확보하기 위해 좁고 긴 창을 만들었다.

"지붕을 올리고 미장까지 하는 데 들어간 순수 건축자재비는 약 2천만 원 정도다. 기초에서부터 지금까지 단 한 사람의 인부도 고용하지 않고 아내와 둘이서 짓고 있다. 대들보 올릴 때와 지붕 패널 올릴 때만 딱 두 번 크레인을 불렀다."

흙미장이 얼마나 힘든 일인 줄 아는 나는 토가가 올린 글에 십분 공감했다. 그 큰 규모를 두 사람이 해냈다는 사실이 놀라울 따름이었다. 2008년 12월 초, 무안 물맞이골을 찾았을 때 나는 내 눈을 의심했다. 흙부대 카페의 미장이 거의 예술 수준이었기 때문이다. 흙과 모래, 석회를 배합해서 두껍게 1차 미장을 하고, 마감미장은 황토물과 석회물을 섞어 붓으로 여러 번 발랐다고 한다. 토가는 미장을 할 때 매시나 망은 사용하지 않았는데 생각보다 부대자루에 흙미장이 잘 붙었노라고 말했다.

좌식 홀 안에서 본 간벽 창과 나무 선반   좌식 홀의 내부 전경, 햇빛을 받은 미장벽이 아름답다.

고운 분홍빛 벽체는 어디 한 군데 흠 잡을 데가 없었다. 마치 정성껏 화장한 여인의 얼굴 같았다.

흙부대 카페의 기둥과 지붕, 난방

흙부대 카페의 대형 홀 중앙엔 기둥이 서 있고, 그 위에 대들보가 놓여 있다. 이 대들보와 흙부대 벽체 위로 빙 둘러 얹은 나무 도리 위에 서까래들이 나란히 놓여 있다. 서까래 위에 판재로 개판을 얹고 다시 그 위에 샌드위치 패널을 올렸다. 서형진 씨는 샌드위치 패널 위에 방수포를 덮고 아스팔트 싱글을 붙일 계획이다. 대형 홀에 나란히 붙은 난방이 되는 좌식 홀에는 보가 없다. 흙부대 벽체 위에 나무 도리를 얹은 다음 그대로 서까래를 얹고, 대형 홀과 같은 방식으로 지붕을 만들었다.

서형진 씨는 좌식 홀에 보일러 난방을 할 생각이다. 사람들이 자고 갈 수 있게 하기 위해서다. 그는 카페를 빨리 완공한 후 거기서 흙부대 건축 워크숍을 열고 싶다고 말했다. 영사막까지 설치해서 워크숍을 하는 데 아무 문제가 없도록 완벽하게 준비하겠단다. 그는 카페 안쪽의 좌식 홀로 나를 안내하면서 무슨 일이 있어도 2009년 3월까지 완공을 하겠다고 다짐했다.

개성을 살릴 수 있는 흙부대 집

토가 부부의 흙부대 카페는 벽체 군데군데 넣은 통나무와 나무선반, 빈 병으로 장식한 원형창이 매우 이색적이다. 특히 대형 하수관용 주름관으로 만든 원형창의 틀이 돋보인다. 브라질의 환경단체인 에코센트로가 흙부대 건축을 하면서 버려진 콘크리트 대형 하수관을 사용한 데서 아이디어를 얻었다고 한다.

서형진 씨는 55평 규모의 카페를 짓는 와중에도 무안 청계에 있는 최낙훈 씨의 흙부대 건축을 도왔다. 최낙훈 씨는 남농 허건에게 사사 받은 한국화가 벽천 이현숙 여사의 막내이다. 이현숙 여사가 시내에서 운영하던 벽천화실이 팔리자 아들 최낙훈 씨는 자청해서 흙부대로 화실을 짓겠다고 나섰다. 흙부대로 짓는 새 벽천화실은 무안 청계면 송학동 예술인 마을 이현숙 여사의 집 한쪽 마당에 24평 규모로 들어서고 있다. 최낙훈 씨는 벽천화실을 흙부대로 지을 요량으로 장흥, 봉화, 무안 등 흙부대 현장을 일일이 답사했다. 10분 거리에 있는 토가 서형진 씨가 가장 많은 도움을 주고 있다.

서형진 씨 부부는 2009년에 흙부대 원형 방을 여러 개 이어 붙인 펜션을 지을 계획이라고 한다. 슈퍼맨 부부의 열정이 부러울 뿐이다.

하수관용 주름관과 빈 병으로 만든 원형 창 앞에 선 정명희 씨와 김정옥 씨

무안 청계 흙부대 건축 현장에 모인 최낙훈, 서형진, 김성원

깊은 산속 가족의 흙부대 건축일기 – 봉화 상운면

봉화 상운면으로 귀농한 오영미 씨는 가족과 함께 흙부대 집에서 산다. 두 채의 작은 집을 짓고 농사를 지으면서 산다. 그 중 작은 채는 산골에서 잠시나마 쉬어가고 싶은 가족들에게 빌려준다. 내년쯤이면 그 집 뒷산으로 멋진 산책로가 생길 것이고, 그녀는 많은 이들을 그 길로 인도하여 숲 해설가답게 흥미진진한 자연의 이야기를 들려줄 것이다. 물론 손수 집을 지은 경험담도 함께.

그녀는 자신의 카페(http://cafe.daum.net/gogohome)에 가족과 함께 집을 지으면서 경험했던 많은 사건과 생각들을 솔직하면서도 감동적으로 기록했다. 오영미 씨의 집짓기 이야기를 들어본다.

봉화 상운면 오영미 씨의 흙부대 집 전경

집짓기를 준비하며

봉화 상운면에 땅을 구했습니다. 더 이상 길이 없는 골짜기 끝, 산속입니다. 산세가 유난히 수려하다거나 누가 보아도 혹할 만한 풍경은 아닙니다. 하지만 보는 순간

내 맘이 편안해졌고 가슴에 뭔가 와 닿는 게 인연이구나 싶었습니다. 땅을 찾기까지 수고도 많이 했고 비용도 많이 들었습니다. 누군가에게는 아주 적은 액수에 지나지 않겠지만, 제게는 전부였지요. 그리고 이제 맨 땅에 작지만 몸을 의지할 집을 지어야 합니다. 많은 기대와 의욕과 두려움이 교차하는 게 사실입니다.

새둥지를 보며 생각합니다. 어쩌면 우리는 저 새들과 같은 재료를 나누어 써야할 것 같네요. 새들은 참으로 정교하게 둥지를 짓습니다. 입으로 재료를 물어다 저렇게 집을 짓다니, 참으로 대견합니다. 저도 할 수 있을까요? 내가 살집을 내손으로 다듬고 어루만지며 사는 게 어떨지 짐작만 해 봅니다.

우리 조상들은 뒷산(자연)과 조화를 이룬 집을 '좋은 집!' 이라고 했답니다. 하지만 나는 앞쪽의 전망에 더욱 관심이 갑니다. 우리 집터에는 요즘 뻐꾸기와 꾀꼬리 소리가 한창입니다. 시골에 살고 있음이 실감나는 순간입니다.

내가 살고 싶은 집

어떤 집을 원하느냐고요? 나는 우선 단순하고 소박하고 건강하고 튼튼하며 이웃이나 자연과 소통이 이루어지는 집을 원합니다. 자연을 거스르지 않고 내가 하나의 고리가 되어 살고 싶습니다. 실용적인 집도 좋습니다. 빛을 따라 창문 트임과 동선을 배려한 집이지요. 아름다운 집이 될지는 미지수지만, 적어도 단단하고 단열이 잘 되는 집이 되어야겠지요. 믿음은 바라는 것들의 실상이라면서요?

짧은 기간 동안 생태건축 워크숍에 참가하면서 건축은 '관계짓기'라는 배움을 얻었습니다. 사람과 사람이 관계를 짓고, 사람과 자연이 관계를 짓고, 자연과 자연이 관계를 짓는 과정이 바로 집짓기의 과정이라더군요. 어떻게 조화를 이루고 관계를 맺을 것인가? 어떻게 하면 서로를 배려하며 빛날 수 있는 관계가 될까? 이것이 집짓기를 통해 제가 배우고 터득해야 할 과제가 아닐까 생각합니다.

집을 짓다보면 삶의 많은 부분들이 바뀌게 될 겁니다. 내 몸은 새로운 일에 적응하느라 고된 모양입니다. 내게 다가오는 일련의 변화들……. 집짓는 일, 농사일, 그리고 새로운 사람들과 만나는 일. 이 모두가 과한 듯 보이지만, 해보고 싶은 일이고, 소망하는 일이었으니 그냥 한걸음씩 내딛겠습니다.

흙부대로 집을 짓자

주위 분들은 "가물고 집짓기 좋은 날씨 다 놔두고 언제 지을 거야? 어~ 하다 장마 온다"고 하십니다. 제 마음이야 오죽하겠습니까?

흙부대로 집을 짓자고 마음먹은 뒤 봉화 물야면의 흙부대 공사 현장을 찾아갔습니다. 포클레인이 참 멋지더군요. 공사현장에 필요한 참과 식사를 어찌하면 좋을까도 요량해보았지요. 따스한 햇살과 적당한 노동이 살아 있다는 느낌을 주네요. 세포 구석구석 피가 돌지 않았던 부분까지 기운이 뻗치는 것 같은 느낌입니다. 물론 남이 하는 것과 내가 하는 것에는 차이가 있겠지요.

집짓기를 지켜보는 일이 저는 아주 재미있었습니다. 내 집을 다 짓고 나면 뿌듯할 것 같습니다. 엄청난 만족감에 휩싸일 것 같습니다. 육체적인 힘은 부족하겠지만, 할 만한 일입니다. 동물들이 제 살 집을 짓듯이 저도 한번 지어보겠습니다. 아자! 이렇게 재미있는 일을 다른 분에게 맡겼다면 사뭇 억울할 뻔 했습니다. 그런데, 잘 하고 있는 건지, 누가 확인도장을 찍어주나요?

드디어 실감나는 집짓기

지금 당장은 집 짓겠다는 사람 있으면 도시락 싸가지고 다니며 말리고 싶지만, 한편으로는 부족한 점을 보완해서 또 한 채 짓고 싶다는 생각도 듭니다. 그만큼 재미있거든요.

드디어 '집을 짓고 있다'는 게 실감나기 시작합니다. 오늘은 물통을 모터와 연결하고 수도꼭지를 달아 물을 개통시켰습니다. 물이 흐르니 마음까지 시원해집니다. 땅속에 묻을 건 묻고. 하여튼 무사히 오늘 일을 마쳤습니다. 기초는 줄도랑 기초로 하기로 했지요.

집이 다 지어질 때까지 비용이 얼마큼 들지 두려운 마음도 앞섭니다. 내일도 더울 것 같습니다. 내일 일은 오전 중에 마칠 수 있기만을 바랍니다. 왜냐고요? 건축 현장에서 일하시는 분들이 왜 주머니를 차야 하는지, 일하면서 얼마나 목이 마른지, 그리고 새참 시간이 얼마나 중요한지를 몸소 느낄 수 있었으니까요.

쥐 풀방구리 드나들듯 자재상을 드나들다

나르기 수월하도록 좀 작은 부대를 택했습니다. 40×60짜리 부대에 흙을 담아 너비를 재어보니 35센티미터입니다. 양쪽으로 5센티미터씩 미장하면 벽 두께가 45센티미터 될 것 같아 누런색으로 5,000장 주문했습니다. 일주일 동안 작업해서 다음 주 금요일까지 맞춰주신대요. 장당 190원씩 5,000장이니까 도합 950,000원입니다. 조금 징하다는 생각도 듭니다. 20평, 10평 규모로 두 채 짓는 데 결국 7,000장이 들어갔습니다. 벽체를 쌓아야하니 그럴 만도 하지요?

5톤 덤프트럭으로 흙을 받기로 했습니다. 모두 50차, 흙부대를 채울 흙입니다. 마침 근처에 태양광 발전소를 설치하느라 산을 깎고 있는 데가 있어서 덤프트럭 3일 쓰는 비용(1일 40만 원)을 내고 포클레인이 실어주는 값과 흙값으로 차당 1만원을 내기로 했습니다. 3일 동안 받기로 했는데 비가 오는 바람에 쉬엄쉬엄 겨우 25차를 실어 날랐죠. 꼭 절반인데 흙이 마당을 뒤덮었네요. 이틀은 더 해야 한답니다. 흙에 든 비용은 총 170만 원.

흙부대 벽체에 깔아줄 코팅된 가시철망 12개를 가져왔습니다. 1개당 6만 원입니다. 오전에 영주에 가서 쇠말뚝 1,000개를 받아왔습니다. 쇠말뚝 값은 153만 원 들었고요.

석회는 톤백Ton Bag에 6만 원 하더군요. 석회공장을 방문하게 되리라고는 상상도 못했던 일입니다. 20년간 석회공장을 하셨다는 사장님은 생석회를 수화시켜 오래둘수록 좋다는 말이 꼭 맞는 것은 아니라고 하십니다. 한번 물과 반응하면 12시간 이상 하루 정도 두었다가 쓰면 된다네요. 더 이상은 다른 반응이 일어나지 않는다고요. 문득 우리가 수많은 허상 속에 살고 있다는 생각이 들었습니다. 나 역시 또 다른 허상을 좇아 오늘도 열심을 낸 건 아닌지…….

자재상 판매원은 흙부대로 집을 짓는다는 얘기에 대뜸 "벙커군요. 폭격에도 끄떡없겠어요"라고 농담을 건넵니다. 과연 흙부대로 집을 지을 수 있을까, 의심하는 거죠. 하지만, 분명 됩니다! 확신하고 부딪쳐 보는 거예요. 도전이 없다면 성취도 없으니까요. 오늘은 종일 봉화 읍내 자재상을 '쥐 풀방구리 드나들듯' 했답니다. 자재가 들어왔으니 이제 흙자루에 흙을 담아 쌓을 일만 남았습니다. 또 한 걸음 앞으로 간 셈입니다.

가장 쉬운 기초

자갈도랑 위에 강화흙부대(석회와 흙을 섞어 굳힌 흙부대)를 놓아 기초를 만들었습니다. 가장 쉽게 접근할 수 있는 방법인 것 같습니다. 우선 도랑을 파고 잡석을 깔아 놓은 곳을 잘 고르고 다진 다음, 줄을 다시 띄워 벽 쌓을 자리를 잡았습니다.

흙을 담고 나르고, 쌓아서 다지고……. 덥긴 덥습니다. 하지만 땀 흘리고 샤워하고 나서 한줄기 시원한 바람을 맞는 기분도 무척 좋습니다. 아버님이 뭐든지 척척 잘하실 줄은 정말 몰랐네요. 필요한대로 말만하면 뚝딱! 나옵니다. 얼마든지 집을 지을 수 있다는 자신감이 생깁니다. 형부와 언니, 아버지, 어머니, 저 이렇게 여럿이 모여 웃으며 일을 하니 훨씬 수월했습니다. 몸무게가 2킬로그램이나 줄었습니다. 노동의 힘은 참 대단합니다. 우리 동네 여자 반장님도 집 짓고 나서 10킬로그램 빠졌다고 하기에 내심 기대했는데, 성격상 그건 무리일 듯합니다.

창과 문 만들기

원주 형부는 원형창문 틀을 쓱싹쓱싹 잘 만드셨어요. 사각 틀은 길이를 재서 하면 되니까 어떻게 해보겠다 싶었지만, 원형창문 틀을 만드는 건 사실 좀 까마득했거든요. 형부는 홈을 파서 짜맞추기 문짝을 만들려고 오셨다가 자재를 보더니 후딱 하루 만에 모든 걸 만들어 주고 5시 50분 원주행 버스를 타고 가셨습니다. 연로하신 형부가 건강하게 여생을 보내실 수 있으면 좋겠습니다.

문틀을 세웠습니다. 2×10과 2×6 나무로 가틀겸 문틀을 만든 것입니다. 원주 형부가 짜주고 간 가틀이 한 겹이라 약하다는 의견이 있어서 거기 한 겹을 더 대고, 다시 2×6 나무로 덧 대어보니 문틀이 세 겹이 되었습니다. 네 명이 나를 정도로 무거웠지만 아주 든든합니다. 쇠말뚝을 문틀과 창틀에 박아서 쌓은 흙부대 벽체에 고정했습니다. 버팀목으로 받쳐 두었던 것을 드릴로 뚫어 구멍을 내주고, 쇠말뚝으로 박았습니다. 훨씬 든든한 느낌입니다.

창이나 문틀 위에 올릴 인방목으로 북미산 더글라스를 마련했습니다. 모든 게 내가 의도한 대로 이루어지는 건 아니더군요. 무골조로 집을 짓지만, 창이나 문틀 위에 하중을 분산하여 받도록 넓고 기다란 나무를 걸쳐준다는군요. 산림조합에서는 북미산 나무가 칠레산이나 뉴질랜드산보다 등급이 좋다고 합니다. 추운 지방에서

흙부대 위에 문틀을 세우다.

자란 나무가 더 단단하다는 뜻이지요. 창틀 길이에 60센티미터를 더하고 넓이는 35센티미터, 높이는 15센티미터짜리를 18개 구입해야 하는데 조금씩 차이가 나는 것을 입맛에 맞춰 제재해줄 수 없다고 해서 240센티미터짜리 3개와 180센티미터짜리 15개를 120만 원에 구입했습니다. 유난히 붉은 이 나무는 우리나라 소나무보다 단단합니다.

흙부대를 높이 쌓고, 인방을 올리고, 그리고 미장을 마칠 때까지 시간이 꽤 걸립니다. 비 소식이 잦아서 인방목에 빗물이 들어가지 않도록 오일스텐을 한번 칠했습니다. 인방을 올리고 두 단을 더 쌓으면 벽 위에 도리를 치게 될 것입니다. 벽체가 높아질수록 작업속도는 떨어지네요. 그래도 안전이 제일입니다. 아무도 다치지 않고, 튼튼한 집을 즐거운 마음으로 짓는 것! 그것이 첫째가는 목표입니다.

인방을 두 개 올린 날입니다. 길이가 작고, 나무가 말라 생각보다 덜 무거웠습니다. 그래서 비계 위에 한 번 올려두고, 올라가서 한 번 더 같이 들어서 올렸습니다. 인방을 올리고 나니 집이 더욱 견고해 보입니다. 큰 나무가 올라갔는데 뭐 없냐고 그러셔서, 삼겹살을 구워 먹었답니다.

정말 신기합니다. 아직 공정이 많이 남았지만, 지금처럼 한 공정씩 하다보면 언젠가는 끝이 나겠지요. 물론 10월을 넘기면 안 됩니다. 참, 말벌들이 우리 비닐하우

원형 창틀 위에 인방목을 올리고 있다.

스 안에 집을 짓기 시작했습니다. 그걸 떼어내면서 같이 집짓는 마당에 너무한 게 아닌가 싶더라고요!

1미터의 소중함

기본을 지키는 게 가장 중요하다는 것을 이번에 또 깨달았습니다. 흙부대 집을 지으면서 1미터 간격을 지키지 않아 한쪽으로 밀리고 문틀이 뒤틀려버렸거든요. 하는 수없이 보강벽을 했지요. 두 겹으로 댔던 틀 한쪽을 떼어내고 문틀과 문을 넣은 다음 수평을 잡고 틈새를 메웠습니다. 귀찮은 일이었어요. 문틀은 지붕을 올려주신 목수님이 잡아주셨고, 아버지와 형부는 덕분에 반나절 가량 열심히 대패질을 했답니다.

대체 1미터가 무슨 뜻이냐고요? 벽체 모서리부터 창이나 문까지 최소 1미터 이상 흙부대 벽체를 쌓고서 틀을 놓아야 안전하답니다. 피치 못할 사정으로 1미터보다 거리를 짧게 두어야 한다면 벽체의 두께를 더욱 두껍게 해야 합니다. 흙이 누르는 힘은 대단하거든요. 기본을 지키지 않은 탓에 배가 부른 현관쪽 벽에 보강벽을 세웠습니다. 비로소 든든한 마음이 듭니다. 아이들이 숨바꼭질 할 때 이용하면 좋을 것 같습니다. 보초병을 세우는 것도 괜찮겠죠?

내가 담은 흙자루가 집이 되었다

방학이라 동생과 쌍둥이 조카들이 내려왔습니다. 비가 오락가락 하는 통에 진한 육체노동을 경험하지는 못했지만, 구름이 해를 가려 준 날에 흙자루를 100개쯤 담고 갔습니다. 땀이 나도록 일해 보는 건 처음이라며 모두들 즐거워했습니다. '내가 담은 흙자루가 집이 되었다.' 정말 멋진 일 아닙니까?

7월 23일부터 벽쌓기를 할 예정입니다. 뙤약볕이 쏟아질 테고, 남들은 휴가를 갈 테지만……. 과연 더위를 먹지 않고 일할 수 있을까요? 중동에서 일하던 근로자의 마음을 알게 되지 않을까, 기대해봅니다.

드디어 비계를 설치해야 흙자루를 올릴 수 있는 높이가 되었습니다. 반장님 댁에서 쓰던 것을 빌려 주셨는데, 가운데 ×자 철물이 없어서 봉화 철공소에서 두 조를 빌려왔습니다. 이제부터 조금씩 높이 올라갑니다. 무섭지 않을까 모르겠어요. 높이 올라갈수록 수평과 수직을 맞추는 게 중요합니다. 올라서면 현기증이 일어납니다.

큰아들이 작대기를 하나 더 달고 휴가를 나왔습니다. 기특하게도 "도와 드리고 갈게요" 하더니 밥값을 톡톡히 하고 갔습니다. 장정이 된 우리아들 덕분에 벽이 쭉쭉 올라갔어요. 아들 키운 보람이 있네요.

친구! 그 따뜻한 이름으로

친구들아 얼른 와라! 흙자루 담아야 혀. 아직도 2,500자루나 남았다. 친구들은 오자마자 흙담기를 시작했습니다. 2박3일 동안 열심히 흙만 담고 갔지요. 하루 일하고는 허리가 아파 물리치료까지 받아가면서 흙담기 삶을 체험하고 돌아갔습니다. 지금쯤 후유증을 앓고 있을지도 모릅니다. 친구라는 따뜻한 이름으로 휴가를 내게 반납하고 간 두 친구에게 고마운 마음을 전합니다. 이렇게 여러 사람의 손길이 들어갔는데 이 집이 따뜻하지 않고 배기겠습니까? 친구들 덕분에 느긋하게 별도 바라봤습니다. 벽이 한줄 두줄 쭉쭉 올라간 게 제일 기뻤지만요.

그 많은 흙자루는 다 어디로 갔을까?

주말은 쉬기로 했습니다. 연이은 노동은 사람을 지치게 하니까요. 아버지 생신이라 동생들도 왔습니다. 그런데 '떡 본 김에 제사 지내자'며 가족들이 모두 삽자루를 들

흙부대를 다지고 있는 오영미 씨 아버님   흙부대 담기를 돕고 간 두 친구

고 나섰답니다. 두 명씩 팀을 짜서 시합까지 벌였네요. 작은 동생이 오면 준다고 따로 보관했던 수박으로 화채를 만들어 먹고, 옥수수도 쪄먹으면서 땀을 뺐습니다. 어린 조카들마저 열심히 흙을 담았어요. 일을 마치고 밥을 먹는데, 생신 촛불을 끄는 아버지를 뵈면서 콧등이 시큰해졌습니다. 괜히 고생시켜드리는 게 아닌가 싶어서요. 아무쪼록 건강하게 오래오래 사시고 힘에 부치지 않게만 도와주시고……. 가족이라는 명목 앞에 동생들은 흙자루를 많이도 쌓아 놓고 돌아갔습니다.

'더불어, 함께' 지은 집

우리 집은 말 그대로 '더불어, 함께' 지은 집입니다. 군대 간 아들, 동생들, 친구들이 와서 담아주고 간 흙자루를 다 사용하고, 내일은 흙자루에 흙을 더 담아야겠구나 하고 생각하는데 전화가 왔습니다. 비 소식도 있고 해서 잠시 쉬던 참이었습니다.

"저 야매 강○○입니다. 휴가차 봉화에 왔는데 좀 도와드릴까 싶어서요. 어디쯤 되십니까?"

"제가 봉화로 잠깐 나갈 일이 있는데 터미널 앞에서 만날까요?"

나는 머뭇거릴 새도 없이 도움의 손길을 받아들였습니다. 힘이 드니까 점점 염치가 없어지는 모양입니다. 사람만 보면 흙자루에 흙을 담아 달라고 합니다. 혼자 오시는가 했더니 두 분이 더 오셨습니다. 장정 세 명이 남아 있는 500자루에 흙을 담아 놓고 가셨답니다. 3일 쌓을 흙자루가 확보된 셈이네요. 비가 오락가락 하는 가운데서도 열심히 흙을 담아주고 가신 세 분께 진심으로 감사드립니다.

2008년 잔인한 여름에 7,000장의 흙부대가 쌓이다

2008년 그해 여름은 정말 잔인했습니다. 사실 무모한 도전이었지요. 흙자루 7,000개. 말이 7,000개지 숨이 턱 막히는 개수입니다. 지금은 6,500자루 쯤 쌓았습니다. 자그마한 산을 하나 자루에 담아 옮겨 놓은 형국이네요. 개미들이 참 대단하다고 생각한 적이 있었는데, 사람들도 엄청납니다. 아침이면 손을 오므리기도 힘들고 입에선 비명이 절로 나오곤 했는데, 내일이면 벌써 벽쌓기가 끝납니다. 흙을 자루에 담아 차근차근 쌓아나갔을 뿐인데. 참 징그러운 작업을 한 거네요. 찌는 듯한 찜통더위와 맞서면서요. 포기하고 싶은 생각은 들지 않았지만, 두 번 집을 짓겠다는 생각은 못하겠더라고요. 한번 잘 지어보고 만족할 생각입니다. 물론 묵묵히 도와주신 분들 덕분입니다.

옆 동네 아저씨, 형부와 언니, 오영미 씨, 어머님, 아버님

참신한 벽쌓기를 마감하면서 함께 해주신 분들과 기념사진을 찍었습니다. 어떤 힘에 이끌려 여기까지 왔는지……. 고단한 육신에 뿌듯한 마음을 한 자락 얹어 사진

을 찍었습니다. 비장한 각오로 전장에 임하는 장군들 같지 않나요?

힘들지만 초보자도 엄두를 내서 짓는 집

물을 벌컥벌컥 들이켜야 했던 시간이 지나고 어느 새 쌀쌀해진 날씨에 긴팔 옷을 꺼내 입을 때가 되었습니다. 시간이 참 많이 흘러갔네요. '만감이 교차한다'는 말은 이런 때 쓰는 것 같습니다.

기초를 놓고 흙부대를 쌓는 데 총 23일이 걸렸습니다. 찬조 출연 해 준 가족, 친지, 친구, 동기들의 노고가 아니었다면 이렇게 마감할 수도 없었겠지요. 얼마나 많은 사람들의 도움이 있었는지 헤아릴 수조차 없습니다. 기도로, 땀으로, 물질로, 시간으로, 답글로……. 일하는 사이사이 쉬어가면 좋을 시간에 비를 내려주신 하느님께 감사드립니다.

집은 에너지로 세우는 것 같습니다. 그만큼 힘이 듭니다. 하지만 흙부대 건축은 다릅니다. 쉽게 접근할 수 있다는 말이 맞습니다. 건축에 초보자인 저 같은 사람도 엄두를 내는 걸 보면 말입니다.

꽃들이 눈길을 끄는 가을에 지붕을 덮다

지붕을 무엇으로 할까, 하는 궁리는 처음부터 계속 되었습니다. 나는 초가지붕을 하고 싶었지요. 그런데 2년에 한 번씩 초가를 갈아야 한다는 게 큰 걸림돌이 되었습니다. 절대 만만한 일이 아니잖아요. 그 다음으로 생각한 것이 피죽이나 송판! 그 다음이 너와! 그런 순서였지요. 하지만 저는 결국 칼라강판을 택했습니다. 철거할 때 재활용이 가능하고, 기와지붕보다 무게가 1/6 정도 가벼워서 무골조 집에 하중을 덜 준다는 점, 그리고 수명이 오십 년 쯤 간다는 이유였지요.

처음에는 하얀 석회미장 벽에 주황색으로 지붕을 할까 생각했지만 봉화의 고향집 분위기에 영 맞질 않아서 기와무늬의 무광택 칼라강판과 황토 흙미장 벽을 선택했습니다. 아침 7시, 다섯 명의 일꾼이 들이닥쳐 전문가답게 지붕작업을 시작했습니다. 역시 전문가는 다릅니다. 작업 속도도 일의 완성도도 달랐습니다.

잠자리와 나비가 날아다니고, 고마리와 물봉선, 마타리 등이 한창 꽃을 피워 눈길을 끌고 있는 이즈음, 드디어 지붕을 덮었습니다! 우여곡절 끝에 덮은 지붕이 감격스럽기만 합니다. 막상 집을 짓다보니 마음이 자꾸 바뀌더라고요. 지금은 애초에 품었던 생각과 다른 것들이 마음 한 구석에 자리 잡고 있습니다. 아직 공정이 많이 남았습니다. 전기와 미장, 설비 그리고 준공검사 등이죠. 추석을 쇠고 다시 일할 것 같습니다.

급한 마음으로 미장을 시작하다

미장을 위해 예천 풍양에서 황토를 사왔습니다. 색이 너무 붉지 않나 하시는 분도 있습니다만, 이 정도면 촌스러움이 묻어나는 좋은 흙이라고 생각합니다. 15톤 한 트럭에 35만 원씩, 우선 2트럭을 구입했습니다. 흙값보다 운반비가 더 비쌉니다.

구조요청을 했습니다. 어쨌든 9월 말까지는 미장일을 마치고 싶어서죠. 가능한 분들이 계시다면 오셔서 흙부대 건축 견학도 하고, 하루쯤 손에 흙을 묻혀보고 가셔도 좋으련만. 품앗이 문화는 좋아보였지만, 요즘 생활방식과 맞지 않는 부분이 있어서 어려움이 따르더군요.

우선 하우스 한쪽에 방치했던 드릴에 반죽기 날을 연결하여 반죽을 시작했습니다. 먼저 집짓기를 하신 분들이 미장일이 결코 만만한 게 아니라고 충고해주셨는데……. 걱정이 앞섭니다. 하지만 시작이 반이라잖아요?

날씨가 서늘해져서 모두를 마음이 급합니다. 아버지 어머니뿐 아니라 저도 그렇습니다. 현장에 텐트를 치고 생활한 지 벌써 여러 달째. 말씀으로야 야영생활이 재미있다고 하시지만, 연로하신 분들이 오죽 힘드실까요? 하루라도 당겨서 마무리할 수 있으면 좋겠습니다. 이제 집짓기 중반부에 돌입했네요. 아자 아자 아자!

집을 지을 때는 어느 한 공정도 소홀히 할 수 없습니다. 미장도 마찬가지입니다. 이론이야 생태건축 워크숍에서 들은 터였지만 현장 경험이 없다보니 엄두가 나질 않습니다. 시험적으로 미장배합을 해보기로 하고 우선 흙 : 볏짚 : 석회 : 모래의 비율을 3:3:1:5로 비벼 두고 내일 발라 볼 참입니다. 모래의 비율을 5,6,7로 해서 발라보고 좋은 비율로 2차 미장을 해 볼 참입니다. 하루 이틀 늦어져도 그게 옳은 것 같습니다. 1차 미장은 이틀이 지나니까 말랐는데 잔금이 많습니다. 맘이 급해진 어머니께서 1차 미장을 하시자 틈새에 폼을 쏘던 아버지도 합류하십니다. 어머니 아버지 마음처럼 서둘러 집을 완성해야겠지요?

우선 외벽 미장부터 마쳐야합니다. PP부대자루를 자외선으로부터 보호해야 하니까요. 일손이 많아서 내외벽을 한꺼번에 진행하면 좋겠지만 우선 한 쪽 면씩 하기로 했습니다. 현장 경험이 있는데다가 직접 집지을 준비를 하고 계신 비나리 님이 오시니 일의 속도가 눈에 띄게 빨라졌습니다. 창틀 마감도 꼼꼼히 해 주셨고요. 도리와 부대를 잡아 매고 남은 반생이를 잘라 디근자로 구부려 철망매시를 잡아주는 못으로 사용합니다. 일요일이라 학교에 가지 않은 아들이 만드는 것을 도와주었지요. 이만하면 '더불어, 함께' 집짓기 맞지요?

반죽도 예삿일이 아니더군요. 하는 수없이 '쇠돌이'라고 부르는 전동 반죽기를 빌렸습니다. 경운기 엔진으로 돌아가는 것인데 소리는 시끄러워도 힘은 좋더라고요. 2차 미장재 섞기가 힘들어 보였는데 쇠돌이에게 도움을 많이 받게 생겼어요. 작은 레미콘처럼 생긴 흙반죽기는 '통돌이'라고 부르는 것 같던데……. 누가 이런 이름을 붙였는지는 모르지만 여러 사람이 부르다보면 제이름이 되겠지요.

재미있고도 힘든 흙부대 미장

1차 미장은 크림 같습니다. 골 사이사이 박히도록 던져 바르기 때문에 옷이고 얼굴이고 튀지 않는 곳이 없습니다. 오늘은 반장님이 합류하셔서 길어질 것 같았던 안쪽 미장에 탄력을 받았습니다. 한 손 차이가 엄청나네요. 비나리 님은 미장하기 좋도록 벙벙하게 나온 자루 끝을 핀으로 잘 고정해주고, 반죽을 해서 나르고, 경험을 십분 살려 놓치기 쉬운 곳을 챙겨주고 있습니다. 내일은 1차 미장을 마치고, 2차 미장 준비인 철망매시 대기를 할 계획입니다. 한쪽에서는 2차 미장을 하게 되고요.

1차 미장을 하고 철망매시를 대었습니다. 햇볕에 바로 닿지 않게 차양도 쳤습니다. PP부대만 상하지 않는다면 자루 쌓아 놓은 모습으로 살아도 좋겠다고 생각했는데, 이렇게 흙을 붙이고 보니 느낌이 훨씬 좋습니다. 흙작업은 힘들고도 재미있습니다. 흙은 사람의 마음을 푸근하게 해줍니다.

2차 미장에 들어갈 수 있으리라 생각했는데 그렇게 호락호락 하지 않습니다. 그래서 한쪽 동 안팎으로 1차 미장을 마치고, 철망매시를 대고, 2차 미장재 준비하는 것으로 어제의 일을 마무리했습니다. 2차 미장은 흙을 채에 걸러야 벽면이 고르게 나오고 갈라짐도 덜하다네요. 공정이 조금 늦어져도 꼼꼼히 하고 지나가야 다음 공

흙부대 벽 위에 1차 미장을 하고 있다.

정이 힘들지 않겠지요?

우리 마을 여자 반장님께서 손을 보태시니 한결 탄력이 붙었습니다. 한쪽 동 안팎을 내일까지면 1, 2차 미장 모두 마칠 수 있을 것 같습니다. 자루는 태양에도 강한데 미장을 하지 말고 그냥 두고 살까 하는 생각도 듭니다. 아마 지쳐서 그런 것 같습니다. 이틀 일하고 나면 자꾸 쉬고 싶은 마음만 듭니다. 하지만 응원해 주시는 분들이 계시니 마감까지 힘을 내야죠.

이제 문틀 마감 작업만 남았습니다. 힘쓰는 일보다는 세심함을 요구하는 작업이네요. 흙집의 특징을 살려 예쁜 부조를 했으면 좋겠습니다.

일을 하면서 한편으로는 힘에 부쳤지만 결과물이 눈에 들어오니 마음이 뿌듯합니다. 이제는 어디서도 흙자루를 볼 수 없습니다. 1차 미장을 다 했으니까요.

저는 큰 동에 흙물로 붓질을 하고, 형부와 아버지는 미장재를 만들어 나르시고, 반장님과 이웃 아주머니께서는 열심히 미장일을 하셨습니다. 욕실 안쪽 2차 미장을 오전 새참 시간 전에 마치고, 작은 동 1차 미장에 들어가서 외벽 1차 미장까지 마치는 쾌거를 올렸답니다.

내일은 일요일. 모두들 너무 많이 지쳐서 하루 쉬어 가기로 합니다. 여름내 비 내리듯 땀을 흘리면서 쌓아올린 흙부대를 이제 볼 수 없다고 생각하니 한편으로 서운

합니다. 가을걷이가 한창인데도 이렇게 미장일을 도와주신 반장님과 이웃 아주머니, 외벽 1차 미장을 마칠 수 있도록 공정을 서둘러주신 형부, 여러 사람이 먹을 밥과 참을 해내느라 힘들었던 언니와 어머니, 일흔의 노구로 청년 몫을 감당하신 아버지, 한 사람 몫을 해내준 나의 아들! 고마운 마음이 물밀듯 밀려옵니다. 내일은 푹 쉬는 하루가 되면 좋겠습니다.

느낌이 한없이 좋은 2차 미장

2차 미장을 하면서 느낌이 어찌나 좋은지 마냥 흙을 붙이고 싶더군요. 흙 느낌은 정말 좋습니다. 석회를 넣지 않고 배합한 것과 석회를 넣은 것을 한쪽 벽에 시험 삼아 붙여보았습니다. 마르고 나면 어느 쪽이 좋은지 보고 2차 미장을 해야죠. 결과를 본 것은 아니지만, 외벽은 석회를 섞은 것으로 하고 안쪽 벽은 그냥 해야겠다고 생각 중입니다.

반장님이 소개해 주신 동네 아주머니 한 분과 중3짜리 아들 녀석이 일손을 거들었습니다. 하지만 2차 미장재를 반죽하여 대는 일도 쉽지는 않습니다. 반죽은 아버지께서 도맡아 하십니다. 어느 공정 하나 쉬운 게 없어요. 2차 미장을 하고 보니 색

1차 미장 위에 철망매시를 붙이고 2차 미장을 하고 있다.

아름답게 미장한 두개의 보강벽

감이 마음에 쏙 듭니다. 비나리 님이 야무지게 마감을 해주고 계셔서 든든합니다.

숲 해설가인 산내음 님이 인천에서 오셨습니다. 마무리 붓질을 하고, 예쁜 부조까지 만들어주고 갔습니다. 손재주가 있는 분이라 쓱싹쓱싹 손쉽게 만드시더군요. 마무리 미장에도 시간이 꽤 많이 걸렸습니다. 여러 사람이 함께 한 이야기가 있는 집! 기분 좋은 하루였습니다.

창문이 하나 있고, 보강벽을 세운 이곳이 아주 마음에 듭니다. 남향이라 햇빛도 오래 들어올 것입니다. 흙부대 집은 창을 크게 내면 안 된다는 경고에도 불구하고 창을 조금 크게 했습니다. 그래서 상인방을 더 튼튼한 것으로 대고, 지붕도 가벼운 칼라강판을 선택했지요.

흙이 말라가는 느낌이 아주 좋습니다. 버팀벽 사이에 화분이라도 놓으면 좋을 것 같아요. 버팀벽을 싫어하는 분도 계시지만 저는 대만족입니다. 스스로 집짓기는 결국 '자기만족'을 위해 하는 것 같습니다.

콘센트 주변에 부조를 만들고 있다.

드디어 전기불이 들어옵니다

평당 8만 원을 주기로 하고 봉화 삼광전설에 전기내선 설비를 맡겼습니다. 그 만큼 비용이 지불된다는 이야기고, 수월하게 간다는 뜻이기도 하지요. 전화와 TV 배선, 그리고 필요한 곳과 알맞은 위치에 스위치와 콘센트 배선도 잘 해주고 갔습니다. 미장과 바닥을 끝낸 뒤 연락을 하면 스위치와 콘센트, 전등, 계량기, 두꺼비집 등을 달러 오겠답니다.

전기공사 하는 분이 오셔서 흙벽이 울퉁불퉁하고 면이 고르지 않아 마감이 깔끔하게 떨어지지 않는다며 "선무당이 사람 잡는다"는 말을 남기고 갔습니다. 비록 선무당이 사람 잡았는지는 모르지만……, 암튼 시간이 더 지연되면 안 되겠기에 야간 작업을 해서라도 원하는 대로 해 놓을 테니 다음 날 해달라고 신신당부하고 밤늦도록 일을 했습니다. 일종의 마감 손질로 스위치 달 곳의 면을 고르게 잡아 놓는 것이죠. 그래서 또 스위치 달 부분에 부조를 열심히 만들었습니다. 가족들이 하나씩 맡으니 금세 되었답니다. 흙자루 나를 때와는 다른 기분이에요.

전등도 다 달았습니다. 두 사람이 와서 하루에 끝내고 가려고, 밤에 불을 켜고 일하는 걸 보고 왔습니다. 바닥 보일러와 설비를 마치고, 싱크대만 놓으면 마무리가 됩니다. 하지만 흙집이어서 마르는 시간이 만만치 않을 것입니다. 4~5개월은 말라야 한다는데 겨울이 오고 있어서 걱정입니다. 우선 거실 바닥을 시멘트로 깔고, 다른 방바닥은 흙으로 해서 천천히 말린 다음에 들어가기로 합니다. 그 후에 시멘트 바닥 위로 흙을 얇게 깔기로 마음 먹어봅니다.

학생들이 견학을 왔어요

우리 집을 보러 학생들이 왔습니다. 고도원의 아침편지 충주명상센터의 건축학교 학생들이랍니다. 다 지어진 집을 바라보는 것과 그 안에서 일을 한 사람들과는 시선 자체가 다르지요. 어떤 느낌으로 갔을지 궁금합니다. 바닥 마감도 잘 되어서 어서 입주할 수 있기를 바랄 뿐입니다. 요즘 날씨가 꽤 쌀쌀합니다.

천장을 붙이고 나니 비로소 방이 되다

천장을 붙이고 나니 비로소 방 같은 느낌이 듭니다. 2~3일 걸려 처마 밑과 두 동에 나무 루바 대는 작업을 했습니다. 고개를 치켜들고 천장 일을 하기가 영 쉽지 않습니다. 그래도 자꾸자꾸 진짜 집처럼 되어갑니다. 처마 마감과 실내 루바 작업은 두 명 품으로 3일 반나절 걸려서 끝났습니다. 자재 계산을 잘못해서 조금 비싸게 했지만, 깔끔한 게 마음에 듭니다. 저희는 주변 정리와 방바닥 선을 잡기 위해 흙 채우기를 했습니다.

바닥공사! 드디어 끝이 보이기 시작하다

바닥에 보일러를 시공했습니다. 이제 미장을 하고 타일과 변기를 앉히고, 싱크대를 설치하고 입주하면 됩니다. 여러 가지 여건상 이번 달 말일은 돼야지 싶네요. 드디어 끝이 보입니다. 고지가 바로 저기네요.

시멘트 40부대, 우리 트럭으로 두 트럭 모래를 싣고 왔습니다. 시멘트는 한 부대에 3,500원 줬고. 모래는 포클레인으로 한 주걱 당 5,000원 주었습니다. 한 차에 일곱 주걱씩 들어가더군요. 시멘트 140,000원 모래 70,000원 총 21만 원이라는 돈이 바닥 미장하는 데 들어가네요. 인건비가 더 비쌉니다. 목욕탕까지 이틀 분량이라는데 바닥 미장기술자 15만 원씩 30만 원, 도우미 7만 원씩 14만 원, 그리고 저도 한 품 했을 때 얘기랍니다. 암튼 일만 벌였다 하면 백만 원이 홀떡 날아갑니다. 마감에도 돈이 많이 들어가는군요.

모래는 두 트럭 더 사왔습니다. 바닥미장이 끝나서 선풍기와 난로를 틀어 놓고 말리고 있습니다. 문짝을 달고, 화장실 타일과 변기를 앉히고, 장판을 깔고, 싱크대를 달고……. 아직도 일이 많아요. 오늘 내일 비가 오고 이제부터는 기온이 부쩍 내려간다던데. 좀 쉬고 싶다는 생각이 듭니다.

향수를 불러일으키는 연탄보일러

연탄보일러를 놓았습니다. 과거로 돌아간 느낌입니다. 시골 살림에 연료비를 감당하기가 만만치 않으니까요. 두꺼운 흙벽에 은근히 피우는 연탄이면 난방 문제를 무난하게 해결할 수 있겠지요. 두 동 3구 3탄을 때는 데 3,000장 정도만 있으면 내년 이맘 때 다시 시켜도 된다네요. 요즘 연탄 1장 값이 350원이랍니다. 그래서 오늘 3,000장 들여놓았습니다. 연료비가 105만 원 들어갔지요. 1년 연료비 치고는 작게 들어간 셈이죠? 바닥 미장도 말릴 겸 번개탄에 불을 붙여 연탄을 넣어 두었습니다. 연탄을 3,000장 들여 놓으니 속이 든든합니다. 김장을 하고 나면 더욱 그렇겠지요?

방바닥이 정말 잘 놓아졌나봅니다. 연탄을 땠더니 아주 따뜻합니다. 준공검사를 받고 서서 입주해야죠. 연탄 가는 수고는 기꺼이 할 참입니다. 지지러 오세요. 올해는 뒤쪽 보일러 옆에 비닐을 덮고 비나 눈을 피하고 어딘가에 연탄광을 지어야겠어요. 방이 정말 따뜻해요.

문짝도 달았어요. 아버지께서 오일스테인을 칠하고 계십니다. 여름내 고생 하시고, 마지막 문짝을 다시는 마음이 어떨까요? 문짝을 다니 훨씬 따뜻합니다. 대충 이렇게 살아도 되겠다는 자족의 마음이 생깁니다. 문짝을 다는 데도 적잖이 힘이 들었습니다. 대충 두들겨 맞췄는데 괜찮을까 모르겠어요. 나중에 안 맞으면 다시 두들겨야합니다.

준공검사를 준비하며

준공검사 신청에 필요하다는 정화조 검사필증을 받기 위해 몇 가지를 설치했습니다. 지자체마다 기준이 조금씩 다르다고 하던데 봉화는 조금 까다롭답니다. 그래서 여러 소리 안 나도록 신경을 썼습니다. 아이들이 빠지지 않도록 철구조물을 설치하라고 해서 격자로 쇠말뚝을 놓았고, 환풍구에 벌레가 들어가지 않도록 망을 치라고 해서 그대로 했습니다. 그 위로 시멘트로 철갑을 둘러 빗물이 들어가지 않도록 설치했고요. 어제 담당자가 보고 갔는데 잘 했다네요. 목요일에 검사 나온답니다.

가스 안전검사필증도 있어야 한다고 해서 또 15만 원을 들여 쇠파이프로 벽에 구멍을 뚫고 통과시켜 가스통을 달았습니다. 측량 사무소에 건물현황 측량도 의뢰했고요. 이번 주 중에 나와서 측량해 가면 건축사 사무소에서 준공절차를 대행해줄 것입니다. 그것도 비용이 꽤 들어가는 일이지요. 집 한 채 짓고 사는 데 비용이 많이도 들어갑니다.

마침내 정화조 시설도 통과. 참 잘했어요, 도장을 받은 거지요. 설계변경을 해야 해서 준공까지는 시간이 조금 더 걸릴 모양입니다. 처음 신청한 도면과 많이 달라져서요. 웰빙 집은 아니고, 그저 제 손으로 지은 집을 원했던 건데요. 하룻밤 자보았는데 따뜻했어요. 아무튼 감개무량했습니다.

지금은 쉬고 있습니다

지금은 쉬고 싶다는 생각밖에 들지 않습니다. 생각보다 돈이 많이 들어가서 부담스럽기도 하고요. 내일은 임시 거처에서 짐을 빼서 우선 들어가려고 합니다. 기쁜 마음일지 한번 들어가 보겠습니다. 보람은 엄청 큽니다.

입택한 지 한 달이 되었습니다. 따뜻한 방에서 휴식을 취하고 있고, 만족감도 최고입니다. 내가 하고 싶은 대로 했으니 불만스러운 데가 없지요. 자족을 배우고자 마음먹은 터라 이만하면 아주 훌륭하다는 생각뿐입니다. 그동안 도와주신 분들의 마음을 생각하면 따뜻한 방이 한층 더 따뜻하게 느껴져요. 아직 전화선을 연결하지 못했지만, 언젠가는 연결되겠거니 하고 있답니다.

흙부대로 지어진 큰 채. 보강벽이 재미있다.

우리 강아지 복남이 복실이도 이제 다 커버렸어요. 집지킴이 역할을 톡톡히 해내고 있고요. 복남이 복실이가 풀어져 이웃집 닭을 물어 죽였기에 장날 한 마리 사다 드렸어요. 마침 잡아먹으려던 건데 잘 됐다면서 도로 가져가라고 해서 닭도 우리 식구가 되어버렸어요. 그런데 이 닭도 사람 손을 허락하지 않네요. 이쪽 동네는 닭들이 한성격 하는 모양입니다. 게다가 성큼 자라 이제는 쥐를 잡아먹는 고양이도 우리 식구로 살아갑니다.

오늘은 종일토록 비가 내렸어요. 눈이 아니라서 다행이에요. 여긴 눈이 오면 꼼짝 못할 것 같거든요. 그래도 눈 온 풍경을 기대하게 되는 겨울날입니다. 지금은 그저 푹 쉬고 있습니다.

미술가를 꿈꾸던 건축사의 하얀 모래집 – 봉화 소천면

봉화에는 상운면, 물야면, 소천면 세 곳에 흙부대 집이 있다. 그 중 가장 먼저 세워진 것이 소천면 강가에 있는 고흔표 씨 집이다. 그 집 앞에는 계곡 깊이만큼 깎아 올린 바위 절벽 아래로 보기만 해도 시원한 강물이 흐른다. 겨울엔 투명한 얼음처럼 보이는데도 강물은 멈추지 않고 흐른다. 그처럼 파랗고 맑은 강물이 흐르는 곳에 터를 정한 그는 집도 강가의 모래를 쌓아 지었다. 흙부대 집이 아니라 모래부대집(Sand Bag House)이다. 믿기지 않는다면 살짝 벽을 파보면 알 수 있지만, 아마 성한 몸으로 돌아갈 수는 없을 것이다. 정글 같은 숲을 헤치면서 비포장도로를 500미터나 내고, 1년 동안 나무를 베서 만든 터에다가 수천 장의 부대에 땀과 모래를 버무려 쌓은 집이기 때문이다.

흙부대 벽체 앞의 고흔표 씨와 강가의 하얀 흙부대 집

10킬로그램짜리 모래부대를 쌓은 소천면 현장

모래자루 5천 개가 집이 되다

고흔표 씨는 나에게 먼저 전화를 걸어 부대에 모래를 넣어 쌓아도 되겠냐고 물었다. 해외의 사례를 본 적이 있는 터라 괜찮을 거라고 말했다. 그 이후로 고흔표 님은 거의 매일 나에게 전화를 걸어왔다. 매 공정마다 확인하고 또 확인하면서. 고흔표 씨의 직업은 건축 감리사다. 물어봐야 할 사람은 오히려 내 쪽이다. 사실 내가 할 수 있는 대답도 거의 "예, 그렇게 하세요"였을 뿐이다. 하지만 모래부대로 벽체를 쌓는다니 내심 걱정이 되었다. 벽체를 다 쌓고 지붕을 올리려는데 한번 와서 봤으면 한다는 연락을 받고 처가에 다녀오는 길에 들렀다. 막상 가보니 내 집 지을 때 사용했던 것보다 작은 10킬로그램짜리 PP부대에 강모래를 담아 쌓았다는데 여간 튼튼하고 꼼꼼하지 않았다. 모래부대 사이에 틈 하나 없는 게 흡사 벽돌집 같았다. 10킬로그램짜리 부대로 쌓으면 평당 150~200장 정도 들어갈 터인데 22평 규모라니, 아무리 작게 잡아도 4~5천 장을 담고 쌓았다는 얘기다. 그것도 두 부부가. 봉화는 그들이 살던 서울에서 워낙 먼 곳이라 친지들도 도우러 가기가 쉽지 않은 곳이다. 노인들만 있는 산골이라 일손을 구하기도 어려웠다. 하는 수없이 부부 둘이서만 작업을 했단다. 장비로 터를 고르는 6일 동안은 모래자루를 2천 개나 담았는데 손마디가 퉁퉁 부어 구부러지지 않을 정도였다고 한다.

이곳저곳 밭에서 주운 돌로 막돌기초를 쌓다

기초는 동네 밭에 널려있는 돌들을 주워와 벽을 따라 쌓았다. 기초를 놓는 데도 무척 힘이 들었나보다. 그는 먼저 막돌기초를 하기 위해 돌담이 있는 폐가의 주인을 만났단다. 그런데 막상 쓰려고 하니 밭을 만들어주면 주겠다고 하더라는 것이다. 처음에 이야기했던 것과 틀린데다 괜스레 화가 나서 그만두었다. 그러곤 이곳저곳 밭주인들의 허락을 받아 돌을 현장으로 운반했다. 세레스로 12차를 운반하는 데 일주일이 흘렀다. 가져온 돌을 이리저리 맞춰가며 막돌기초를 놓았는데 폭이 60센티, 높이가 40센티였다. 그 위에 방수포를 얹어 습기가 위로 올라가지 못하게 했다.

남의 손을 빌린 건 모래부대 벽체 위에 나무 도리를 돌리고, 보와 서까래를 얹고, 지붕 개판작업 등 지붕골조를 만드는 일과 전기공사를 직장 동료에게 부탁한 게 전부란다. 이후 흙미장이며 흙바닥 놓는 일이며 타일 붙이는 일, 하다못해 설비와 배관까지 모두 부부와 방학 때 내려온 두 딸이 해냈다.

산과 집이 한 덩어리가 되게 한 피죽 지붕

고흔표 씨는 나와 달리 전통 살림집 방식을 따라 나무로 도리와 보, 서까래를 얹어 지붕골조를 만들었다. 서까래 위에는 판재로 개판을 올리고 광목으로 덮었다. 광목

모래부대 벽체 위에 나무 도리를 얹는 작업을 하고 있다.

동자기둥 위 마룻대 위에 서까래가 나란히 놓여 있다.

강모래를 섞은 황토로 1차 미장을 한 모습

석회 몰타르를 붙이듯이 회벽으로 마감했다.

위에 각재로 상을 걸어 틀을 만들고 10센티미터 정도 흙을 깔았다. 다시 왕겨숯과 소금, 흙을 섞어 30센티미터 정도 덮었다. 이것만으로도 지붕 단열은 완벽하다고 했다. 다시 합판을 쳐서 그 위를 덮고 방수포를 깐 후 피죽을 얹어서 마무리했다.

피죽 네 묶음을 5톤 초장축 트럭에 두 단 쌓아 한 차를 사용했다. 피죽은 60센티미터로 절단하고, 처마 끝 테두리에 피죽 첫 단을 나사못으로 고정시켰다. 그 다음 단부터는 못으로 앞단 피죽 위에 고정시키는 방식을 적용했다. 이때 방수포에 못이 박히지 않게 했고 지붕 맨 위 용마루 쪽에서 좌우, 앞뒤를 서로 고정시켜 한덩어리가 되도록 했다. 지붕에 피죽을 올린 탓에 뒷산과 집 모양새가 쏙 닮은 게 마치 산과 집이 한덩어리가 된 듯하다.

흙미장 위에 하얀 테라코타 석회마감

모래부대 사이는 물을 뿌려가며 흙반죽을 해서 메웠다. 처마도리와 지붕사이의 공간이 높아 그곳에 흙을 메우는 작업이 매우 힘들었다고 한다. 13일 동안 내부 흙땜 작업, 벽체와 지붕 연결부분 흙 작업, 그리고 처마도리 상부 흙막이 작업을 끝냈다고 하는데, 흙집은 역시 미장이 가장 어렵고 시간도 제일 많이 걸린다. 벽은 우선 모래나 볏짚을 섞지 않고 황토로 1차 미장을 했는데 그 때문에 균열이 많이 생겼다. 2차 미장은 회벽의 강도를 높이기 위해 굵은 모래와 석회, 바나나 섬유를 넣고 발라 균열을 잡았다. 굵은 모래를 사용한 까닭에 벽이 거칠어졌는데 느낌을 그대로 살리

빈 병을 넣고 벽을 쌓아 집 안팎으로 불빛이 넘나든다.

봉화의 추운 겨울을 막아줄 화목 난로의 땔감들

기 위해 테라코타 기법으로 마감했다. 테라코타 Terra-cotta는 원래 점토로 구운 도기를 말하는데 일반적으로는 조형적으로 점토를 붙여서 표현하는 방법을 이른다. 고흔표 씨는 석회와 강모래를 섞어서 바르지 않고 붙이듯이 마감했다.

고흔표 씨 부부는 어두운 걸 싫어했다. 그래서 거실에만 앞뒤로 6개의 크고 작은 창을 내어 집 안으로 빛이 한껏 들어오게 했다. 침실에도 창이 두 개나 있다. 화장실에도 창이 있다. 뿐만 아니다. 벽면에 백 여 개의 빈 병을 두 개씩 주둥이를 마주하게 붙여 모래부대를 쌓을 때 끼웠다. 빈 병을 통해 낮에는 햇빛이, 밤에는 집안의 전등 빛이 넘나든다. 집 주위에는 강가에서 주워온 돌로 봉당을 만들고 봉당 아래에는 잡석을 깔았다. 그리고 강을 따라 떠밀려온 제법 굵은 나무 등걸로 자연스런 야외 의자를 만들었다.

봉화에 흙부대 집을 지은 물야면의 이재열 씨와 상운면의 오영미 씨, 그리고 우리 부부는 2008년 12월 초 소천면의 고흔표 씨 댁을 찾아갔다. 산중이라 겨울준비가 만만치 않은 것 같았다. 고흔표 씨 집 뒤쪽과 구석구석에 겨울을 넘길 장작이 그득했다. 한겨울 영하 20도까지 내려가는 봉화에서는 화목준비가 필수다. 6월 말부터 시작해서 7개월이 지난 뒤에야 집 공사가 마무리 되었고, 그제야 화목난로에 들어갈 땔감을 준비할 수 있었다고 한다. 난방에는 화목 보일러와 기름 보일러를 연결해서 사용했다. 평상시에는 화목 보일러를 사용하고 먼 곳을 다녀와 급히 방을 데울 때만 기름 보일러를 사용한다는 것이다.

1. 목천방식으로 채운 벽체 상부와 물결무늬 회벽치장
2. 직접 만든 문장식과 작은 솟대들이 꽂혀있는 나무 벽장식
3. 남은 들보용 원목으로 거실의 긴 진열대를 만들었다.

단순하면서도 자연스런 치장과 내부

우리는 집 내부에 들어서자마자 입을 떡 벌리고 말았다. 이곳저곳 창이 많아 실내가 밝았을 뿐만 아니라 회벽치장 솜씨도 예사롭지 않았다. 틈틈이 만들어둔 작은 솟대를 수십 개 세워놓은 것 하며, 직접 나뭇가지를 잘라 만들었다는 문 장식이 고흔표 씨가 한때 미술가를 꿈꾸던 학생이었다는 걸 실감케 했다. 미술가를 꿈꾸던 이가 건축가가 된 셈이다. 그러니 막무가내로 보이는 흙부대 공법으로 집을 지어도 단순하고 자연스런 조형미가 드러나는가 보다.

회벽에 철망매시를 대고 타일본드를 발라 주방 벽면에 타일을 붙였다.

인덕을 쌓아서 만들었다는 주방

현관을 들어서면 바로 화장실이 보이고 우측으로 거실 문이 보인다. 밝고 넓은 거실 한쪽엔 주방이 있다. 주방 벽에는 족히 5미터 이상 되어 보이는 싱크대와 김치냉장고, 전기 플레이트가 있다. 거실 입구에는 간단한 아일랜드 바Ireland bar도 있다. 싱크대는 그 동안 자신이 쌓은 인덕으로 선물 받은 것이라 한다. 초록색 모자이크 타일이 붙은 넓은 주방 벽면에 반대편 긴 창을 마주보며 나란히 난 주방쪽 작은 창들에서 리듬감이 느껴진다. 거실 맨 안쪽에 침실이 있는데 침실 창으로 보이는 깎아지른 절벽 아래로 흐르는 맑고 푸른 강물이 마치 액자 속 그림 같았다.

고흔표 씨가 공개한 공사비의 일부

최종 공사비 내역은 아직 정리되지 않았지만, 토목공사와 정화조 설치비와 난방시설, 전기 조명과 기타 마감을 포함해서 평당 150만원이 채 들지 않았다고 한다. 남의 손을 최소한만 빌리고 집 한 채를 거의 온가족이 직접 지은데다가 주변의 자연자재를 최대한 이용한 덕분이다.

기초부터 기본 벽체까지 자재비와 공사비

- 노끈 2롤 : 10,000
- 우레탄폼 : 15,000
- 갑바 3장 : 15,000
- 합판 : 190,000
- 철물 : 180,000
- 철조망 20롤 : 500,000
- 시멘트 20포 : 70,000
- 스테풀 : 8,000
- 방수포 6롤 : 102,000
- 굵은 철사 3롤 : 66,000
- 철사 : 10,000
- 코아합판 : 200,000

- 각재 : 18,000
- 공병 200개 : 8,000
- 호수 : 12,000
- 마대 2700개 : 405,000
- 인방목 : 500,000
- 철근 1m 200개 : 140,000
- 사과박스 20개 : 80,000
- 배관파이프 : 60,000
- 기초석 16차 : 무상 (밭에서 주워옴)
- 모래 : 무상 (길에서 주워옴)
- 황토 : 무상 (터 작업시 모아 놓음)

합 계 : 2,589,000원 (22평 기초부터 기본 벽체까지의 소요 금액)

평당 소요 금액 : 117,681원

기초부터 기본 벽체 완성까지의 투입 인원 : 94인

지붕공사 디테일

- 처마도리 돌리기(주먹장마춤) : 더글라스
- 동자기둥 세우기(7치×7치) : 더글라스
- 들보, 대들보 올리기(7치×1자) : 더글라스
- 서까래 걸기(4치) : 낙엽송
- 개판치기 : 춘양목
- 덧서까래 걸기 : 더글라스
- 광목 깔기
- 황토, 왕겨, 소금 혼합해서 기초지붕 깔기
- 왕겨 깔기, 소금 뿌리기 (왕겨 70가마, 소금 2가마)
- 합판치기(12밀리)
- 방수포 깔기(2밀리)

지붕공사 공사비

- 서까래 : 264,000
- 덧서까래, 대들보, 들보, 동자기둥, 처마도리, 개판 : 4,000,000
- 합판 : 950,000
- 철물 : 150,000
- 왕겨 : 50,000
- 소금 : 26,000
- 전기배선 : 200,000
- 방수포 : 289,000
- 인건비 : 1,200,000
- 광목 : 240,000

합 계 : 7,369,000원
기초, 벽체 : 2,589,000원
지붕 : 7,369,000원

총 계 : 9,958,000원
(평당 : 452,636원)

지붕마감 자재비

피죽 120,000×4벤딩 : 480,000
운반비(현장까지 50분 거리) : 70,000
지붕마감재 : 550,000

모진 추위도 견딜 따뜻한 집을 위하여 – 봉화 물야면

봉화 물야면 이재열 씨의 흙부대 집

이재열 씨 부부는 공무원이었다. 이재열 씨는 노조활동을 하다가 해직되었고, 그의 부인은 경북의 오지인 봉화로 좌천되었다. 몇 년 후에 다시 서울로 올라갈 생각이었지만 살다보니 봉화가 좋아졌다. 두 부부는 봉화에 정착하기로 결심하고, 물야면에 터를 구한 뒤 흙부대로 집을 지었다.

나에게도 해고를 당해본 경험이 있다. 그래서 이재열 씨의 마음을 충분히 짐작하고도 남는다. 나는 해고당할 줄 알고 있었던 터라 마음다짐을 단단히 해둔 상태였지만 막상 해고통지를 받고 보니 '분노', '패배감', '당혹감' 등의 감정이 몸과 마음을 사로잡았다. 나도 해고당한 후 장흥으로 내려왔다. 고통스런 노동과 생뚱맞게 집을 짓느냐는 조롱을 마다하지 않고 내가 흙부대로 집을 지었던 이유도 '패배감'과 '분노'를 씻기 위해서였을지 모른다. 덕분에 나는 격한 감정들을 털어내고 '자신감'과 '성취감'을 느낄 수 있었다. 이재열 씨는 어떠했을까? 차마 묻지는 못했지만 그가 짓고 싶었던 집 이야기를 통해 그의 목소리를 들어볼 뿐이다.

"아내가 올해 안에 집을 지어 내놓으라고 강력하게 명령한 데다 어떻게 해서든 내 손으로 공사를 마쳐야겠다는 욕심에 흙부대로 짓기로 결정했습니다. 흙부대 건축은 무골조 방식으로 지을 수 있으니 세월아 네월아 하며 날씨 걱정일랑 좀 덜하고 지을 수 있다 생각했기 때문입니다."

컨테이너 박스를 놓고 집짓기를 준비하다

나는 터에 중고 컨테이너를 사다놓고 그 안에서 생활하며 집 지을 준비를 했습니다. 아내와 함께 기거하고 있는 봉화읍과 현장이 꽤 멀리 떨어져 있기 때문입니다. 그래서 어쩔 수 없이 집을 짓는 동안에는 아내와 떨어져서 생활해야 했습니다. 본채를 짓기 전에 나는 먼저 나무심기와 생태화장실 만들기, 그리고 자재를 준비하기 시작했습니다.

나무심기는 곧 집짓기

하루 만에 잣나무 500주를 단 세 명이 심은 적도 있습니다. 나무 욕심이 많아서 그 와중에도 소나무 다섯 그루, 앵두나무 두 그루, 살구나무 두 그루, 산수유 열 그루, 주목 다섯 그루, 진달래 다섯 그루에 덤으로 얻어온 이름 모를 나무 열 그루를 열심히 심었지요. 사실은 아침 먹으러 나가다가 소나무 캐는 분을 만나는 바람에 엉겁결에 그 많은 것들을 사고만 것이지요. 원래는 소나무만 사려고 했는데 아저씨가 소나무만 필요하냐고 묻는 통에 결국 갖가지 나무들을 몽땅 주문하고 말았습니다. 심고 싶은 나무는 많은데 심을 자리가 없을 정도였지요. 휑하던 땅이 푸릇푸릇 해지니 기분까지 좋아졌습니다. 집을 지으러 온 건지 나무를 심으러 왔는지 헷갈릴 정도입니다. 지나가던 동네 이웃들조차 "집 짓는 사람이 뭐하는 거냐"고 하셨죠.

생태화장실로 흙부대 건축을 가늠하다

욕심 같아서는 바로 본채를 짓고 싶었지만 화장실부터 짓기로 했습니다. 작은 건물을 먼저 지어봐야 집짓기 전체를 이해하고 실수도 적어진다는 권고 때문이었죠.

똥이나 소변이 그대로 화장실 밑으로 떨어지는 재래식, 이른바 푸세식은 솔직히 냄새 때문에 아찔했습니다. 그래서 다른 방법을 찾았지요. 그게 바로 잿간입니다.

흙부대 건축을 이해하기 위해 미리 지어본 생태화장실

변을 보고 재를 뿌리는 것인데 이렇게 하면 발효도 되고 냄새도 전혀 나지 않습니다. 저는 재대신 왕겨나 톱밥을 뿌리는 방식을 택했습니다. 화장실 밑에는 똥받이 역할을 하는 수레가 놓입니다.

생태화장실을 구상하면서 가장 염두에 두었던 것은 코를 찌르는 냄새를 없애고 시각적으로 깨끗하게 만드는 것이었습니다. 도시에서만 생활해온 터라 생태화장실에 대한 막연한 거부감을 감출 수가 없었지요. 별도로 창문을 내는 대신 화장실 벽과 지붕 윗부분을 개방시켜서 바람을 잘 통하게 했습니다. 변을 수거하기 위해 만든 아래 공간 벽체 위에 화장실 바닥을 받치는 바닥장선을 얹어 놓는데 장선 사이 사이를 메우지 않고 그대로 두어 공기의 흐름이 생기도록 했습니다. 환기구는 별도로 설치하지 않았습니다. 소변 처리는 남성의 경우만 별도의 고무통에 호스를 연결해서 분리 배출하도록 했습니다. 호스는 당분간 개울가 부근까지 뻗어 있습니다. 나중에 아래 밭에 통을 하나 만들어서 이것을 모아 거름으로 쓸 예정입니다. 똥받이 외발 손수레에 톱밥을 끼얹어 냄새를 제거하는 동시에 숙성시켜 퇴비로 만듭니다. 생태화장실 사용 결과는 대만족입니다. 아직까지 전혀 냄새가 나지 않을 뿐만 아니라 변을 보면서 바라보는 경관도 나쁘지 않습니다. 생태화장실은 시골생활을 하는 데 꼭 필요한 부분입니다. 일을 하다 흙 묻힌 채 집안으로 들어가지 않아도 되

비닐하우스 안에 가득 쌓인 건축자재들

고 호박이나 작물을 키우는 데도 적지 않은 도움을 줍니다. 실제로 호박 등 작물을 키워보니 더욱 실감이 납니다.

아무튼 생태화장실을 지으면서 느낀 바도 많고 본채를 흙부대로 짓기 전에 여러 가지 기술적인 부분을 익히는 데도 많은 도움이 되었습니다. 건축 초보라면 화장실이나 자그마한 공방 혹은 농막을 먼저 만들어 본 후 본채를 시작하는 것도 나쁘지 않을 듯합니다.

좋은 자재를 마음껏 써서 집을 짓고 싶었다

자재구매 계획을 잘 세워 한꺼번에 자재를 구해야 건축비를 줄일 수 있다고 합니다. 그래서 우선 자재창고로 쓸 비닐하우스 한 동을 지었습니다. 비닐하우스 안쪽엔 바닥깔개로 비닐을 깔고, 3인치 각재 깔고, 11밀리미터 합판을 깔았습니다. 단순한데도 혼자하려니 정말 일이 됩니다.

현장에서 나오는 흙이 사용하기 좋은 마사토인데 양이 충분해서 집 짓기에 십분 도움이 되었습니다. 마사토를 팔라는 사람도 있습니다. 농담 삼아 흙장사로 돈 벌라는 사람도 있었을 정도입니다.

드디어 본채를 지을 1차분 자재가 들어왔습니다. 11톤 장축 트럭에 가득 실려 왔지요. 자기주도적 집짓기를 꿈꾸면서 거의 혼자 마대자루와 씨름하겠다고 나선 건 크게 두 가지 이유 정도로 압축될 듯합니다. 하나는 평생 내가 살 집 잘 짓지는 못해도 좋은 자재 맘껏 쓰면서 쾌감도 느껴보자는 것이고, 두 번째는 건축업자에게 맡길 경우보다 비용을 줄여보자는 거죠. 기초를 놓고 본채 1차 자재를 들여오면서 느낀 점 몇 가지만 말해보겠습니다. 첫째는 한정된 비용으로 정말 좋은 자재만을 쓰기에는 자재 값이 생각보다 비싸다는 것입니다. 혼자 집을 지으려 마음먹은 터라 (결국 남의 손을 빌리긴 했습니다) 가능하면 일거리를 줄이려는 생각으로 경량목조주택을 지을 때 구조재로 쓰는 가공목을 구입했습니다. 건조도 잘 되어 있고 지붕 골조를 만들 때 튼튼하면서도 작업하기가 쉬울 거라 판단했기 때문입니다. 그러다 보니 제재소에서 생나무를 켜다 쓰거나 통나무를 구입해 말리고 껍질 벗기는 경우에 비하면 상당히 고가인 목재를 사용하게 된 것입니다.

생각보다 자재 값이 너무 많이 들더군요. 그래서 본래 생각대로 하지 못하고 일부 비싼 자재들은 보류해 두었습니다. 자기주도적으로 집짓기에 도전하는 사람들은 값을 미리 꼼꼼히 알아보는 게 건축비용에 대한 충격을 줄이는 방법일 듯합니다. 집을 짓다보면 어디로 들어갔는지 모르게 엄청난 돈이 들어갑니다. 현재까지 30퍼센트 정도 비용이 추가되었습니다. 물론 사업자들에게 완전히 맡긴 경우와 견줘보면 그 만큼 더 좋은 자재를 들여오는 데 더 많은 비용을 투입할 수 있는 여력이 생기기도 했습니다.

내가 생각하는 좋은 자재는 이렇습니다. 첫째는 하자발생이나 구조적 문제를 일으키지 않는 것들이어야 합니다. 생재에 비해 잘 말려진 나무는 틀어짐이 적고 구조적 특성에서도 두세 배의 강도를 가지게 된다고 합니다. 자기주도적 집짓기의 장점 중 하나는 스스로 자재를 선택할 수 있다는 것입니다. 건축업자들에게 넘어가는 인건비와 사업자 수익 대신 자신이 직접 집을 지으면서 비용을 아끼지 말고 자재에 투입하는 것이 훨씬 더 지혜로운 일입니다. 무조건 싼 집만 좋은 집은 아닙니다.

두 번째는 특별한 기술이 없어도 집을 튼튼하게 지을 수 있는 자재를 고려해야 한다는 점입니다. 경량목구조 방식에 들어가는 철물들 중에 쓸 만한 것들이 많아요. 지진도 견디게끔 설계가 되어 나오는 것도 있습니다. 흙부대 건축이라도 지붕 골조를 만들 때는 이런 철물들을 이용해보는 것이 좋으리라 생각합니다.

흙부대 벽 위에 창과 문을 올려놓았다.   네 명의 동호회 회원들과 함께 쌓아올린 흙부대 벽체

　세 번째는 사람과 직접 접촉하는 부분의 목재들은 가능한 좋은 것들을 쓰는 것이 좋다는 점입니다. 흔히 천정 마감재로 루바를 많이 사용합니다. 나는 향이 좋은 삼목 루바를 구입했는데 비용이 만만치 않았습니다. 그러나 향을 맡는 순간 잘했다는 생각이 들었지요. 문을 열고 들어가는 순간 상큼한 공기와 함께 질 좋은 나무 냄새가 난다면 집지은 보람은 충분하지 않을까요? 다른 자재들도 마찬가지겠죠.

　자재구입처 사장님과 대화를 나누다가 한 가지 주의할 만한 이야기를 들었습니다. 건축업자에게 맡기는 경우, 모두가 그런 건 아니지만, 서까래나 잘 보이지 않는 부분에 들어갈 자재를 적절치 못한 것으로 사용하는 경우가 종종 있답니다. 특히 서까래나 장선에 튼튼한 구조재가 아닌 2×4 크기 경량각재를 쓰는 경우도 있답니다. 일을 맡겼으면 사람을 믿어야 한다는 선인들의 말에는 동감하지만 건축업자들에게 맡겨야 할 경우라면 자재비 산출이나 구입 등 주요 과정들을 꼼꼼히 챙기는 것이 나중에 하자를 막을 수 있는 방법입니다.

집중해서 최대한 신속하게 일을 진행하라

일을 진행할 때는 힘을 집중해서 최대한 신속하게 하라는 말이 있습니다. 막상 집 짓는 일을 해보니 그 말이 마음에 와 닿습니다. 거의 혼자 하거나 적은 인원으로 공사를 할 경우, 특히 건축 경험이 없는 초보자들의 경우에는 배관작업이나 기초파기, 터 고르기 등이 생각보다 쉽지 않습니다. '아차' 하는 순간 기간은 늘어지고 비용은

미장이 채 마르지 않아 버팀벽과 벽이 얼룩덜룩하다.

봉화의 맑고 투명한 햇빛에 미장이 꾸둑꾸둑 말라가고 있다.

올라갑니다. 자재도, 장비도, 인력도 집중해서 하면 더 경제적이고 효율적일 때가 많습니다. 모든 것을 혼자 하는 게 상책은 아니라는 뜻이죠. 결국 나도 너무 늦어진 공사를 진척시키기 위해 생태건축 동호회 회원들에게 도움을 요청했고, 적당한 품삯을 드리고 함께 일을 시작했습니다.

적어도 몇 가지 작업 공정들을 미리 계획해서 그 부분이 시작되기 전에 자재나 인력, 장비 등을 미리 준비해야 무리 없이 공사를 진행할 수 있습니다. 또 하나는 집을 지을 때는 매번 그 다음 공정과 마지막 마감까지 고려할 수 있어야 하며, 집이 완공된 상태를 충분히 상상해야한다는 것입니다. 그래야 각 공정들이 뒤엉키지 않습니다. 힘을 집중하기 위해서는 공정들을 미리 검토하고 준비해야 합니다.

아직 끝나지 않은 미장

벽체미장은 초벌미장을 포함해 마감미장까지 아무 것도 첨가하지 않은 생황토를 사용했습니다. 생황토라지만 현장에서 난 마사토입니다. 초벌미장 때에는 철망매시를 대고 미장했고, 마감미장 때는 조경용 마대 천을 댄 후 미장했습니다. 모래가 많이 섞인 마사토를 사용한데다 철망매시와 조경마대를 대고 미장을 한 덕에 건조한 부분도 터짐이 거의 없어 다행입니다. 듣기로는 황토만 사용한 집에는 벌을 포함해서 각종 벌레들이 많이 덤벼든다고 합니다. 내년 봄 즈음에 백회와 황토를 섞어 발라 벌레 막기를 하렵니다. 봉화는 너무 추워서 아직 백회미장까지는 못할 듯합니다.

지붕이 너무 어려워

집을 지으면서 지붕에 대한 고민이나 시공이 그 무엇보다 컸던 것 같습니다. 당초 생각과 달리 현실적인 벽에 부딪히면서 지붕에 화학적으로 만들어진 단열재나 방수포와 같은 자재를 사용하다보니 비생태적으로 변해 몹시 서운합니다. 지붕은 꼭 리빙루프를 하고 싶었습니다. 꽃들이 피어난 지붕을 만들어 보고 싶었거든요. 많은 사람들이 벌레가 들끓는다, 빗물이 샌다, 걱정들 하는 통에 결국 새가슴인 나는 리빙루프는 포기했습니다.

한 때는 리빙루프가 아니면 평지붕을 만들어 태양열 집열기라도 올려 위안을 삼아볼까 생각했습니다. 그러나 단 한 사람도 빼놓지 않고 평지붕마저 뜯어 말리더군요. 봉화는 폭설이 심한 지역인데 평지붕이라니, 말도 안 된다고요. 태양열 집열기는 평지붕이 아니라도 얼마든지 가능하답니다. 그건 사실이지만 아쉬움이 남습니다.

지붕마감이 어떻게 되든 단열만큼은 어떻게 해서라도 놓치지 말아야겠다고 결심했습니다. 설계 사무실 소장님은 "지붕 단열을 이중으로 하면 돈이 많이 들 텐데"라며 왜 이중단열까지 하냐고 묻습니다. 그래도 나는 하고 싶습니다.

일정을 앞당기려고 지붕 전문팀을 불렀지만 여건이 맞지 않아 그냥 제 방식대로 했습니다. 보는 150×200 가공목으로 걸고, 서까래는 2×8 가공목으로 걸었습니다. 지붕 단열은 4중으로 단열처리를 했습니다. 철물은 원래 서까래를 2×6용에 맞게 샀는데 서까래가 2×8로 바뀌면서 서까래에 비해 작아졌습니다. 보완책으로 네일 건Nail Gun으로 못을 냅다 박았습니다. 목수들이 하는 걸 유심히 보았는데 같은 상황에서 못 몇 개로 넘어가고 말더군요. 그래서 굳이 조금 더 큰 철물로 바꾸지 않고 사용했습니다. 한 곳에 두 가지에서 세 가지 정도의 철물을 제 나름대로 응용해서 덧댔습니다. 보와 보기둥은 2×12 가공목을 두 개 덧대어 사용하려 했지만 우여곡절 끝에 제재소에서 켜온 목재를 사용했습니다. 지붕골조는 본래 경량목구조 방식을 적용하려 했는데 완전한 경량목구조 방식이 아닌 게 되어버렸습니다. 하지만 제가 알고 있는 범위 내에서 경량목구조가 가지는 구조적 특성을 최대한 살리기 위해 노력했죠.

지붕마감은 송판을 사용했습니다. 마감재로 쓴 나무는 더글라스를 25밀리미터 두께로 제재해서 오일스테인을 4면 모두 발라 사용했습니다. 오일스테인은 대략 3

서까래 위에 OSB 합판을 붙이고 있다.

통 정도 들어갔습니다. 마감재로 나무를 쓸 경우 거의 매년 오일스테인을 한 번 정도 도포해 주는 것이 좋다고 합니다. 물론 경우에 따라서 달라질 수도 있습니다. 일단 나무에 오일스테인이 충분히 배어 들어가면 나무 자체를 수분과 벌레로부터 어느 정도 보호해주는 것 같습니다. 나무로 지붕마감을 했지만 어느 정도 방수도 되는 것 같습니다. 하지만 나무송판만 믿은 건 무리였나 봅니다.

나무송판 마감에 대해 오신 분들마다 못미더워 하시는 눈치가 역력합니다. 혹시 문제가 생긴다 해도 방수포 위에 각재로 상을 걸고 송판을 얹었고 쉽게 풀 수 있도록 나사못으로 고정시켜 놓았으므로 보수공사도 쉬울 겁니다. 그리 걱정하지는 않습니다. 나무지붕을 꼭 해보고 싶었던 터라 무조건 내지른 셈이죠. 관리만 잘 해주면 오래 갈 것입니다. 송판으로 지붕마감을 하고 싶은 분이라면 한 가지만 주의하면 됩니다. 각재 틀로 상을 걸었더라도 송판을 박을 때 절대로 방수포에 나사못이 박히지 않게 해야 한다는 것입니다. 아무리 좋은 방수재라 하더라도 세월을 이길 수는 없으니까요.

송판이나 굴피, 너와 등 나무로 지붕을 마감하는 경우 방수나 방충 문제가 제일 큰 걸림돌입니다. 그러나 마감재를 올리기 전에 사실상 모든 방수처리가 끝납니다. 나무마감 아래 타르 성분이 포함된 방수포를 깔기 때문입니다. 대략 2밀리미터 정도 두께죠. 내 경우에는 방수포 위에 반사단열재를 덧씌웠답니다. 반사단열재의 역할은 물론 첫째가 단열이고, 두 번째가 방수포를 보호해 주는 것입니다. 일부러 방수포를 보호해야 할 이유는 그리 많지 않은 것 같습니다만, 나무 마감재를 사용한 경우 방수포에 거의 전적으로 물막음 역할을 맡겨야 하기 때문에 신경을 조금 더 쓴 것뿐입니다.

중천장은 아래서부터 삼목 루바 – 상(나무 틀) – 합판 – 상 – 유리섬유 – 합판 – 스티로폼 – 반사단열재 – OSB 합판의 순서로 시공했습니다. 최대한 공기층을 많이 둬서 단열성능을 높이려 한 것입니다. 최대의 단열은 공기층입니다. 중천장 윗부분 상부 지붕구조는 이렇습니다. 서까래 – OSB 합판 – 방수포 – 반사단열재 – 각재로 만든 상 – 송판 마감 순으로 시공했습니다. 반사단열재와 송판 사이에는 대략 9센티미터 정도의 공간이 있고 사방으로 공기가 통해 여름철 직사광선에 의한 복사열을 처리하는 데 효율적입니다.

최대한 따뜻한 집 만들기

흙부대 집의 최대 장점은 벽체의 두께를 조절하기가 상대적으로 쉽다는 점입니다. 저희 집 벽은 미장 포함해서 대략 50센티미터입니다. 천장은 4중으로 단열처리를 한 상태고, 바닥단열을 위해 자갈다짐 위에 비닐을 깔고 150밀리미터 압축 스티로폼을 덮은 후 다시 흙과 자갈로 덮고 보일러 배관을 하고 흙다짐 한 다음 아마인유를 발라 마감했습니다.

집을 지을 때 저의 최대 목표는 '따뜻한 집 만들기'였답니다. 한마디로 성공했다고 봐야죠. 지난 주말에 서울 갈 일이 있어서 24시간 비워둔 적이 있습니다. 출발할 때 내부 온도가 25도 정도였는데 24시간이 지난 후에도 23도를 유지했습니다. 마침 내부 벽을 말리던 중이라 창문을 일부 열어둔 상태였는데도요. 당시 봉화는 새벽 기온이 영하로 떨어지던 참이었죠. 난방은 900리터짜리 나무 보일러를 이용하는데 서울로 떠날 때 나무토막 다섯 개 정도를 넣어둔 상태였습니다.

뒤쪽 화목 보일러에 장작을 넣으며 웃고 있는 이재열 씨

에너지 위기를 대비해서 지은 집

봉화의 집은 두 가지 전원을 사용하도록 전기 설비를 했습니다. 하나는 일반 전기이고 하나는 태양광 발전입니다. 그래서 각 방마다 전등도 두 개씩 달려 있고, 전선도 일반용과 태양광 발전용이 따로 배선되어 있습니다.

태양광 발전에 대한 기초상식은 인터넷을 뒤져서 알아냈습니다. 사실 조금만 알면 누구나 간단히 설치할 수 있답니다. 그래도 잘 모르겠다면 부품을 판매하는 데 가서 주인한테 자세히 물어보면 됩니다. 태양광 발전에 들어가는 부품은 태양전지 패널, 직류를 교류로 바꿔주는 인버터, 전압을 안정되게 조절하는 컨트롤러, 충전용 배터리 정도입니다. 그리고 태양전지 패널을 고정할 철제 앵글만 있으면 충분합니다.

태양전지 패널을 설치하는 방향은 지붕이나 옥상의 정남향이 좋습니다. 30도 각도로 세워 고정하면 무난합니다. 햇빛을 가장 오래도록 받을 수 있으니까요. 태양

전지 패널로부터 컨트롤러까지 오는 전선은 가능한 한 짧게 하고, 용량이 50와트 넘어가면 손실을 줄이기 위해 보통 전깃줄보다 조금 굵은 선을 사용합니다. 컨트롤러는 접근 가능하고 눈에 잘 띄는 곳에 설치해야 상태를 파악하기가 좋습니다. 컨트롤러와 배터리를 연결할 때 연결선의 길이가 1미터를 넘지 말아야 합니다. 인버터는 배터리와 직렬로 연결합니다. 인버터와 배터리 역시 연결선의 길이를 1미터 이내로 하되 가능하면 짧게 합니다. 그 다음 배터리에서 각 전등으로 전선을 분기하면 됩니다. 이렇게 하면 모든 공정이 끝납니다. 태양이 뜨면 자동으로 배터리가 충전되어 전기를 사용할 수 있게 됩니다. 태양광 발전용 전등은 일반 전력선에 연결하면 안 됩니다. 별도의 전등이 필요하죠. 중요한 건 전구인데요, 요즘 초절전 삼파장등을 사용하면 적당합니다. 자신이 직접 태양광 발전기를 설치해서 사용하는 것이므로 뿌듯하기도 하고 실제로 온실가스 감축에도 기여할 수 있습니다. 물론 아주 작은 양이지만요. 하지만 우리 모두 그렇게 실천한다면 굉장히 많은 온실가스를 줄여갈 수 있겠죠.

일반 전기용과 태양 전지용이 함께 달려 있는 거실등과 마당의 태양 전지판이 부착된 가로등

은퇴하지 않는 시인의 나무아래 집 – 강릉 사천면

강릉은 나에게 매우 특별한 곳이다. 80년대 가수 김수철이 '고래사냥'을 하러 가자고 외치던 동해바다가 있는 곳이다. 거대한 고래는 포획할 수 없는 이상이었고, 바다처럼 깊고 짙은 현실의 경계 앞에 멈춰서 모든 삶을 포기하고 싶었던 젊음들이 모래처럼 쌓인 곳이다. 강릉은 잘못된 사랑을 탓하며 죽음을 각오하고 찾아갔던 피난처였다. 그러나 인연은 그곳에서 다시 이어졌다. 살아보려는 몸부림을 넓고 포근한 마음으로 안아주며 나의 아내가 된 여인의 고향이니까. 아내와 함께 떠난 강릉 여행에서 나는 시인 한 분을 만났다. 그리고 시 같은 그의 흙집도 보았다.

강릉 사천면에 흙부대로 집을 지은 이기종 시인

흙부대 집을 짓는 시인

이기종 시인. 그는 은퇴한 언론인이다. 강원일보 사회부 기자, CBS 영동방송 보도제작국장, 춘천방송 보도제작국장, 그리고 CBS본사 방송위원을 끝으로 2006년 20여 년 간의 언론생활을 마감했다. 은퇴 후 강릉에 눌러앉아 '나무아래 집'이라는

앞쪽 울타리에서 본 이기종 씨의 나무아래 집

아름다운 집과 게스트하우스Guest House를 짓고 살고 있다. 그러나 그는 아직 은퇴하지 않은 시인이다. 고려대에서 불문학을 전공한 그는 1976년부터 시를 발표하다가 언론사를 떠난 이듬해인 2007년 첫 시집 『인도소는 울지 않는다』를 출간했다. 그의 시는 지적이면서 위트가 있다. 또 아주 편안하게 읽힌다.

나는 강원일보를 통해 시인이 흙부대 집을 짓고 있다는 걸 알게 되었다. 시집을 낸 이듬해인 2008년 두 아들과 아들의 친구와 함께 흙부대로 아름다운 집을 짓고 있다는 기사였다.

어원 윙클러Irwin Winkler 감독의 「라이프 애즈 어 하우스Life As A House(2001)」란 영화가 생각났다. 42세의 유능한 건축가 '조지'는 20년을 근무한 직장에서 해고당한다. 설상가상으로 암에 걸려 4개월밖에 살지 못한다는 선고도 받는다. 그는 자신의 인생을 돌아보면서 생애 마지막 여름을 아들과 함께 집을 지으며 보내기로 결심한다. 조지는 "완벽한 집을 짓는 것은 자신의 인생을 짓는 것과 같다"고 16세의 반항적인 아들 샘에게 말한다. 그는 집을 지으면서 이혼한 아내와 막무가내인 아들과 화해한다. 잃어버렸던 사랑을 확인하는 것이다. 가족의 소중함을 일깨워준 그는 집이 완성되기 직전 세상을 떠나고, 아들 샘이 그 집을 완성시킨다.

　이기종 씨는 얼마나 행복한가. 변함없는 아내, 두 아들과 함께 사랑을 확인하며 집을 지은 데다 한눈에 봐도 장수하실 것 같다. 두 아들 역시 아버지와 함께 집을 지었던 기억을 돌이켜 보면서 행복해 할 것이다. 그런 기억은 눈물을 흘려야 할 때에도 웃음 짓게 만들어주는 신비로운 힘을 지닌다.

　시인은 왜 힘겨운 노동을 마다하지 않고 집짓기를 시작했을까. 그의 시집 속에 들어있는 한 편의 시가 나의 궁금증을 풀어주었다.

막일

이십년 넘게 굴렸으면 삐걱거릴 만도 하지
녹슬었다고 잘린 머리
아내 모르게 키 큰 선반 위에 올려놓고
이른 새벽 막일 나간다

이산에서 저산으로 손터지게 돌나른다
온몸이 땀에 젖어도 이처럼 시원한 건
눈치가 없기 때문
고통도 머리가 없으면
짜릿한 쾌감인 것을
몸으로 배우면서
고개는 끄덕이지 못하고

나르던 돌 하나 이고
어둑할 무렵 귀가한다.
선반위에 있던 머리
부지런한 아내가 청소하다 치웠나보다
아무렴 어떠랴 어차피 잘린 머리
머리 없으면 가슴으로 살지
돌부처처럼
돌 하나 이고 살지

뒤쪽 울타리에서 바라본 보일러실과 뒷벽, 한창 미장 중이다.

거실에서 현관 쪽을 바라본 모습   앞쪽 밝은 빛이 들어오는 두 개의 창을 가진 방

콘크리트 기초와 흙부대 벽체미장 경계면 물끊기가 없다.

시인은 여태껏 본 흙부대 집 중에 가장 조밀하고 쓸모 있게 공간을 구성해 놓았다. 해외 생활의 경험과 이미 집을 몇 채 직접 지어본 경험 덕분인 것 같았다. 따로 뺀 현관 입구, 거실 겸 작은 나무 바와 싱크대가 있는 부엌, 3~4평 정도의 작은 방 둘, 화장실, 부엌과 연결된 다용도실 그리고 다용도실에서 뒤쪽 보일러실로 통하는 문, 현관 우측으로 돌아 집의 측면에 별도의 출입문을 낸 구들방과 전용 화장실. 공간 구성에 대한 안목은 막일을 마다하지 않았던 그의 경험에서 나왔을 것이다. 물 사용이 많은 다용도실과 화장실 내벽은 모두 시멘트벽돌로 조적하고 타일 시공을 했지만 흙부대 벽체들과 모난 구석 없이 잘 어울렸다. 흙부대로 쌓은 내벽은 주로 석회페인트 마감을 했고 벽돌 조적한 내벽들은 연두색 칠을 했다. 벽체 색깔의 차이가 흙부대 벽과 벽돌조적 벽의 질감 차이를 묘하게 감싸주고 있었다.

경사지를 보완한 콘크리트 기초

경사가 꽤 나 있는 집터라 구들방 아래만 제외하고 건물이 들어설 자리 전체에 콘크리트 베이스 기초를 깔았다. 다만 콘크리트 기초부와 흙부대 벽체 하단부 미장선이 닿는 부분에 물끊기가 되어 있지 않은 데다 처마가 짧아 비가 많이 올 경우 기초와 벽체 경계부로 물이 스밀 염려가 있어 보였다. 이 경우엔 아스팔트 타르를 경계 부분에 바르고 다시 그 위에 가볍게 석회미장을 하면 좋을 듯싶다.

구들방에 구들돌 얹기 공사가 진행 중이다.

보일러와 구들이 있는 바닥

콘크리트 베이스 기초 위에 은박 보온재를 깔고 자갈을 덮었다. 자갈 위에 비닐하우스 덮개로 사용하는 보온포를 덮고 다시 비닐을 깔고 철망매시를 깐 후 여기에 보일러 엑셀 배관을 한 후에 모래를 깔고 콘크리트를 쳤다. 그리고 장판을 깔았다.

구들방은 콘크리트 베이스를 깔지 않고 콘크리트 줄기초만 돌렸다. 구들방 역시 시인이 직접 고래를 쌓고 구들돌을 올리고 있었다. 이후 그는 구들돌 위에 볏짚과 진흙을 섞어 구들 돌 사이를 새침한 후 모래와 진흙을 섞어 깔고 다시 모래, 진흙, 석회를 섞어 바닥을 마감한 후 아마인유를 바르거나 한지를 바를 생각이다.

밝은 빛을 끌어들이는 창과 문들

이기종 시인의 흙부대 집을 둘러보며 아내와 내가 가장 부러워한 것은 창과 문이었

현관문과 별도로 난 거실문과 거실 쪽에서 바라본 거실문과 채광창들
작은 채광창들

다. 현관문, 거실의 유리문과 거실 앞면에 난 두 개의 작은 채광창, 거실 뒤쪽 주방 창, 거실과 연결된 다용도실에서 뒤쪽으로 난 문, 작은 방마다 두 개씩 낸 방창, 현관과 따로 만든 구들방 출입문과 구들방 앞뒤 창, 구들방 전용 화장실 문과 작은 통기창 등 집 전체 구석구석에 크고 작은 창과 문들이 빛을 끌어들여 집 안을 밝게 해 주었다. 다만 바깥쪽 창 인방이 벽체보다 안으로 들어가 있어 벽을 타고 흘러내린 빗물이 창으로 들어올 듯싶다. 시인은 이런 인방들에 차양을 달아 빗물을 막으려 한다.

소박하게 만든 원목 바

간단하고 소박하게 만든 원목 바에서 시인은 술과 차를 따르며 마주한 사람들의 눈빛과 얼굴 속에서 또 다시 자신을 위한 시를 따라 낼 것이다. 처가가 있는 강릉에 갈 때마다 나는 시인이 따라주는 술을 마시며 억지로라도 나의 어쭙잖은 시를 그의 귀에 들려줄지도 모른다.

흰색 석회마감과 포인트 색상이 어울리는 미장

아직 벽체미장을 끝내지 않았지만 시인의 미적 안목이 충분히 엿보인다. 전체적으로 석회마감을 한 바탕에 거실과 벽의 부분 부분을 연두색 타일로 변화를 주고 호박색 벽으로 포인트를 살려 마감한 것이 무척 멋지다. 시인은 공사장 터에서 운송비만 주고 받아온 진흙과 볏짚을 섞어 흙부대 사이사이를 메웠다고 한다. 그리고 석회(1)와 모래(1) 진흙(2)을 반죽해서 미장했다. 부분적으로는 석회페인트로 마지막 미장을 했다. 미장은 모래 비율이 작은 터라 아직 석회마감을 하지 않은 곳에는 잔 균열이나 금이 나 있었다. 석회페인트로 마감한 곳들은 균열이 다 메워져 있었다.

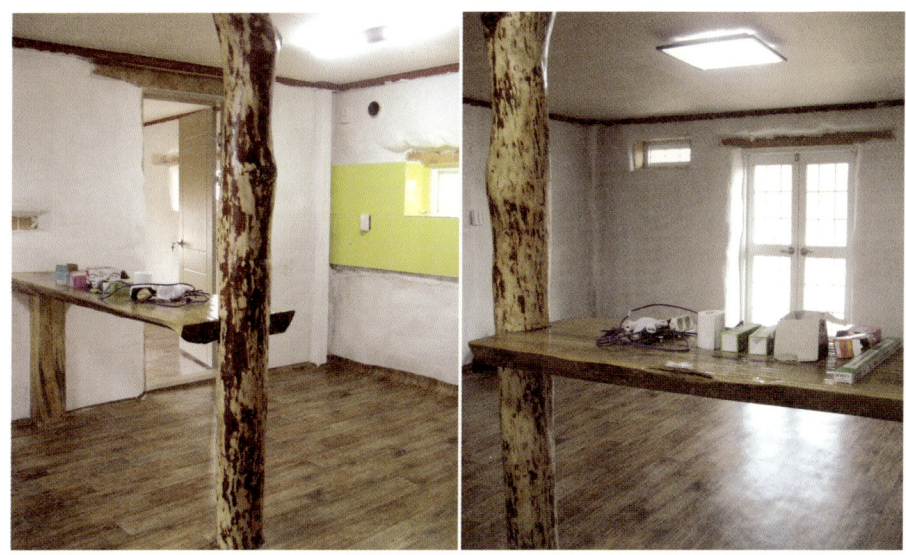

거실에 소박하게 만든 원목 바

바닷바람 때문에 지붕을 짧게 얹다

지붕은 C형강으로 트러스를 만들어 골조를 올리고 그 위에 샌드위치 패널을 덮고 방수포를 깔고 아스팔트 싱글로 마감했다. 태풍이 잦은 곳이라 전체적으로 처마가 짧다. 방 내부의 중천장 역시 C형강으로 상을 만들고 천장 아래로는 합판을 대고 벽지로 마감했다. 상 위로는 땔감용으로 파는 나무를 얹고 다시 보온덮개를 씌우고 10센티미터 정도 흙을 덮어 단열처리를 했다. 중천장 위 공간과 처마 둘레로 벤트를 달아 지붕의 통기를 원활하게 했다.

시인의 집은 그의 시를 닮았다. 난해하지 않고 담백하고 위트가 있다. 지적이면

황토와 석회를 섞은 흙미장 위에 석회페인트로 마감하고 있다.

서도 거만하지 않고 소박하고 아름답다. 스스로, 그리고 더불어 짓는 흙부대 집들은 한결같이 집 주인을 닮았다. 나의 집은 그럼 나의 어떤 면을 닮았을까? 상품으로 사지 않고 스스로 짓는 집! 그것은 사람을 닮고 사람을 담는다. 자신을 닮은 집에 살고 싶지 않은가. 그런 집에 살고 싶다면 직접 지어야 한다. 시인의 말처럼 잘린 머리는 선반 위에 올려놓고 아내가 치워버리도록 놔두고 막일을 마다하지 말자. 온몸이 부서질 것 같은 고통이 쾌감으로 변할 것이다. 그렇게 지은 집에 들어가는 어느 날, 우리는 어쩌면 시인이 되어 있을 것이다.

작은 아름다움이 깃든 기도처 – 경북 경산

흙부대 건축 전국여행의 첫 목적지는 그루터기 곽인영 님이 아주 작은 농막을 지었다는 경북 경산이었다. 행정 구역으론 경산이지만 대구 팔공산 갓바위 입구로 알려졌다. 대구는 내가 군생활을 한 곳이고 팔공산은 군생활의 답답함을 털기 위해 자주 오르던 곳이다. 군부 쿠데타를 통해 정권을 잡은 대통령이 태어난 팔공산 자락 마을 턱에는 4차선 도로가 뚫렸고, 그 길을 따라 카페와 식당, 호텔과 모텔이 즐비하다. 대구 사람들 중에는 더위가 떠날 줄 모르는 한 여름이면 팔공산에 올라 아예 텐트를 치고 생활하는 이도 있다. 갓바위는 소원을 들어주는 영험이 있다고 알려진 탓에 손 잇기를 원하는 여인들이 많이 모이는 곳이다. 입시철이면 팔공산에 터를 놓은 사찰과 모텔, 펜션과 민박 등 건물이란 건물이 몽땅 자식을 위해 기도하러 달려온 부모들에게 점령당한다. 팔공산은 이처럼 사람과 건물로 붐비는 곳이다.

경산 팔공산 갓바위 입구에 흙부대로 농막을 지은 곽인영 목사

소박하고 조용한 공간

그루터기의 농막은 번잡한 갓바위 길을 비켜서 입구 좌측 광법사 방향에 있었다. 대구로 연결된 도로를 따라 난 갓길을 100여 미터 올라가면 잘 가꾸어놓은 과수원이 먼저 눈에 들어온다. 그리 많지 않은 나무들 사이로 숨듯이 자리를 잡았지만 하얗게 석회미장을 한 작은 농막은 쉽게 눈에 띄었다.

산그늘이 드리워진 곽인영 목사의 작은 농막

마른 체구에 키가 큰 오십대 중반의 그루터기 님이 농막 앞에서 환하게 맞아주셨다. 그루터기 님은 차를 내주시며 어떻게 그 먼 장흥까지 귀농하게 되었느냐고 물었다. "도시에 살다가 죽을 것 같아서 무작정 귀농했다"고 대답했더니 그루터기 님은 "제 정신 차린 것"이라 하신다. 나도 이런 농막을 짓게 된 사유를 물었다. 그루터기 님은 "기도도 하고 성경공부도 하려고 지었다"고 한다. 그루터기 님의 직업은 목사이다. 하지만 지금은 목회를 하지 않고 쉬면서 작은 성경공부 모임을 이끌고 있는 중이다. "목사가 하는 일이 아무래도 사람을 만나는 일이 많아서 때로는 가족과도 떨어져 조용히 혼자 기도하고 명상하고 성경을 읽고 싶을 때가 있다"고 한다. 이 작고 하얀 농막은 곽인영 목사의 기도처이자 쉼터인 셈이다. 농막도 번잡한 세속을 벗어나듯 팔공산 갓바위 입구를 살짝 비켜선 채 소박하고 조용한 기도처가 되었다.

재활용 자재로 만든 흙부대 집

곽인영 목사가 사용하는 대화명은 '그루터기'다. 나무를 베고 남은 밑동이나 뿌리 그루, 쓰다 남은 양초 밑동이나 밑바탕, 밑천이다. 그는 그루터기란 대화명처럼 모든 걸 다 베어버렸지만 여전히 누군가 기대어 쉴 수 있는 나무 밑동 같은 느낌을 주는 사람이다. 어쩌면 농막을 지을 밑천조차 넉넉하지 못했을지 모른다. 그는 주변에서 주워 모을 수 있는 자재만으로도 집짓기가 가능할 것 같아서 흙부대 농막을 선택했다고 한다. 예전에 사두었던 260여 평 땅에 소나무와 몇 가지 과수와 정원수를 심고 이것들을 가꾸며 쉬고 기도할 요량으로 6평짜리 농막을 지었다. 농막은 대부분 주변에서 모은 재활용 자재들을 이용했다.

기초는 공사장에서 가져온 막돌을 나지막하게 깔아 만들었다. 막돌기초는 15센

막돌기초 위에 흙부대를 쌓고 회벽미장으로 마감했다.

티미터 정도로 좀 낮은 편이다. 비가 올 경우 벽체로 빗물이 튈 수 있다. 그러나 전체적으로 지대가 높고 약간의 경사가 있어 비가 많이 와도 벽체까지 물이 차지는 않을 듯했다. 다만 막돌기초가 흙부대 벽체보다 바깥쪽으로 많이 튀어 나와서 벽을 타고 내린 빗물이 막돌기초 틈새로 스며들어 건물 바닥으로 침투될 가능성이 있어 보인다. 벽체 하단부 미장 물끊기 시공이 안 되었기 때문이다. 이 부분에 대해서 곽인영 목사님과 이야기했다. 막돌기초 주위에 벽체 하단까지 살짝 덮일 만큼 비닐을 깔고 그 위에 흙이나 적벽돌을 쌓아 처리하기로 했다.

  지하 공간은 마사토를 퍼내기 위해 팠던 흙구덩이에 흙부대를 둘러쳐서 만들었다. 지하 구덩이 둘레에는 별도의 방수처리를 하지 않고 그대로 흙부대를 쌓았다. 미장은 아직 하지 않았다. 방수처리가 없는 이유를 물으니 구덩이를 팔 때 2미터 이상을 파도 희한할 만큼 물이 생기지 않고, 또 흙이 배수가 잘 되는 마사토여서 굳이

곽인영 목사와 흙부대 농막에 대해 이야기를 나누다.

방수할 필요성을 못 느꼈다고 하신다. 그러나 장마철 많은 비가 쏟아지면 지표면에서 흡수된 빗물이 지하로 침투되지 않을까 걱정이 되었다. 기우이길 바랄 뿐이다. 내년 장마 전이나 그 후에 상태를 보아가며 방수처리를 해야 할 듯하다.

천수답의 농자재, 농막이 되다

흙부대에 담은 흙은 원래 천수답이었던 논흙과 지하실 구덩이를 파면서 얻은 마사토와 진흙이다. 쓰고 남았던 아연도금한 고춧대가 300여 개 있었는데 이것은 흙부대 벽체를 쌓을 때 쐐기로 썼다. 비닐하우스용으로 쓰던 원형 파이프는 흙부대를 수평으로 잡아주기 위해 벽체 위아래로 놓고 브라켓을 이용해서 농막 네 모서리에 세운 파이프 기둥에 연결했다. 둥근 파이프가 보조적인 골조로써 벽체 횡력을 보강하는 대신 철조망은 사용하지 않았다. 흙부대 건축의 핵심 자재인 철조망을 생략할

각재로 지붕골조를 만들고 그 위에 샌드위치 패널 지붕을 얹었다.

수 있었던 것은 농막의 규모가 작은 탓이다. 규모가 큰 주택을 지을 때는 절대로 철조망을 빼면 안 된다. 20킬로그램 쌀부대 600여 개와 모래부대 100여 개를 벽체와 지하공간을 만드는 데 사용했다.

흙부대 벽체 위에는 나무 도리를 둘러 얹고 각재로 트러스를 만들어 지붕골조를 만들었다. 그 위에 주워온 샌드위치 패널을 얹은 후 방수포를 깔고 아스팔트 싱글을 붙여 지붕 외부를 마감했다. 방 안쪽 천장은 각재로 상을 대고 밑에 합판을 붙인 후 한지를 발라 마감했다.

지하바닥 위, 즉 방바닥은 굵은 목재로 틀을 만든 후 두꺼운 합판을 깔고 습기 방지를 위해 비닐을 깐 후 흙을 덮었다. 다시 그 위에 장판을 깔고 전기 패널을 놓은 후 다시 장판을 깔아 바닥을 만들었다.

1차 미장은 현장에서 나온 진흙과 볏짚을 섞어 만든 흙반죽으로 발랐다. 2차 미장은 황토와 석회를 1:1로 섞어 바르고 3차 마감은 석회반죽에 물을 타서 만든 석회페인트를 발랐다. 방 안쪽은 본래 2차 미장 후 마르지 않은 흙벽에 그대로 한지를 바른 탓에 곰팡이가 슬어 다 떼어내고 흙벽이 마르면 나중에 석회페인트를 발라 마감할 계획이라고 했다.

창이나 문은 주변에서 가져온 재활용 자재를 이용해서 달았는데 창이나 문틀 인

흙미장 위에 석회마감을 하고 있다.

방은 흙부대 안에 넣은 후 미장으로 감싸 보이지 않게 했다. 사방의 밝은 창들과 흙부대 벽 때문에 추운 날에도 방안은 따뜻하다고 한다. 다만 내외부 온도 차로 창에 결로가 생기는 것과 흙벽에 약간의 냉기가 느껴지는 문제를 개선해야 할 뿐이다. 완전히 마르고 나면 결로도 해결될 것이다. 흙부대 벽체 역시 흙이라 만지면 냉기가 살짝 느껴진다. 하지만 축열 성능이 높아서 방 온도가 쉽사리 내려가지는 않는다.

이 모든 것을 곽인영 목사가 기도하듯 거의 혼자서 천천히 해냈다. 다만 지붕골조를 올릴 때 한 사람의 도움을 받았다고 한다. 8월 추석 후 시작해서 11월 말경에 일을 모두 끝냈다. 6평 농막을 짓는 데 든 비용은 2백만 원이 채 안 된다. 흙부대 건축은 작은 규모일수록 주변에서 주워 모은 자재를 재활용하거나 스스로 짓기에 알맞고 그 만큼 경제적으로 지을 수 있다. 흙부대로 벽체를 만드는 방법은 무척 단순하지만 집 전체를 세우고 여러 가지 단도리를 하는 데 사전 지식도 필요하고 꼼꼼하게 살피는 여유도 필요하다. 물론 흙부대로 농막이나 집을 짓는 우리 모두가 초보자이기 때문에 작은 실수가 종종 생긴다. 나도 그랬고 곽인영 목사도 그렇고 다른 분들도 그렇다. 하지만 작은 농막이 아름다운 빛으로 환한 까닭이 비단 사방에 뚫린 창들 때문만은 아닐 것이다. 집 주인의 눈과 마음에 가득 찬 집이란 스스로 짓는 집이기 때문이다.

나가는 말

삐딱하고 맑은 눈으로 바라보기

흙부대 집짓기를 생태적 대안건축으로 국내에 소개하면서 나는 갈수록 부담을 느끼고 있다. 생태주택에 대한 세간의 편견 때문이다. 생태주택이라 하면 으레 '빠르고 쉽고 값싸게 지을 수 있다'고 생각하게 마련이다. 지나치게 높은 건축비와 오르는 것만을 미덕으로 여기는 부동산 정책 때문에 그런 희망을 갖게 되었을 것이다.

생태건축에 대한 오해들
흙부대 건축을 비롯한 생태건축은 과연 빠르게 지을 수 있는 건축방법일까? 상대적인 차이가 있을지 모르지만 현대적인 건축방법에 비해 시간이 더 필요하면 필요했지 결코 짧지는 않다. 현대 건축은 시공의 신속성과 편리성을 추구한다. 산업자재 속에는 노동시간이 숨어 있다. 그 만큼 시공기간이 단축된다. 생태주택은 자재를 자연 속에서 구하고 다듬고 다루므로 시간이 꽤 오래 걸린다. 특히 흙집의 경우에는 더욱 그렇다. 흙을 다루고 건조해야 하기 때문이다.

생태건축은 쉬운 건축일까? 쉽다는 말에는 여러 가지 뜻이 있다. '힘이 들지 않아 어렵지 않다'거나 '일을 처리하기가 까다롭지 않다'일 것이다. 여기서 파생되는 의미로 '단순하고 간단하다'도 있을 것이다. 하지만 생태건축은 '힘이 들지 않다'는 의미에서는 결코 쉬운 일이 아니다. 흙일만큼 힘든 일이 없다고 하지 않는가? 흙부대 건축은 노동집약적인 집짓기 방식이다. '일을 처리하기 까다롭지 않다'는 의미에서는 쉬운 게 사실이다. 배우기 쉽고 단순하기 때문에 건축과정을 이해하고 기술을 익히는 게 그다지 까다롭지 않다. 건축기술자가 아니라 초급 기술자라도 지을 수 있다. 처음 집을 짓는 사람도 그럭저럭 지을 수 있다. 산업건축이 본격화되기 전 생태적으로 지어졌던 대부분의 살림집들도 그렇게 지어졌다.

생태주택은 과연 값싸게 지을 수 있는 것인가? 경제적으로 지을 수 있는 가능성은 많다. 사실 건축비의 2/3를 차지하는 게 인건비다. 건축 전체를 업자에게 맡길 것인가, 전문가와 인부를 고용할 것인가, 가족이나 친척, 친구, 이웃들과 함께 지을 것인가에 따라 건축비의 2/3를 차지하는 인건비를 줄일 여지가 있다.

생태건축은 주요 자재를 가까운 지역의 자연 속에서 얻을 수 있다. 물론 요즘은 돌이나 흙, 나무조차 대부분 사서 써야 하는 형편이 되어버렸다. 하지만 집을 짓기 전에 주변 사람들에게 필요한 자재를 수소문하고 오랫동안 천천히 자연 건축자재들과 재활용 자재를 모아 본다면 자재비를 줄일 수 있다. 꼼꼼하게 자재수급 계획을 세우고 보다 값싼 곳에서 한꺼번에 구입한다면 최대 30~40퍼센트 이상 자재비를 줄일 수도 있다. 아담하고 소박하게 지으면 그 만큼 돈이 적게 들어간다. 커다란 집에 최고급 욕조와 최고급 주방을 놓기를 바라면서 경제적으로 집을 짓겠다고 한다면 욕심이 지나친 것 아닐까?

왜 생태건축인가?

그럼에도 불구하고 왜 생태건축을 택하는가? '몸에 좋은 건강한 주택'이란 대답은 생태건축을 선택하는 한 가지 이유에 불과하다. 생태건축은 비단 건축자재나 구조 등 건축방식만의 문제가 아니다. 햇빛과 물, 바람을 때로는 집 안으로 끌어들이고 때로는 막는 전체적인 디자인의 문제이자 집을 짓고 그 안에 들어가 사는 사람의 삶의 방식의 문제이다. 생태건축은 생활방식을 바꿔준다. 그래서 자연과 더욱 가까운 삶을 가능하게 해준다.

생태건축은 건축과정상 자연에 영향을 덜 끼친다. 현대적 건축에 비해 환경훼손이 적다. 에너지 투여도 적다. 산업건축자재를 생산하려면 많은 에너지가 필요하고 그 과정에서 대개 환경오염 문제가 발생한다. 하지만 생태주택의 경우에는 살면서 집을 수리하고 늘릴 때도 규모가 크지만 않다면 주변에서 쉽게 자연자재들을 구할 수 있다. 시멘트 덩어리로 만드는 현대적인 집들에 비해 흙과 나무로 만드는 전통적인 생태건축물은 수백 년 이상을 버틸 수 있다. 또한 자연소재로 만든 생태주택들은 심미적이고 정서적인 아름다움을 선사한다. 현대적인 건축과 달리 생태주택은 건축과정에서 그 집에 들어갈 집주인을 소외시키지 않는다. 함께 참여해서 지을 수 있기 때문이다. 구석구석 자신의 손길이 닿는다는 뜻이다.

생태건축은 공동체를 지향한다

나는 종종 "흙부대로 집을 지으면 평당 얼마나 드나요?"라는 질문을 받는다. 벌써 전국 곳곳에 흙부대 집이 많이 생겼다. 하지만 건축비는 제각각이다. 평당 백만 원 이하로 들어간 곳도 있고, 수백만 원이 들어간 곳도 있다. 사정이 이러니 딱히 뭐라고 대답하기가 곤란하다. 그래서 이렇게 말하곤 한다. "흙부대 집은 평당 건축비를 계산하면서 짓는 집이 아니에요."

우리 사회에서 집주인이 제 손으로 집을 짓지 않고 건축업자에게 맡기기 시작한 게 얼마나 되었을까? 집에 들어갈 사람이 상품처럼 집을 사고팔기 시작한 지는 또 얼마나 되었을까? 내가 사는 정장마을에서는 사오십여 년 전까지만 해도 마을 뒷산에서 구한 목재와 돌과 흙으로 주민들이 목수와 함께 품앗이로 집을 지었다. 도회지나 부잣집이 아니라면 농촌 살림집은 대개 마을 공동체가 함께 짓게 마련이었다. 생태주택은 옛날처럼 지역 공동체가 함께 지을 때 가치를 명확하게 드러낸다.

단순히 노동력만의 문제가 아니다. 집 지을 자재를 구할 수 있었던 마을 뒷산처럼 지역 공동체는 생태건축을 위한 자원을 발견하고 가꾸고 준비한다. 개방 이전 일본의 현들은 목재를 구하기 위한 숲을 별도로 관리하고 가꾸었다. 조선시대에도 관은 관대로, 문중은 문중대로, 집안은 집안대로, 마을은 마을대로 산을 가꾸고 관리하고 이용했다. 콜롬비아는 국가적 차원에서 대나무를 건축자재로 활용하기 위해 적극적인 노력을 기울인다. 자원고갈과 세계적인 경제위기 속에 산업건축자재의 수급은 점점 더 어려워질 것이고 값도 더욱 오를 것이다.

이곳 장흥 정장마을에 이사 온 그해 오산양반이란 택호로 불리는 구십 세 노인이 돌아가셨다. 인근에서 대목수로 알려진 분이다. 그분이 살아계실 적 혹시 사용하던

손공구라도 물려받고 집 짓던 이야기를 들어볼까 하여 종종 찾아뵙곤 했다. 오산 어른 말씀에 따르면 정장마을은 목수마을이었다고 한다. 농번기 때는 농사를 짓고 농한기 때는 오산 어른을 따르는 작은 목수들이 인근에 나가 집을 지었다는 것이다. 이 동네 집들도 대부분 마을 목수들 손으로 지은 것이다. 다른 농촌 마을도 사정이 크게 다르지 않았을 것이다.

마을공동체 나아가 지역 공동체에는 저마다 건축 기술자들이 있었다. 물론 지금도 건축 기술자들이 없는 것은 아니다. 그러나 대부분 조립식 주택을 짓거나 벽돌이나 시멘트 건축이나 철골조를 다루는 기술자들이다. 한옥 목수가 없는 것은 아니지만 마을에 함께 살던 이른바 '마을 목수'는 아니다. 앞으로 지역 공동체는 다양한 생태건축 기술자들을 육성해야 할 것이다. 건축을 재지역화 하는 일은 공동체를 복원하고 천박한 삽질 경제와 부동산 경제를 극복하는 첩경이다.

지식과 경험은 나눌수록 커진다

나는 흙부대 집을 지으면서 수집하고 정리한 자료들과 경험을 인터넷 동호회를 통해 지속적으로 공개해왔다. 수많은 사람들이 장흥 흙부대 집을 방문했고 내게 자문을 구했다. 어떤 이들은 흙부대 집을 지으면서 수없이 전화를 걸고 물었지만 나는 마다하지 않고 아는 만큼 대답했다. 다만 조건이 있다면 집을 지으면서 그 과정을 인터넷 동호회에 공개해달라는 것뿐이었다.

그렇게 해서 짧은 기간이지만 십 수여 채의 흙부대 집들이 곳곳에 들어섰고, 그들

각자의 경험과 지식도 함께 공유하게 되었다. 흙부대 집을 짓는 사람들끼리 서로 연락해서 일손을 덜어주기도 하고 함께 문제를 해결하기도 했다. 덕분에 우리는 아주 빠른 시간 안에 생생하고 풍부한 자료와 지식을 얻게 되었다. 2009년 초에는 흙부대로 집을 지은 사람들이 함께 모여 건축 경험과 지식을 나누고 흙부대 건축의 장점과 단점 및 개선점을 진솔하게 이야기하는 모임을 가질 예정이다. 그 자리에는 흙부대 건축에 관심 있는 이들도 초대할 것이다. 나는 인터넷 카페를 통해 조금 더 체계적으로, 조금 더 많은 사람들에게 건축 사례와 건축방법을 알릴 생각이다. 새로운 생태건축이 널리 확산되지 못한 까닭은 정보와 지식을 나누는 데 중점을 두지 않았기 때문이다.

전남광주 대교구청은 장흥의 천주교 관산 공소를 흙부대 건축으로 짓도록 허락했다. 무척 흐뭇한 일이다. 내가 사는 지역에 생태건축의 하나인 흙부대 건축을 소개하고 이것을 확산할 수 있는 기회를 얻은 것이기 때문이다.

아직도 실험 중인 흙부대 건축

1984년에 고안된 흙부대 건축이 서양에서부터 보급되기 시작한 지도 어느새 24년. 다양한 실험과 도전이 있었고 그에 따른 개선방안도 수없이 많이 나왔다. 국내에서는 2007년 장흥에 흙부대 집이 처음 들어선 이후로 2008년까지 모두 십여 채가 생겼다. 매우 빠르게 보급되고 있는 상황이다. 그러나 우리나라에 들어온 지는 채 3년도 되지 않는다. 흙부대 집에서 두 해를 살아본 결과 나는 충분히 만족한다. 하지만 우리나라는 비교적 사계절이 뚜렷한 곳이라 여름에는 덥고 습하며 겨울에는 건조하고 춥다. 흙부대 건축이 이런 기후 조건에 장기적으로도 적합할지는 조금 더 지켜봐야 한다. 흙부대 건축은 입식문화 중심인 서구권에서 발달한 양식이다. 따라서 좌식생활을 하는 우리 주택문화에 흙부대 건축이 잘 어울릴까 하는 점도 더 오랫동안 살펴보아야 한다. 지금까지는 흙부대 집에 보일러를 깔고 사는 이들 모두 별다른 문제를 못 느끼지만.

집을 다 짓고 나니 전통적인 집들의 지붕 모양과 구조와 공간 구성이 눈에 들어왔다. 비가 많이 오는 남쪽 기후 때문에 집의 3면에 덧처마를 하거나 달아맨 것도 보이기 시작했다. 한여름이면 습기가 많은 까닭에 통기를 원활하게 하려고 죄다 일자형으로 지었다는 것도 뒤늦게 알았다. 지역의 전통적인 건축양식은 그곳의 기후조건에 맞춰 적응하고 생활문화의 요구에 부응한 결과들이다. 흙부대 건축 역시 그러한 과정을 겪을 것이다. 흙부대 건축은 우리에게 여전히 실험이고 도전이다. 개선되어야 할 점도 속속 드러날 것이다. 그렇다면 흙부대 건축은 전통 건축인 한옥 또는 전통적인 흙집들로부터 어떤 점을 배워야 할까? 그들의 결합은 어떻게 이루어질까?

나는 이 모든 것을 삐딱하면서도 맑은 눈으로 바라보려고 한다. 그리고 흙부대 건축과는 다른 방식으로 흙집과 한옥을 지어온 많은 이들과 깊고 풍부한 지식을 갖춘 전문가들이 흙부대 건축에 마음을 열고 관심을 기울여주기를 바란다.

더불어 집 짓는 세상을 향한 우리들의 작은 계획

나는 요즘 흙부대 건축의 원형이 되는 담틀건축을 공부하는 중이다. 전 세계 담틀건축으로부터 흙부대 건축의 공법이 갖는 의미와 기능들을 다시 한 번 되새김질하고 있다. 흙부대 건축의 가장 큰 단점은 하중이 커서 2층 이상의 건물을 지을 수 없다는 것이다. 그러나 동서양의 고대 담틀 건축은 10미터 이상의 고층건물을 지었다. 성곽 건축 사례들도 많다. 나는 그런 사례를 중심으로 흙부대 건축의 가장 큰 단점을 극복할 방안을 찾고 있는 중이다. 또 흙부대 건축의 작업성을 높이기 위해 여러 가지 사례를 찾아 검토하고 있다. 이러한 작업은 혼자서만 할 일이 아니다. 전국 곳곳에 흙부대 건축자들이 생겼다. 이들과 함께 한다면 많은 성과가 있을 것이다. 나는 거기서 얻은 결과를 끊임없이 공개하고 배포할 생각이다.

아직 국내에 시도되지 못한 흙튜브 돔 건축도 금년 3월부터 장흥의 우리 집 마당에 실험 건축할 계획이다. 이 결과 역시 인터넷과 책을 통해 소개할 것이다.

나와 흙부대 건축 네트워크 동호회원인 흙부대 건축자들은 요즘 재미난 실험을 하고 있다. 일명 로켓스토브란 화목난로를 실험하고 있다. 나무 사용을 50퍼센트 이상 줄이면서 거의 완전 연소되고, 열효율을 높일 수 있는 화목난로인데 이를 구들과 결합시키는 실험이다. 제주도에 사는 참나무님과 지원아방, 야인님이 로켓스토브 실험을 주도하고 있다. 회원들의 실험결과를 역시 매뉴얼로 만들어 보급할 계획이다. 이런 일련의 작업이 천박한 토건 자본주의를 극복하고 소박하나마 세상을 보다 인간적인 얼굴로 바꾸는 방식이라 믿으면서. 물론 더 좋은 실천방법이 있을지도 모른다. 그러나 내게는 이 작업이 지금의 처지에서 할 수 있는 가장 구체적인 일이다. 스스로, 그리고 더불어 집을 짓자. 그러면 세상이 조금은 나아질 것이다.

한권의 책으로 집짓기를 모두 설명할 수는 없다. 더욱이 이 책은 따라서 집짓기식의 건축 책도 아니다. 집을 짓고자 하는 이는 다른 생태건축과 관련된 책과 자료를 함께 참고해야 할 것이다. 이 책은 꼭 흙부대 건축이 아니더라도 일반인이 자기 손으로 집을 지으려고 할 때 알아야 할 기본지식들을 함께 다루었다. 여기서 미처 설명하지 못한 내용과 정보 그리고 각종 국내외 사례들은 흙부대건축 네트워크(http://cafe.naver.com/earthbaghouse)에서 찾아볼 수 있다.

용어 설명

ㄱ

각재 모가 지게 켠 재목.
간벽기둥 Stud 경량목구조의 주요 골조로 스터드Stud라고 불리며, 주 기둥과 기둥 사이에 놓이는 작은 기둥으로 벽체의 형태를 이룬다.
개자리 구들 고래 끝과 굴뚝 사이에 벽을 따라 길게 판 구덩이로 연기가 여기 모였다 굴뚝으로 빠져 나간다.
개판 서까래 위에 지붕을 덮기 위해 까는 나무판.
거푸집 흙이나 콘크리트를 부어 벽체를 만들기 위해 사용하는 틀.
결로 실내외 온도의 차로 인해 맺히는 이슬, 물방울.
경량목구조 Light Weight Wood Framing System 경량목재를 이용하여 기둥, 보, 서까래, 장선, 스터드 등 주요 골조를 세운 목조주택 방식이다. 미국, 캐나다 목조주택의 대부분이 경량목구조로 지어지고 있다.
귀틀집 통나무를 '井' 자 모양으로 귀를 맞추어서 층층이 얹고 흙으로 틈을 메워 지은 집.
고래둑 방의 구들장 밑에 있는 열기와 연기가 흘러나가게 하는 통로를 만들기 위해 쌓은 둑.
골조 건축물의 뼈대나 구조.
공이 절구나 방아에 곡물을 넣고 다지거나 건축에서 흙담을 다질 때 사용하는 도구.
공학목재 공학적으로 목재구조에 가해지는 하중, 인장력, 횡력 등에 잘 버틸 수 있도록 접착 가공한 구조재.
관정 지하수를 사용하기 위해 땅 속에 삽입한 관과 모터 일체를 일컫는다.
광창 햇빛이 들도록 낸 창, 채광창.
굴피 참나무의 두꺼운 껍데기.

ㄴ

내력벽 건축물에서 건물의 하중을 견디기 위해 만든 벽체.
너와 널기와, 지붕을 덮기 위해 기와 모양으로 널찍하게 만든 나무 판재 또는 돌기와.
네일 건 Nail Gun 공기 압력을 이용하여 못을 자동으로 박기 위해 만든 공구.

ㄷ

담틀 흙담을 쌓는 틀, 흙을 틀에 넣고 다져 흙벽을 만드는 방식.

도리목 지붕 서까래를 얹기 위해 기둥과 기둥 또는 벽체 위에 얹는 나무.

도박(이) 해초의 일종으로 천연접착제 또는 천연발수제로 사용된다.

도기 흙을 구워 만든 그릇이나 물건, 도자기, 오지.

돔 Dome 둥근꼴로 된 천장이나 지붕, 지붕과 벽체의 구분이 없이 둥근꼴로 된 건축물.

드라이월 Dry wall 반죽해서 시공하는 콘크리트 벽체에 반대되는 개념으로 석축 벽, 석고보드 벽 등 건식벽체를 이름.

들보 방의 칸과 칸 사이를 가로질러 두 기둥 또는 두 벽체 위에 놓이는 구조목으로 지붕의 마룻대와는 십자 형태로 놓이고 도리와는 직각으로 만난다.

ㄹ

레시프로컬 지붕 Reciprocal 상호지지 지붕, 기둥이나 보, 도리 등 별도의 지붕 구조재 없이 서까래를 서로 엮어 지붕 하중을 견디게 만든 지붕.

레프터 Rafter 지붕에 경사지게 놓이는 서양 지붕의 골조로 한옥의 서까래에 해당한다.

로그 Log 통나무, 로그 하우스 Log House는 통나무 목구조로 지어진 집을 이른다.

루베 입방미터, 가로 × 세로 × 높이, 반면 훼베는 평판미터로 가로 × 세로.

리빙루프 Living Roof 식물을 식재하여 만든 지붕.

ㅁ

마사 점성이 적고 모래가 많이 섞인 흙.

매시 Mesh 망사, 그물, 망, 편직물.

맨아워 Man Hour 1인 1시간의 노동량, 작업에 투여된 전체 인력을 한 사람의 작업 시간으로 환산한 개념. 3명이 하루 8시간씩 10일을 일했다면 240맨아워가 된다.

목천공법 장작목(Cordwood) 공법, 흙반죽과 벽체 두께 길이의 장작목을 함께 쌓아 짓는 흙집 방식.

몰타르 Mortar 본래는 회반죽을 의미한다. 시멘트 벽돌, 흙벽돌, 타일 등을 붙이기 위해 사용하는 흙반죽, 시멘트 반죽 등 다양한 접착 반죽을 일컫는다.

물끊기 벽체에 흐르는 빗물이 창턱 밑이나 벽체하부로 스며들지 않도록 만든 턱이나 홈.

물매 지붕의 경사.

미닫이 옆으로 밀어서 여닫는 개폐식 문이나 창. 열면 문이나 창이 벽 속으로 들어간다.

미서기 미닫이와 유사하나 두 짝을 겹쳐서 여닫는 문이나 창으로 반쪽만 열 수 있다.
미장 벽체를 보호하고 아름답게 하기 위해 진흙 반죽이나 시멘트 반죽 등을 바르는 작업.

ㅂ

바이스 Vice 공작물을 물고 죄어서 고정하는 기구.
박공 맞배 지붕 양편에 'ㅅ'꼴로 붙여 놓은 두꺼운 널빤지 또는 맞배 지붕 사이의 높은 벽.
발수제 물을 거부하는 물질로 벽체나 나무에 물이 침투하는 것을 막는 약품.
배전함 집 안에 들어온 전기를 각 방의 전등과 콘센트로 나누어 분기시키고 높은 전압이 걸리게 될 때 차단시켜주는 스위치가 들어 있는 상자.
백분 흰색의 가루, 석고, 석회, 흰색 색소 등으로 도료의 기본 바탕이다.
밴딩 Banding 끈, 띠 등으로 묶는 작업.
버팀벽 Buttress 벽체의 안정성을 높이기 위해 덧대는 지지벽.
벼락닫이 위아래 두 짝으로 된 문짝 가운데 위짝은 붙박이고 아래짝만 오르내려 여닫게 하는 창문.
벽체연결 사다리 벽체와 기초 사이에 벽체를 기초에 안정적으로 고정시키거나 방습, 단열의 목적으로 기초와 벽체를 띄우기 위해 사용되는 구조물로 각재 또는 판재를 써서 사다리 형태로 만든다. 때로 벽체 위에 도리 대신 사용하여 서까래 등 지붕구조물을 벽체와 연결시킬 때 사용한다.
보 들보.
봉창 벽을 뚫어서 창을 내고 창틀 없이 종이를 발라 막아 여닫을 수 없는 창, 주로 채광을 위해 만든다.
부재 토목이나 건축에서 기본 뼈대를 이루는 주요한 요소가 되는 여러 가지 재료
부직포 베틀에 짜지 않고 섬유를 그대로 열과 압력으로 압착해서 만든 천.
붕사 Borax 붕소화합물의 한가지로 붕산과 다르며 붕산에 탄산소다를 중화시켜 만든다.
비계 높은 건물을 지을 때 디디고 서기 위하여 굵고 긴 나무 따위를 써서 다리처럼 걸쳐 놓은 시설.

ㅅ

산자 지붕 서까래 위나 고미 위에 흙을 받치기 위해 나뭇개비 또는 수수깡 따위로 엮은 것.
상 기와를 얹거나 중천장을 달기 위해 각재로 엇대어 만든 받침 틀.
상인방 윗중방, 상방, 벽의 위를 가로지르는 구조재, 창이나 문틀의 하중을 견디기 위해 올리는 받침목.
새침 구들돌 사이사이를 진흙반죽으로 메우는 작업.
샌드위치 패널 Sandwich Panel 스티로폼을 가운데 두고 양쪽에 철판을 붙여 만든 판재로 주로 가건물이나 창고 등의 건립에 사용한다.
생석회 물에 반응시키지 않은 석회, CaO.

소석회 물과 반응시킨 석회 Ca(OH)$_2$로 건축에서 몰타르나 회반죽 용도로 사용한다.

송판 소나무 널빤지.

수화 물의 작용이 바위와 광물에 작용을 일으키는 현상.

스터드 Stud 간벽기둥.

스트로베일 Strawbale 벼, 보리, 귀리, 밀 등의 짚단.

슬래브 Slab 바닥이나 지붕을 한 장의 판처럼 콘크리트로 만든 구조.

슬레이트 Slate 지붕을 덮는 데 쓰는 천연 점판암의 얇은 판. 시멘트와 석면을 물로 개이 센 입력으로 눌러서 만든 판. 지붕을 덮거나 벽을 치는 데 쓴다.

시트러스 Citruss 오일 감귤류 식물 열매의 정유, 식물성 기름.

실트 Silt 침니(沈泥), 모래보다 잘고 진흙보다 거친 침적토.

심벽치기 벽체에 대나무나 잔가지로 심을 만들어 넣고 여기에 흙반죽을 붙여 벽체를 만드는 작업.

싱글 Shingle 지붕을 덮기 위해 사용하는 작은 지붕널.

썬라이트 Sunlight 채광을 위해 투명 반투명 재질로 만든 판재.

ㅇ

아마인유 Linseed oil 아마씨로 만든 기름.

아스팔트 싱글 Asphalt shingle 아스팔트 타르와 모래를 거친 섬유에 접착시켜 만든 지붕널.

아일랜드바 Ireland Bar 아일랜드 식탁, 거실을 향해 놓여 있는 바 Bar로 조리대와 식탁을 겸할 수 있고 하부에 수납장을 설치하기도 한다.

아치 Arch 포물선과 같은 곡선 형태로 하중을 자체로 견딜 수 있게 한 구조.

앵커 볼트 Anchor Bolt 철구조를 철근콘크리트 기초에 결합시키기 위해 기초 속에 미리 나사부 이외의 부분을 매입한 볼트.

양생 온도·건조·하중·충격·오손·파손 등의 유해한 영향을 받지 않도록 보호·관리하여 콘크리트나 흙반죽, 회반죽 등이 굳어지게 하는 것.

에코빔 Eco Beam 각재와 금속졸대를 이용해서 만든 트러스 구조.

엑셀관 보일러 배관을 이용해서 사용하는 플라스틱 재질의 난방 온수관.

여닫이 일정한 축에 의해 방 안과 밖으로 잡아당기거나 밀어 여닫는 창이나 문.

오일스테인 Oil Stain 식물, 광물성 기름과 색소를 혼합하여 만든 도료의 일종으로 주로 목재의 도색, 방부, 방충, 방수 등의 목적으로 사용한다.

오지 도기.

와이어 매시 Wire mesh 굵은 철사로 만든 그물 또는 망.

와이어 커터 Wire cutter 주로 굵은 철사를 끊기 위해 사용하는 공구.

용마루 건축물의 지붕에서 가장 높은 마루. 맞배·팔작·우진각 지붕에서 나타나며 모임 지붕에는 없다.

우레탄 폼 Urethan Form 우레탄 재질의 접착물질로 가스를 충전한 통에 담아 사용하며 공기와 접촉하면 거품처럼 부푼 후 굳는다. 주로 건축물에서 벌이진 틈을 메우기 위해 사용한다.

우뭇가사리 한천의 재료로 사용하는 바닷말의 일종. 우뭇가사리를 끓인 물은 접착성과 발수성이 있다.

인방(목) Lintel 기둥과 기둥 사이에 가로 대어서 위·아래 벽을 받치게 하여 하중을 기둥에 전달하는 나무나 돌. 창문틀을 끼워 댈 때 하중을 견디기 위한 받침목.

인장력 부재를 좌우로 잡아당길 때 발생하는 힘.

ㅈ

장선 Beam 1층 또는 2층 바닥 마루 밑에 일정한 간격으로 가로대어 마루청(마루판)을 받치는 나무.

장작목 장작으로 쓰기 위해 일정한 길이로 잘라 놓은 통나무, 벽체 두께 만큼 길이로 잘라 놓은 통나무.

적토 붉은 흙.

접지봉 번개나 비정상적인 전압을 방출하기 위해 전기회로의 일부를 땅으로 삽입하기 위해 사용하는 동으로 만든 봉.

줄기초 벽체를 따라 놓은 기초.

중천장 지붕과 방 사이에 종이나 판자로 평평하게 만든 반자로 만든 천장.

종이시멘트 Papercrete 물에 불린 종이와 석회, 흙, 모래, 시멘트 등을 섞어 경량시멘트처럼 만든 반죽.

ㅊ

창호 창과 문.

처마 지붕이 도리나 벽체 밖으로 나온 부분.

처마도리 처마 끝을 돌려 막은 판재 또는 각재.

천창 채광이나 환기를 목적으로 지붕에 낸 창.

ㅋ

칼라타이 Collar Ties 트러스Truss 지붕 구조에서 레프터Rafter와 레프터를 서로 잡아주는 구조재.

캐노피 Canopy 차양, 벽체 없이 덮은 테라스나 현관의 지붕.

코브 Cob 흙과 모래, 볏짚, 동물털 등을 섞은 반죽.

ㅌ

타공관 잔구멍을 뚫어 지면 또는 지하부의 물을 흡수하여 배수하기 위해 사용하는 관. 유공관.

타이벡 Tyvek 듀폰사에서 개발한 통기성 있는 투습방수지, 주로 경량목구조 건축에서 사용.

택커 Tacker 일명 타카, 압정 또는 금속 핀을 공기압 등으로 박는 공구.

테레빈유 Turpentine 송지유, 소나무 진에서 추출한 식물성 기름, 천연 희석제로 사용된다.

테라코타 Terra-Cotta 원래 점토로 구운 도기를 말하는데 일반적으로는 조형적으로 점토를 붙여서 표현하는 방법을 이른다.

토담집 흙이나 돌을 쌓아 벽체를 만든 집. 담틀집을 토담집으로 혼용하기도 한다.

통창 중간에 가름대나 살을 넣지 않고 벽체 전면에 크게 낸 창.

트러스 Truss 중경량각재, 통나무, 공학목재 등을 이용하여 하중을 효과적으로 견딜 수 있도록 삼각형을 기본 형태로 만든 구조.

팀버 Timber 일반적으로 제재한 중량목재를 이름. 로그는 제재하지 않은 통나무, 럼버 Lumber 는 각재.

ㅍ

파이버 매시 Fiber Mesh 유리섬유가 함유된 플라스틱 재질의 그물 망.

패널 Panel 널빤지, 판재.

패시브 쏠라 Passive Solar 자연태양광을 사용하여 난방이나 채광에 사용하는 방식, 온실, 넓은 채광창 등이 대표적이다.

펄린 Purlin 지붕 용마루 밑에서 서까래를 받치는 도리인 마룻대와 유사하다. 단 펄린은 마룻대와 반대로 서까래 위에 놓인다.

평고대 처마에 얹힌 서까래 끝에 가로로 길게 얹힌 나무.

포스트앤빔 Post and Beam 기둥과 도리, 장선으로 이루어진 골조.

프라이머 Primer 하도제, 본격적인 도색을 하기 전에 바탕과의 접착성을 높이기 위해 바르는 처리제.

프레스코 Fresco 갓 칠한 회벽에 수채물감으로 그리는 화법.

피죽 나무껍질.

ㅎ

하인방 기둥과 기둥 사이 벽체 하부를 가로질러 대는 구조목, 창 밑의 구조재는 창대라고 한다.

한천 우무, 젤라틴.

함석 아연도금한 철판.

함실 부넘기 없이 불길이 곧게 구들 밑 고래로 들어가게 한 구조.
합각 지붕 위 양옆에 박공으로 '∧' 자꼴을 이룬 각.
헤라 칠을 벗겨 내거나 반죽을 얇게 바르기 위해 사용하는 펼친 주걱 모양의 도구.
횡력 건물에 수평으로 작용하는 힘.

C형강 'C' 또는 'ㄷ'자 형태로 절곡하여 만든 철강재.
OSB 합판 Oriented Strand Board 손가락 두 개 정도 크기의 나무 입자를 방수성 수지와 함께 압착하여 만든 인공 판재로 강도와 안정성을 극대화시킨 제품.
PE Poly ethylene 가스를 중합시켜서 만든다. 폴리에틸렌은 포장지나 물통 용기를 만들 때 사용하면 공기, 액체 투과성이 없고 햇빛에 강하다.
PP Poly propylene 폴리프로필렌 내열성과 내마모성이 뛰어나지만 햇빛에 부식된다.
U트랩 정화조로부터 올라오는 냄새를 막기 위해 하수관에 설치하는 장치로 물이 고여 있어 냄새의 역류를 막는 구조로 만들어져 있다.
UV코팅 자외선 차단제를 도막처리.

국내 참고 사이트

레드문 펜션 http://cafe.naver.com/redmoonadobe
오영석 씨가 흙튜브로 건축한 인천 자월도의 레드문 펜션 온라인 카페

고향속으로 http://cafe.daum.net/gogohome
오영미 씨 가족의 흙부대 건축과정을 매우 상세하게 사진과 함께 소개하고 있는 카페.

한국 스트로베일 건축연구회 http://cafe.naver.com/strawbalehouse
볏짚단 건축 외에 다양한 생태건축 자료가 풍부한 스트로베일 건축연구회의 온라인 카페

흙부대 건축 네트워크 http://cafe.naver.com/earthbaghouse
필자가 매니저로 활동하고 있는 흙부대 건축 동호회 온라인 카페

해외 참고 사이트

구호단체 넥스트에이드 http://www.nextaid.org/multipurposecenter.htm
구호단체 넥스트에이드(NextAid)와 '국경없는 건축가회'가 공동으로 추진 중인 남아프리카 공화국 데닐톤(Dennilton)의 다목적센터 흙부대 건축 프로젝트

모노리틱돔 연구소 http://www.monolithic.com/
다양한 돔(Dome) 건축 사례와 건축이론을 소개

선레이켈리 http://www.sunraykelley.com/
생태건축가인 선레이켈리의 사이트

아치어스 http://www.archearth.com/
생태건축 전문 건축설계회사인 아치어스(Archearth)의 사이트. 다양한 흙부대 건축 사례를 소개하고 있다.

어스백 빌딩 http://earthbagbuilding.com/
생태건축 전문가인 켈리하트(Kelly Hart)와 흙건축 전문가인 오언가이거(Owen Geiger) 박사가 흙부대 건축에 대한 정보와 건축이론, 전 세계의 사례들을 소개하기 위해 만든 사이트, 이 책의 해외 사례는 주로 이 사이트를 참조하고 있다.

앤스레이포토 http://www.annesleyphoto.com/sandbags.html
모래부대를 이용해서 집을 짓는 과정을 사진을 통해 소개

칼어스 센터 http://www.calearth.org
흙부대 건축 방법을 개발한 네이더 카흐릴리(Nader Khalili)가 세운 연구소

키나크 아웃도어 센터(Kinark Outdoor Center) http://www.sustainablebuilding2006.ca/
흙부대와 볏짚단을 이용한 센터 건축과정을 자세하게 소개하고 있다.

파키스탄 칼어스 센터 http://www.calearthpakistan.org/
2005년 파키스탄 대지진의 피해자들에게 흙튜브(일명 Superadobe)를 이용한 피난처를 세워주기 위해 미국의 칼어스 센터와 파키스탄의 사시(SASI)재단이 함께 만든 조직

홈그로운하이드어웨이즈 http://homegrownhideaways.org/
자연건축과 환경디자인을 중심으로 생태적 적정기술을 교육하는 민간단체

GRISB http://sustainablehousing.blogspot.com/
생태건축 전문가인 오언 가이거(Owen Geiger) 박사가 운영하는 지속가능한 건축연구소의 블로그로 생태건축에 관한 풍부한 연구 자료를 공개하고 있다.

농부가 세상을 바꾼다

귀 농 총 서
guidebook

숨 쉬는 양념·밥상
쉽고 편하게 해먹는 자연양념과 제철밥

장영란 지음·김광화 사진 | 170×230 | 352쪽

평생 곁에 둬야 할 '손맛 이론서'

시골에 살지 않아도, 직접 농사짓지 않아도 괜찮다. 가까운 시장에 나가서 제철 재료를 구하기만 하면 특별한 밥상을 차릴 수 있다. 특히나 우리에게 자연의 기운을 전하는 곡식 맛을 제대로 알고 먹으면 어떤 진수성찬도 부럽지 않다. 이 책은 단순히 계절에 나는 재료만 알려주는 것이 아니라 각 곡식을 먹어야 할 철과 궁합이 잘 맞는 체질을 설명한다. 예를 들면 더운 여름에는 추운 겨울을 난 밀과 보리를, 추운 겨울에는 여름의 기운이 담긴 팥을 먹어 몸의 균형을 맞추는 게 좋다며 여름 밥상으로 보리밥과 호박잎쌈, 겨울 별미로 팥칼국수와 팥떡국을 소개한다. 1년 내내 입뿐만 아니라 몸까지 즐겁게 해주는 지혜로운 조리법 47가지를 모았다.

약이 되는 잡초음식 숲과 들을 접시에 담다

변현단 지음·안경자 그림 | 150×210 | 320쪽 | 본문 컬러
2010년 문화관광부 우수교양도서

약이 되고 찬도 되는 50가지 잡초음식의 향연장!

매일 먹는 밥상에 비상이 걸렸다! 화학재료의 남용으로 우리 밥상이 위험 수위에 이른 지는 이미 오래. 하지만 건강한 밥상으로 바꾸는 일도 만만치는 않다. 이제 인스턴트 음식과 매식에서 벗어나 철 따라 즐길 수 있는 자연산 식물에 눈을 돌려보자. 잡초음식을 상용하여 병도 고치고 건강도 찾은 저자의 생생한 경험담이 그만의 독특한 농철학과 함께 소개된다. 석유가 점령한 우리 밥상의 심각성을 경고하는 1부에 이어, 2부에서는 우리 산야에 나는 자연산 풀을 일상에서 건강한 먹을거리로 즐길 수 있는 여러 가지 조리법을 소개한다. 풀이나 뿌리뿐 아니라 꽃잎까지 다양하게 활용하여 식탁의 그린지수를 높여본다.

유기농은 꼭 이루어진다
왜 해야 하는가, 무엇을 할 것인가, 어떻게 할 것인가

정대이 편저 | 152×257 | 364쪽 | 본문 컬러

2009년 정농회 선정도서

유기농은 미래가 아닌 현재다. 지금 바로 시작하라!

저자는 무작정 유행에 휩쓸려가듯 유기농업을 시작하거나 전환하라고 권하지 않는다. 우선 무엇(what)을 어떻게(how) 실천하느냐에 앞서 왜(why) 유기농을 하는지부터 찬찬히 생각해보라고 말한다. 유기농은 그것을 실천하고자 하는 농부의 신념에서 비롯된다. 관행농업보다 손도 많이 가고, 신경도 많이 써야 하는 유기농업은 단순히 경제적인 측면뿐 아니라 환경에 대한 굳은 의지가 없으면 쉽게 좌절하고 낙담할 수밖에 없다.

1부 '왜 해야 하는가'에서는 농업과 환경의 관계에 대한 실제적인 연구와 사례를 통해 유기농 실천의 당위성을 역설한다. 2부 '무엇을 할 것인가'에서는 '토양', '작물', '녹비', '병충해와 잡초방제', '축산'으로 세분화하여 현재 논과 밭에서 시행 중인 유기농법은 물론, 앞으로 실현 가능한 농법들을 일목요연하게 정리한다. 3부 '어떻게 할 것인가'에서는 유기농으로 전환할 때 맞부딪히게 되는 현실적인 문제와 대처방안을, '유기농전환 진단분석표'를 통해 제시한다.

시골집 고쳐 살기
인생을 담은 맞춤형 생태주택

전희식 지음 | 148×210 | 240쪽

시골집을 고쳐 살면 뭐가 좋은데?

시골 살림집 고쳐 살기의 장점과 묘미는 '맞춤형'이자 '생태형'이라는 점. 집주인의 형편이나 취향에 맞춰서 고쳐 살 수 있으니 좋고, 새집을 짓는 과정에서 발생하는 자연 훼손 문제를 염려하지 않아도 좋으며, 집을 고치기 시작하는 순간 진정한 동네 주민이 될 수 있기 때문이다. '겨울에는 좀 춥게 살고, 여름에는 좀 덥게 사는 집, 여러 가지로 불편하지만 좋은 집, 늘 손봐야 해서 즐거운 집'에 대한 정겨운 이야기를 담았다. 조금은 힘들어도 자연과 더불어, 그리고 이웃과 더불어 행복하게 살아갈 수 있는 생태적 삶이 담겨 있다. 친절하고 따뜻한, 그러면서도 손쉽게 따라 할 수 있는 매우 실용적인 집 고치기 이야기.

유기농 채소 기르기 텃밭백과

박원만 지음 | 153×224 | 576쪽 | 본문 컬러
2009년 정농회 선정도서

10년 동안 직접 기르며 쓴 유기농 채소 텃밭일지

초보자들이 자신의 밭 상황과 책 내용을 비교해보면서 농사지을 수 있도록 친절하고 상세하게 텃밭농사의 전 과정을 담은 책이다. 씨뿌리기부터 싹트는 모습, 밭 만들기, 자라는 모습, 병든 모습, 수확하는 모양까지 직접 찍은 사진을 1,400여 장 실었다. 이 책의 미덕은 작물이 병충해에 피해를 입었을 때 어떤 모습이 되는지, 피해를 예방하려면 어떻게 해야 하는지 등을 일일이 기록하고 사진으로 직접 보여준다는 데 있다. 전국서점 자연과학 분야에서 베스트셀러 자리를 놓치지 않을 만큼 귀농인과 도시농부들에게 가장 인기가 많은 책이다. "실험실을 잠시 자연으로 옮겨 이 책을 완성했습니다. 실험이 잘 안 될 때는 1년을 기다려 다시 파종하고 식물이 자라는 모습을 기록했습니다. 만약 이 일이 생계였다면 이런 식의 관찰자적인 농사는 짓지 못했을 겁니다. 평생 직업으로 농사를 짓는 농부들에게는 부끄러운 일이지요." ('지은이의 말'에서)

나의 애완 텃밭 가꾸기

이학준 글·그림 | 165×235 | 248쪽
중국 하남과기출판사 수출

공감 100퍼센트, 만화로 읽은 텃밭 매뉴얼

텃밭 가꾸는 데 필요한 거의 모든 내용을 만화로 재현한 책. 거름을 만드는 법부터 씨 뿌리기, 모종 심기, 물주기, 웃거름 주기, 솎아주기, 수확하기 등 텃밭농사에 필요한 A부터 Z까지를 포괄적으로 다루되, 실전에서 우러나온 경험을 양념처럼 곁들여 읽는 즐거움을 배가했다. 일단 책을 펴놓고 읽으면서 머릿속에 남은 것을 따라 하면 된다. 텃밭농사를 시작하는 시점인 3월부터 농기구를 정리하고 사람도, 땅도 잠시 휴식을 취하는 11월까지 텃밭농사법을 월별로 정리하여 해당 월에 꼭 하고 넘어가야 할 일이나 잊으면 안 되는 점들을 정리해놓았다. 귀농을 꿈꾸거나 준비하는 사람들의 필독서.

무농약 유기벼농사
다양한 논 생물을 살린 억초법과 다수확의 포인트

이나바 미쓰쿠니 지음·김준영 옮김 | 150×210 | 303쪽

누구나 할 수 있는 무농약 유기벼농사, 그 확실한 성공 포인트

30년에 걸친 환경보전형 벼농사기술 확립운동 속에서 실증되고 확립되어 온 유기벼농사 기술체계를 쉽게 정리한 책이다. 이 책에서 소개하는 농법은 생물 생산력이 높은 아시아 몬순 풍토에서 성립된 유기벼농사 기술로, 다양성이 풍부한 무논 생물을 재생하여 그 생태를 벼농사에 오롯이 활용하는 수법이다. 그 성공 포인트는 크게 세 가지다. 모내기 30일 전부터 담수와 심수관리를 할 것, 어린 치묘가 아닌 4.5엽 이상의 성묘를 이식할 것, 쌀겨 중심의 발효비료를 투입할 것. 이상의 세 가지를 중심으로 한 기본기술을 지키면 모내기 후 단 한 번도 논에 들어가지 않아도 밥맛 좋은 쌀을 다수확할 수 있다.

제초제를 쓰지 않는 벼농사

민간벼농사연구소 지음·김광은 옮김 | 188×257 | 260쪽

전통 농법에서 끌어낸 친환경 제초법

이제 농사에서 잡초를 제거하려면 제초제 말고는 달리 방법이 없다는 낡은 사고방식에서 벗어나야 한다. 내분비 교란물질로 환경호르몬이 주성분인 제초제를 벼농사에 쓰기 시작한 지도 50여 년이 지났다. 그러나 환경호르몬의 존재가 밝혀진 것은 겨우 몇 년 전의 일이다. 벼에는 거의 흡수되지 않는다고 안심하는 사람도 있겠지만, 제초제가 흙과 함께 강으로 흘러들어 가 바닷물고기에 축적되는 것은 피할 수 없는 사실이다. 당장은 안전하다고 계속 제초제를 쓴다면 앞으로 어떤 문제가 더 발생할지 모른다. 저자는 더 이상 환경을 오염시키지 않기 위해 제초제를 쓰지 않고서도 잡초를 억제하는 방법을 진지하게 모색한다.

땅심 살리는 퇴비 만들기
석종욱이 들려주는 내 땅 살리는 퇴비제조법

석종욱 지음 | 150×210 | 264쪽 | 본문 컬러

땅심을 살려야 농사가 산다!

농업의 모체는 흙이다. 흙에 종자나 모종을 심어 물과 양분을 공급해서 자라게 하고, 다 자라면 수확하여 인간이 먹는다. 그런데 이 재배과정에서 오염이 발생한다면 어떻게 될까? 또 땅심이 부족하면 어떻게 될까? 오염물질은 먹을거리를 통해 우리 몸에 들어올 것이고, 땅심이 약한 곳에서는 절대로 좋은 먹을거리를 생산할 수 없다.

땅심을 확보하는 데 가장 필요한 것이 유기물이다. 무조건 유기물만 주면 땅심이 좋아진다고 생각하는 사람들이 많은데 그렇지 않다. 생(生)유기물을 사용하면 땅속에서 발효가 일어나 작물에 피해를 주기 때문에, 이를 미리 발효시켜 퇴비로 만든 뒤에 사용해야 한다.

이 책에서는 퇴비를 만들기 위한 재료 선택부터 기술적인 제조방법과 사용효과 등에 대해 설명한다. 수십 년간 오로지 퇴비 연구에만 몰두해온 저자의 땅심 올리기 노하우를 상세히 밝혔다.

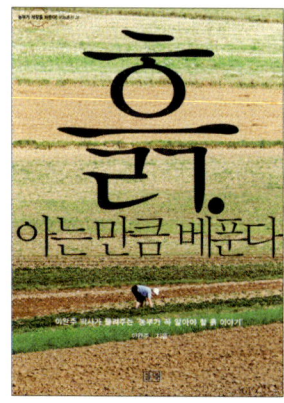

흙, 아는 만큼 베푼다
이완주 박사가 들려주는 '농부가 꼭 알아야 할 흙 이야기'

이완주 지음 | 140×210 | 336쪽 | 본문 컬러

우리가 미처 몰랐던 흙의 속사정

농업인에게 흙은 애증의 대상이자 생계의 수단이다. 좋은 흙, 건강한 흙 없이는 소출을 낼 수 없다. 하지만 흙의 성격을 잘 이해하고 친하게 지내는 사람은 별로 없다. 그 속을 들여다볼 수도 없거니와 그 안에서 끊임없이 일어나는 화학적인 변화를 도무지 예측할 수 없는 탓이다. 그만큼 흙 속에서 이루어지는 다양한 변화는 상상 이상으로 복잡하다. 알기 쉽게 설명하기도 어렵다.

이 책은 어렵고 복잡한 흙의 생리를 이야기처럼 풀어내어 독자를 변화무쌍한 흙의 세계로 안내하는 길라잡이다. 저자가 이 책에서 강조하는 키워드만 확실하게 이해해도 흙을 알고 농사를 살리는 데 문제가 없을 것이다.

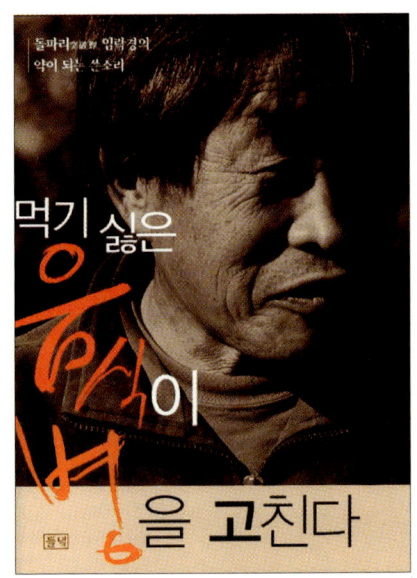

먹기 싫은 음식이 병을 고친다
돌파리 임락경의 약이 되는 쓴소리

임락경 지음 | 148×210 | 227쪽

자연을 닮은 '치유순환'에 내 몸을 맡기는 건강비법

현대인들은 '간편함'과 '편리함'에 맥을 못 춘다. 즉시 간편하게 먹을 수 있는 음식을 찾고, 한 방에 두통을 가라앉혀줄 진통제를 찾는다. 인스턴트식품이나 독성이 강한 약이 몸에 좋지 않다는 것은 이미 알고 있지만, 바쁘다는 핑계를 대면서 자신의 몸을 혹사시키고 있다. 이 책의 저자인 임락경은 자신의 몸을 진심으로 돌보지 않는 우리 현대인들에게 매서운 일침을 날린다. 그는 사람의 몸을 하나의 완성된 유기체로 파악하고 있다. 그래서 머리가 아픈 것이나 기침이 나는 게 뇌와 호흡기만의 문제가 아니라 몸의 조화가 깨져서 일어나는 증상이라고 주장한다. 그의 말대로라면 병을 근본적으로 이기는 방법은 아주 쉽다. 흐트러진 몸의 균형과 조화를 다시 잡아주면 된다. 몸이 병에 걸리는 것은 스스로 치유하는 힘을 일시적으로 상실했기 때문이라는 것이다. 저자는 의사의 처방이나 약물에 의존하지 않고 건강하게 살 수 있는 방법을 조목조목 귀띔해준다.

자급자족 농 길라잡이
내 손으로 길러 먹는 자연란·벼·보리·채소·과수·농가공품

나카시마 다다시 지음·김소운 옮김 | 150×210 | 360쪽

24절기 자연 흐름에 맞춘 자급자족 밥상

20세기는 석유의 시대였다. 석유는 우리를 먹이고 입히고 재우는 등 삶의 모든 면에 깊숙이 침투해 있다. 물론 농사에도 마찬가지다. 대규모로 밭을 일구는 근대농업에서 석유와 농기계는 빼놓을 수 없는 존재다. 이 책의 저자 '나카시마 다다시'는 농업의 기계화·기업화가 우리 사회에 어떤 부작용을 가져오는지를 날카롭게 지적하며 앞으로 다가올 석유 고갈 시대를 스스로 대비해야 한다고 말한다. 그리고 그 해결책으로 자기 먹을거리를 스스로 자급하는 '자급농'이 되기를 제안한다.

이 책에는 자급농으로서 60년을 살아온 그의 경험이 담뿍 녹아들어 있다. 마당에서 50마리로 시작하는 소규모 양계법부터 트랙터를 이용하지 않아 비용이 적게 드는 무경운 밭벼농사와 보리농사, 농약을 치지 않는 채소 재배와 씨앗을 받는 방법, 나아가 간단한 농산물 가공까지 자급자족을 위해 저자가 체득한 지혜와 기술이 가득하다. 석유 문명의 그늘에서 벗어나 대자연의 혜택에 의지해 자급자족하는 저자의 생활방식을 엿볼 수 있다.

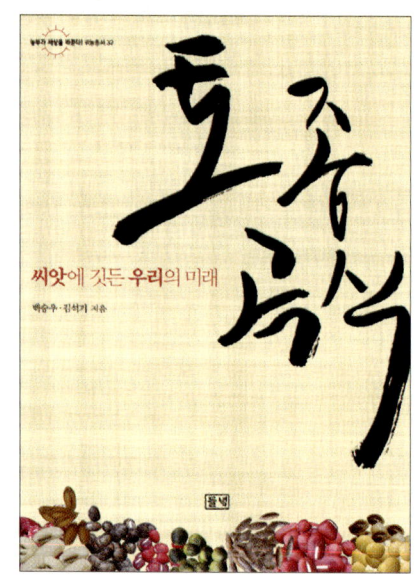

토종 곡식
씨앗에 깃든 우리의 미래

백승우·김석기 지음 | 150×210 | 224쪽 | 본문 컬러

건강한 세상을 만드는 토종 곡식의 귀환!

토종 곡식이 사라지고 있다. 대대손손 농사일을 이어오며 부모로부터 곡식 씨앗을 받아 기르던 농민이 줄어들면서 그 씨앗도 함께 사라졌다. 씨앗의 소멸은 또 다른 소멸을 부른다. 씨앗이 없으면 다양한 작물을 기를 때 사용하던 농기구, 농사법 등이 사라지고, 그 곡식으로 해먹었던 요리마저 없어진다. 우리네 고유한 농경문화가 사라지는 것이다.

이 책은 아직 살아 있는 토종 씨앗에 관한 기록이다. 밀, 호밀, 보리, 율무, 수수, 팥, 콩, 조, 기장, 참깨 등 이름만큼 모양새도 각기 다른 곡식들. 이들은 '잡곡'으로 불리며 '잡스러운' 취급을 당했지만, 쌀의 빈자리를 채워준 고마운 존재다. 무관심 속에서도 여전히 살아 숨 쉬고 있는, 풍요롭고 건강한 토종 곡식 이야기.

내 손으로 받는 우리 종자

안완식 지음 | 188×257 | 324쪽 | 본문 컬러

2008년 진안군청 선정도서

대대로 내려온 우리 농부들의 자가채종법

자가채종을 하는 비전문가들이나 오래전부터 전해 내려오는 농부들의 방법을 국내 최초로 체계화한 책. 한 뙈기 밭에서도 얼마든지 우리 종자를 키워낼 수 있다. 종자는 농가 현지에서 계속 재배되어야 한다. 같은 종자라도 100년 동안 냉장고에 있던 것과 현지에서 계속 재배되고 채종해온 것은 전혀 다른 종자가 된다. 종자란 환경 변화에 능동적으로 대응할 줄 아는 생명체다.

이 책은 60여 가지 필수 작물들의 유래와 채종법, 그리고 종자의 사후 관리법까지 꼼꼼히 담아냈다. 우리 땅 우리 토종을 지키는 사람들을 위한 최고의 길라잡이.